세계화를 위한 스타일 재현

고전古傳 머리

박은준 · 권은실 · 나지하 · 전근옥 · 최수아

메디시안

머 리 말

21세기에 들어서면서부터 세계는 지난 세기 냉전 시대가 종식되고 지구촌화 되어 대체로 하루면 어디든지 갈 수 있게 되었습니다. 아울러 사람들은 자유스러운 여행을 만끽하며 나라마다의 독특한 문화의 물결이 유행을 이루는가 하면 풍요로움을 추구함으로써 자본주의의 끝없는 경쟁 사회가 되었습니다.

따라서 디지털을 비롯한 인공지능(AI), 3D 프린팅, 메타버스, 플랫폼, 챗GTP에 이르기까지 첨단 기술의 발달로 이제 인간이 이룰 수 없는 일이 없을 지경에 이르렀습니다.

이에 힘입어 우리의 K-Culture 또한 K-Pop, 영화 및 전통음식 등 다양한 분야에서 세계인에게 많은 관심을 받고 있습니다.

이 책은 최근 K-뷰티 또한 세계인에게 많은 관심을 받는 가운데, 고대로부터 근대에 이르기까지 우리 전통의 헤어스타일을 재현하여 알림으로써 새로운 헤어스타일을 개발하는데 도움을 주기 위하여 고증된 사료들을 제시하는 한편, 대학 교수와 현대 헤어디자이너들이 복원하였습니다.

담은 내용은

Chapter 1. 고전 머리의 이해에서는 고대/상고 시대/삼국 시대/통일신라 시대/고려 시대/조선 시대의 머리, 복식 형태의 이해를 다루었으며

Chapter 2. 에서는 고전 머리 스타일 재현하기(기본편)를 실었고

Chapter 3. 현대적 고전 머리 응용편에서는 힐차계/남자쌍계/추마계/아환계/쪽머리/화관/족두리/첩지머리/새앙머리/둘레머리/얹은머리/가체머리/트레머리/어유미(어여머리)/거두미/대수머리 등 모든 고전머리의 스타일을 총망라 재현하여 실제로 실행하였습니다.

모쪼록 이 책에 실린 고전머리 스타일의 재현이 사학자들은 물론, 전문 헤어디자인들에게 한국 고전머리를 현대에 재현, 새롭게 세계화를 이루는데 도움이 되길 기대합니다.

끝으로 이 책에 실린 사료를 제공해 주신 분들과 사료를 발굴하는데 애써주신 서경대학교 교수님과 연구자님에게 감사의 말씀을 드립니다. 또한 출판계의 어려움에도 큰 뜻을 갖고 이 책이 햇빛을 볼 수 있도록 애써주신 (주)메디시언 주민기 이사님과 임직원 여러분들에게도 감사를 드립니다.

계묘년 새 봄에

필자 대표 박 은 준

차례

머리말 / 3

Chapter 01 고전머리 이해

1. 고대 ······ 11
   1. 시대적 배경 / 11
   2. 머리 형태 / 11
   3. 복식 형태 / 15
   4. 두식 및 장신구 / 17
2. 상고 시대 ······ 22
   1. 시대적 배경 / 22
   2. 머리 형태 / 22
   3. 복식 형태 / 24
   4. 화장 형태 / 25
   5. 두식 및 장신구 / 25
3. 삼국 시대 ······ 27
   1. 고구려 시대 / 27
   2. 백제 시대 / 35
   3. 신라 시대 / 40
4. 통일신라 시대 ······ 44
   1. 시대적 배경 / 44
   2. 머리 형태 / 44
   3. 복식 형태 / 45
   4. 화장 형태 / 46
   5. 두식 및 장신구 / 46
5. 고려 시대 ······ 47
   1. 시대적 배경 / 47
   2. 머리 형태 / 49
   3. 복식 형태 / 56
   4. 화장 형태 / 58
   5. 두식 및 장신구 / 59
6. 조선 시대 ······ 64
   1. 시대적 배경 / 64
   2. 머리 형태 / 65
   3. 복식 형태 / 75
   4. 화장 형태 / 76
   5. 두식 및 장신구 / 77

Chapter 02 고전머리 스타일 재현하기(기본편)

〈고전머리 재료〉 86

1. 가체 만들기(땋기) ···· 89

2. 가체 만들기(꼬기) ···· 92

3. 토대에 가체 고정하기 ···· 94

4. 장신구 만들기 및 착장하기 ···· 95

Chapter 03 현대적 고전머리 스타일 실행하기(응용편)

1. 힐자계

〈힐자계 재료〉 99

1. 힐자계 재현하기 ···· 100
2. 힐자계 실행하기 완성된 작품 ···· 106

2. 낭자쌍계

〈낭자쌍계 재료〉 111

1. 낭자쌍계 재현하기 ···· 112
2. 낭자쌍계 실행하기 완성된 작품 ···· 117

3. 추마계

〈추마계 재료〉 122

1. 추마계 재현하기 ···· 123
2. 추마계 실행하기 완성된 작품 ···· 129

차례

4. 아환계

〈아환계 재료〉 134

1. 아환계 재현하기 ······ 135
2. 아환계 실행하기 완성된 작품 ······ 143

5. 쪽머리

〈조선시대 가체 제작 길이 및 둘레〉 147

〈쪽머리 재료〉 149

1. 쪽머리 재현하기 ······ 150
2. 쪽머리 실행하기 완성된 작품 ······ 158

6. 화관

〈화관 재료〉 163

1. 화관 재현하기 ······ 164
2. 화관 실행하기 완성된 작품 ······ 172

7. 족두리

〈족두리 재료〉 177

1. 족두리 재현하기 ······ 178
2. 족두리 실행하기 완성된 작품 ······ 186

8. 첩지머리

〈첩지머리 재료〉 191

1. 첩지머리 재현하기 ······ 192
2. 첩지머리 실행하기 완성된 작품 ······ 201

Contents

9. 새앙머리

〈새앙머리 재료〉 206

1. 새앙머리 재현하기 ········ 207

2. 새앙머리 실행하기 완성된 작품 ········ 213

10. 둘레머리

〈둘레머리 재료〉 218

1. 둘레머리 재현하기 ········ 219

2. 둘레머리 실행하기 완성된 작품 ········ 227

11. 얹은머리

〈얹은머리 재료〉 232

1. 얹은머리 재현하기 ········ 233

2. 얹은머리 실행하기 완성된 작품 ········ 242

12. 가체머리

〈가체머리 재료〉 247

1. 가체머리 재현하기 ········ 248

2. 가체머리 실행하기 완성된 작품 ········ 258

13. 트레머리

〈트레머리 재료〉 263

1. 트레머리 재현하기 ········ 264

2. 트레머리 실행하기 완성된 작품 ········ 274

차례

14. 어유미(어여머리)

〈어유미(어여머리) 재료〉 279
1. 어유미(어여머리) 재현하기 ··· 280
2. 어유미(어여머리) 실행하기 완성된 작품 ··· 290

15. 거두미

〈거두미 재료〉 295
1. 거두미 재현하기 ··· 296
2. 거두미 실행하기 완성된 작품 ··· 308

16. 대수머리

〈대수머리 재료〉 313
1. 대수머리 재현하기 ··· 314
2. 대수머리 실행하기 완성된 작품 ··· 320

Ⅱ 찾아 보기 / 326
Ⅱ 참고 문헌 / 327

Chapter 1

고전머리의 이해

고대 / 상고 시대 / 삼국 시대 / 통일신라 시대 / 조선 시대

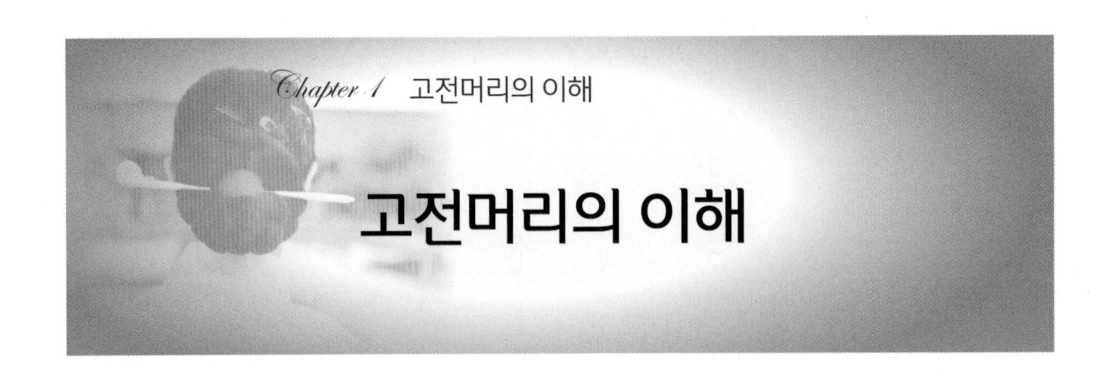

고전머리의 정의[1)2)]

고전머리란 '우리머리'라고도 불리며 예로부터 대를 거쳐오면서 발전한 고유의 전통적인 머리로 자연모의 손질 외에도 가체 및 가발假毛은 사람의 머리숱을 풍성하게 보이도록 하기 위해 타인의 머리카락 또는 그와 비슷한 동물의 털이나 인공으로 털의 종류를 이용하여 머리모양을 만들기도 하였다.

동·서양에서 사용하는 가체는 고대부터 여러 가지 용도 및 다양한 머리 모양을 표현하였으며 불리는 용어도 다양하였다. 한국의 가체 무게는 3kg 정도이며 한 다리는 41cm 짜리 10개가 1단이다. 한 단은 보통 사람 10명의 머라카락이 필요하다고 할 수 있다. 특히 한국에서는 가체를 다래, 달비, 월자차 등의 용어로 사용되어 왔다.

가체를 다루는 방법은 3가닥으로 땋은 머리와 2가닥으로 꼬는 머리가 있다.

가체는 현대에 와서도 영화나 드라마에서 분장용 또는 전통을 알리는 의례용, 법관용 등으로 사용되고 있으며, 한류 열풍으로 인한 우리머리에 대한 관심을 바탕으로 동·서양의 융합된, 다양한 디자인과 미용미학에 대한 연구가 계속되고 있다.

본서에서 고전머리는 가체와 장신구 등으로 표현할 수 있는 다양한 머리 형태를 포함한 고전머리를 전통머리 또는 우리머리라고 정의하였다. 더불어 고전머리의 시대별 이론과 시각적 자료들로 보다 쉽게 이해될 수 있게 도움을 줄 것이다. 그에 따라 시대별, 작품별로 쉽게 따라할 수 있도록 순서대로 자세하게 정리하였고, 영상과 사진을 통해 컨텐츠를 개발하여 어렵지 않게 따라할 수 있는 기준점을 제안하였다.

1. 고대 古代

1. 시대적 배경[3)]

고대의 인류는 질병이나 자연현상으로 인해 끊임없이 생명에 대한 위협을 받았지만, 정확한 원인이나 자연현상을 알만한 인지능력의 부족으로 인간보다 강한 그 어떤 절대적인 힘에 의지하고자 하는 마음을 갖게 되었으며, 특히 죽음에 대한 불안감을 해소하기 위해 오늘날 원시 종교라 불리는 종교현상을 탄생시켰다. 이렇게 하늘신과 산신 중심으로 발전해 왔으며, 통일신라 시대를 거쳐 조선 시대로 오면서 정치적 기능을 상실하고 사회적, 개인적 기능만 발휘하게 되었다. 이러한 한국무속은 민족문화의 뿌리임을 강조하고 있는 분위기로 19세기에 제작된 무당내력에서 한국무속의 원류를 국가와 민족의 시조인 단군에서 찾는 시도가 그러한 것이다.

2. 머리 형태[4)5)]

샤머니즘shamanism의 머리 형태의 특징을 살펴보면 조선 시대 한국을 대표하는 쪽머리가 대부분이지만 쪽의 형태와 방향 및 크기 등이 다양함을 알 수 있다.

이러한 머리 모양은 〈무신도〉에 많이 나타나 있다. 〈무신도〉의 연도는 정확하지 않으나 조선 시대 머리모양이 보여지고 있는 것으로 보아 조선 시대 후기인 1700년에서 1900년도로 추정되고 있으며, 조선 시대 이후 머리 형태가 가장 많은 것으로 나타났다. 〈무신도〉에 표현된 형태적인 측면의 주술성과 상징성, 조형성이 나타난 전통미가 가미된 헤어디자인이 '채선숙2011[6)] 한국 무속신앙에 표현된 헤어디자인 연구'에서 많이 보여 진다.

첫째, 여백의 미가 가득한 무신도는 가체를 표현한 헤어디자인이다.
둘째, 서민들의 자연의 미가 나타난 벌생머리를 표현한 헤어디자인이다.
셋째, 한국의 전통적이고 자연스런 곡선의 미인 무신도는 쪽머리를 표현한 헤어디자인이다.
넷째, 추상적인 율동미로 사람의 마음을 즐겁게 해주는 무신도는 얹은머리와 트레머리를 표현한 헤어디자인이다.
다섯째, 순수미와 자연의 미를 느낄 수 있는 무신도는 땋은머리를 표현한 헤어디자인이다.

여섯째, 장신구를 사용한 무신도는 두식을 이용한 헤어디자인이다.

또한 6가지의 머리 형태를 살펴보면 전반적으로 전통색인 오방색을 주색으로 사용하여 화려함의 색채상징을 강조한 색채미를 표현한 것을 알 수 있다. 따라서 샤머니즘에 표현된 내적인 상징성과 외적인 조형미를 통해서 전통미와 함께 머리 형태의 원류를 찾아보며, 그 시대를 대표한다고 볼 수 있다.

(1) 가체를 표현한 고전머리

가체를 사용하여 표현한 여백의 미는 단순미와 조화미로써 비움에 의한 채움과 여유의 미가 가미되어 있으며 한국의 전통적인 개념과도 같다. 그림에 나타나 있는 팔선녀, 일월성신의 헤어디자인을 살펴보면 두 개의 가체 머릿속에 비어있는 공간을 찾아볼 수 있으며 팔선녀의 균형미까지 함께하고 있다. 팔선녀들의 여유로움과 단순하면서도 조화로운 헤어디자인이 나타나 있음을 알 수 있다.

팔선녀[7)]

일월성신의 선녀[8)]

그림 1-1 가체를 표현한 고전머리

(2) 벌생머리를 표현한 고전머리

산신의 헤어디자인은 다래를 이용한 벌생머리를 하고 있다. 벌생머리는 쪽을 두 개 하고 목쪽으로 내려와 있으며 큰 비녀를 꽂는 모양으로 조선조 말 풍속화, 민화 등에 자주 등장한 머리 모양으로 김홍도나 신윤복의 그림에 잘 표현되어 있다.

산신[9) 10)]

그림 1-2 벌생머리를 표현한 고전머리

(3) 쪽머리를 표현한 고전머리

1700년대 대신할머니와 1900년대 이후 대신할머니를 살펴보면 노란저고리에서 나타나듯이 빛이 중심이 되는 색으로 희망과 번영을 준다. 대신할머니는 모두 부채와 방울을 들고 있다. 오른쪽에 부채, 왼쪽에 방울, 유념할 일은 부채와 방울이 하나가 되어 있다는 점이다. 하지만 1700년대 대신할머니는 벌생머리로 쪽부분에 다래를 사용하여 크고 풍부한 가체와 비녀를 사용하였으나, 1900년대 이후 대신할머니는 가체 대신 본인의 머리로만 쪽을 하여 단순한 곡선의 아름다움을 쪽머리로 표현하여 비녀를 사용하고 있다.

대신할머니[11) 12)]

그림 1-3 쪽머리를 표현한 고전머리

(4) 얹은머리와 트레머리를 표현한 우리머리

〈무신도〉에 표현된 추상적인 바리공주의 헤어디자인은 1800년도로 추정되고 있다. 바리공주의 헤어디자인은 벌생머리로 쪽을 하고 탑부분의 트레머리를 이용하여 화려함과 권력 및 신분을 나타냈다. 얹은머리는 크면 클수록 아름답다고 생각했기 때문에 가체의 사치가 성행하여 풍성한 얹은머리를 즐겼다는 것을 알 수 있다.

얹은머리[13]

트레머리[14]

그림 1-4 얹은머리와 트레머리를 표현한 우리머리

(5) 땋은머리와 황새머리추를 표현한 고전머리

물애기씨의 머리는 귀밑머리로 보통 댕기머리 또는 땋은머리라고 한다. 양쪽 귀 위의 머리를 땋아 뒤에서 모아 다시 땋아서 늘리고 머리끝에 댕기를 드린 것으로, 머리채가 긴 것을 자랑으로 삼아 이것에도 가체를 하기도 하였다.

물애기씨[15]

그림 1-5 땋은머리와 황새머리추를 표현한 고전머리

(6) 두식을 이용한 고전머리

장신구는 옷과 더불어 전체적인 미를 완성시키는 기능을 하며, 이를 이용하여 미적 감각을 갖게 하는 화관이나 족두리를 사용하였다. 떨잠과 노리개는 흔들림과 떨림의 율동미로 아름다움 그 자체이다. 특히 검소하고 질박한 우리의 정신으로 흑백의 머리와 두식을 사용하여 흑백대비 미를 표현하였다. 이에 성수는 적색을 포함한 오방색으로 화려하게 과시하였다. 부채와 오방기를 들고 머리에는 지화로 꽃을 만들어 전립을 사용하였다. 이러한 장식의 미를 보면 두식을 사용한 용궁선녀는 가체를 이용하고 그 위에 족두리를 사용하여 화려한 장식의 미를 나타냈다. 호구아씨도 별생머리를 하고 그 위에 족두리를 사용하여 색채를 표현한 색채 미와 함께 장식의 미가 더욱 빛나고 있음을 알 수 있다.

호구별성[16) 용궁선녀[17) 무녀신무도[18)

그림 1-6 두식을 이용한 고전머리

3. 복식 형태[19)20)21)

무복이란 무당이 굿할 때 신을 상징하기 위하여 입는 의례복으로 명칭은 지역에 따라 신복, 입석, 신입석, 신령의대, 신령님 옷 등으로 불린다. 무복의 종류 또한 굿의 각 재차거리마다 신의 상징이 다르므로 거리의 수와 비례하며, 조선시대 무당의 평상복에서 보이는 다양한 색채는 곧 그들의 신분을 상징하며 굿이 진행되는 동안만큼은 신성한 복식으로 굿판을 성결하는 상징적 의미를 가진다.

표 1-1 무당내력에 표현된 무복[22]

굿거리	무복 형태	복식의 종류	굿거리	무복 형태	복식의 종류
제석거리		• 백색 고깔 • 백색 장삼 • 적색대와 가사	조상거리		• 주황색 반회장 저고리 • 녹색치마
대거리		• 홍색 호수립 • 남색 직령포 • 홍색대	만신말명		• 황색 몽두리
별성거리		• 흑색벙거지 • 주황색동다리 • 전복남대	성조거리		• 흑립 • 초록색 소창의 남색치마
감응청배		• 녹색장옷 • 남색치마			

4. 두식 및 장신구[23)24)]

우리나라는 고대로부터 머리에 쓰는 것을 중요시하여 반드시 머리에 쓰는 것을 필요로 하였다. 삼국시대에는 흑건, 절풍, 책, 입형모, 변형모 등에 깃털을 사용하였으며 고려시대를 거쳐 조선시대에 이르러 건이나 망건, 유건을 사용하였고, 삿갓, 갈모, 초립, 전립, 죽제립, 양관, 사모 등이 사용되었음을 알 수 있다.

이러한 두식은 [고려도경]의 내용을 중심으로 보면 〈왕은 상복에 오사절상건을 쓰고, 제복에는 유관을 쓰며, 평상시에는 조건을 쓴다〉라고 표기되어 있다.

(1) 두식

① 고깔

고깔은 승려가 쓰는 건巾의 하나로 천이나 종이를 배접하여 만든 꼭대기가 뾰족한 관모이며 고깔은 한자 '변弁'의 우리말로 곳갈이라고 발음하는데 '곳'은 첨단이라든가 돌출하고 있는 모습이고, '갈'은 모자라는 의미이기 때문에 뾰족하게 돌출된 모양의 모자를 곳갈이라고 한 것은 그 모습에서 생긴 말이다.

무복 곳갈은 굿에서의 고깔로 쪽진 머리 위에 쓰며, 〈무신도〉에는 주로 삼불제석에 가장 많이 나타나 있다. 신복순2009[25)] 에 의하면 고깔은 1900년대로 추정되고 있는 기산 풍속도의 고깔이라고 한다.

그림 1-7 고깔[26)27)]

② 전립, 흑립, 백립

왕이나 귀인들이 착용한 조선의 대표적인 흑립은 주로 남성무신도에 많이 나타난다. 이러한 흑립은 신격상징이 강해서인지 많이 표현되고 있으며 색채는 흑색으로 백색 도포나 창의, 전복과 함께 입어 지적이고 규범적인 선비의 품위를 나타낸 것을 알 수 있다. 전립과 흑립, 머리봉채들이다.

전립[28] 흑립[29] 백립[30]

그림 1-8 전립, 흑립, 백립

③ 머리띠와 댕기

색채의 미를 더 해주는 머리띠 또는 댕기는 머리를 정돈하여 묶을 때 사용하며, 검은 머리색에 자연스러운 미적분위기가 나타난다. 여성의 머리에 붉은 댕기는 검은 머리색에 조화미를 더하며 걸어갈 때 뒤에서 흔들리는 순수미와 더불어 율동의 미까지 나타난다.

그림 1-9 머리띠와 댕기[31]

④ 족두리

여자의 머리쓰개는 머릿수건에서부터 보석과 구슬을 화려하게 장식한 화관이 있으며 족두리는 예장용으로 사용되었다. 족두리를 사용한 〈무신도〉는 용궁선녀와 호구아씨, 용궁봉래부인, 산신 등에 나타난다.

그림 1-10 족두리와 화관[32)]

⑤ 선녀관

장식의 미가 있는 선녀관은 화려한 비즈와 액세서리들이 표현되어 있으며, 〈무신도〉에 나오는 성수와, 한산이씨 대신은 한지로 꽃을 만들어 화려하게 표현하고 있다.

그림 1-11 선녀관[33)]

(2) 장신구

우리 민족의 멋이나 아름다움 중 하나는 고도로 세련된 장신구의 멋이다. 장식의 디자인 기법에서는 우리 민족의 생활수단, 삶의 방편, 생활양식의 면모가 나타나고 있음을 알 수 있듯이 장식물의 떨림은 착용자의 움직임에 따라 하늘거리며 잔잔하게 떨리고 있는 떨림의 멋을 일찍부터 우리는 터득하였다.

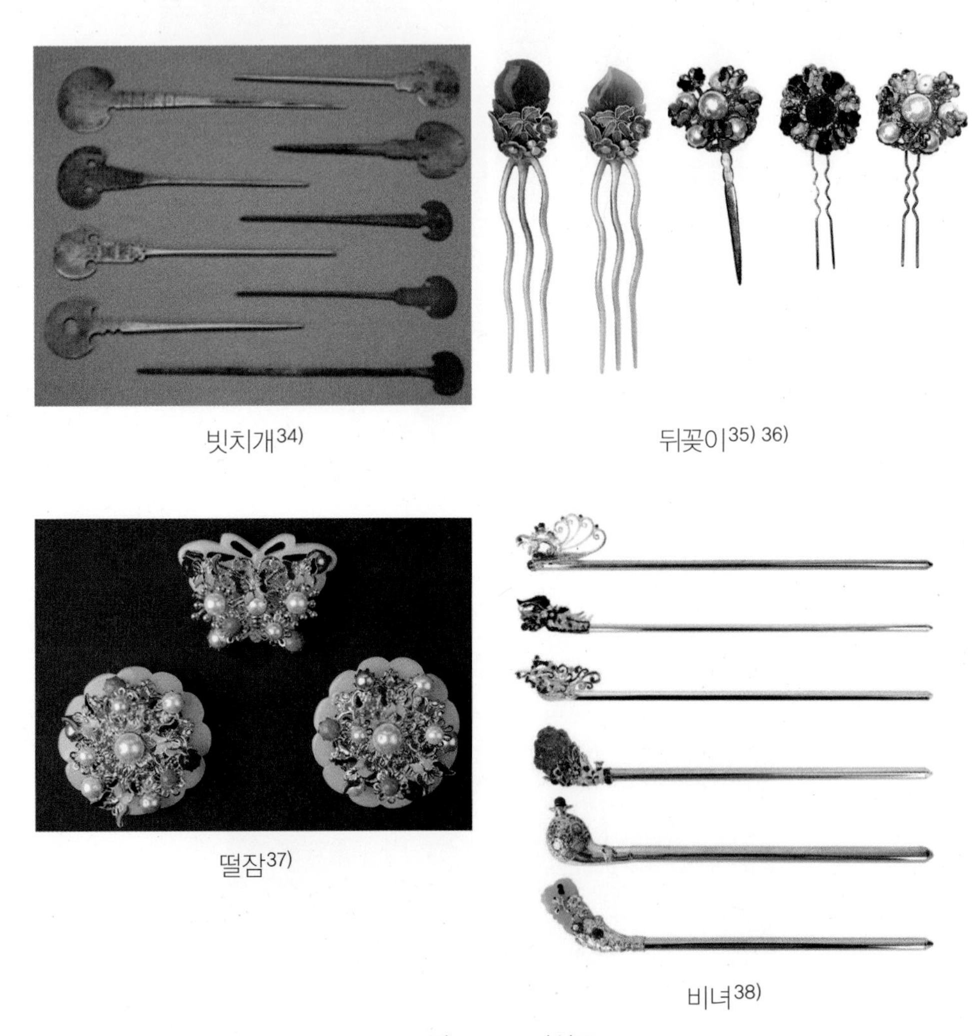

빗치개[34]

뒤꽂이[35) 36)]

떨잠[37]

비녀[38]

그림 1-12 장신구

(3) 무구

무속의 무구는 신적 상징물로 사용되며 무당에게는 절대적인 것이다. 무구는 이런 노리개처럼 무속에서는 부채와 방울을 가장 많이 손에 들고 있는 것으로 보아 장신구는 염원을 기원하는 주술성으로 부적과 같은 의미로 사용되었음을 알 수 있다.

오방기[39) 선녀신발[40) 동자신발[41)

동경거울[42) 삼지창[43) 신장칼[44)

작두[45) 성수부채[46) 아흔아홉상쇠방울[47)

그림 1-13 무구

상고 시대

1. 시대적 배경[48)49)50)]

우리나라는 구석기 시대인 BC 약 60만~1만년에 씨족사회에서 부족사회로 발전하면서 몇몇의 부족연합국가를 이루었으며, 금속 문화인 청동기 문화가 싹트기 시작했다. 청동기와 철기 시대는 BC 10세기경 신석기 말엽 민무늬토기를 사용하는 새로운 주민이 만주와 한반도에 정착하여 살면서 철기 문화는 대략 기원전 5세기경부터 시작하였다.

고조선은 지금의 평양으로 추정되는 수도 왕검성을 중심으로 문화를 독자적으로 발전시켜 여러 군장국가들이 연합하여 하나의 연맹왕국으로 성장하였다.

제정일치시대의 최고 통치자인 단군왕검을 중심으로 한 신권정치를 이루었으며, 농업경제와 특히 철제 무기로 인한 금속문화가 크게 발전해 일본으로 전파하였다. 그리고 한강 이남에 분포된 부족사회인 마한, 진한, 변한은 삼한 연맹체로 형성되어 성장하였으며, 마한은 백제, 진한은 신라, 변한은 가야국이 되어 고대국가의 체계를 갖추었으며 철기를 이용하여 농업기술과 견직, 수공업이 발달하였다.

그림 1-14 낙랑시대 채협칠롱[51)]

2. 머리 형태[52)53)54)]

단군시대 역사적 기록을 모두 모아둔 [환단고기桓檀古記]의 내용에서는 "계묘 3년 9월 조서를 내려 백성들로 하여금 머리카락을 땋아서 목을 덮도록 하고, 푸른 옷을 입게 하였다. 계묘삼년구월하조사 민편발개수복청의"고 하였다. 단군이 개국하던 첫해에 백성들에게 머리를 땋고 관모를 쓰는 법을 가르쳤다는 것은 이때에 벌써 우리 고유의 머리 모양이 있었다는 것을 의미한다.

단군 원년부터 머리카락을 땋고 늘였던 머리를 수건과 같은 것으로 머리를 덮는 형식을 가르친 이래 변발 풍속은 땋아 늘여진 머리를 한데 뭉쳐 둥글게 묶는 상투와 유사한 형태로 발전하였음을 문헌비고를 통해 알 수 있다.

삼한의 머리 모양을 보면 '마한인은 머리를 상투로 틀고 관모를 착용하지 않은 맨머리를 하였다'고 [후한서後漢書] 〈동이전〉, [삼국지三國志] 〈위서 동이전〉, [진서] 〈동이전〉 등에 기록되어 있고, 변한에 대해서는 기본 관모인 변형모弁形帽 를 착용했던 것과 미발美髮, 장발長髮이라 했다.

여자 머리 모양에 대해서는 [해동역사海東繹史]에 '삼한의 부인은 반발얹은머리 하였는데 모두 아계검은머리를 찌었고 여발남은머리은 늘어뜨렸으며, 여자는 말아서 뒤에 드리웠다'고 하였다. 위와 같은 기록으로 보아 우리나라는 오래전부터 머리를 귀중하게 여겨 신경을 써서 두발을 정리하고 장식한 것으로 보인다.

(1) 피발

한국의 여성들이 최초로 했던 머리 모양으로 자연 상태의 머리 모양을 말하며 전혀 손질하지 않은 머리 형태라고 할 수 있다. '헤칠 피披', '머리 발髮'자를 쓰는 피발은 주나라 말기부터 진나라, 한나라 때까지의 예기禮記에는 우리나라를 이夷라 표기하고 머리를 풀어 헤쳐 어깨 위로 늘어뜨린 원시 상태의 머리 모양이라 한다.

(2) 속발

처음으로 머리카락을 자르고 가지런히 잡아 묶은 모양으로 일을 하는데 지장이 없도록 바람에 휘날리지 않게 하기 위해서였다. 빗이 발명되기 이전의 머리 모양으로 '묶을 속束 '자로 표현한 것이다.

(3) 수발

빗과 비녀가 발명되기 이전 머리 모양으로 빗의 발명으로 인하여 다른 양상을 띠게 되며, 빗은 처음에 짐승의 뼈를 이용해서 만들었다고 한다. '늘어질 수垂'자를 써서 글자 그대로 머리카락을 늘어뜨린 형태라고 한다. 여성들이 머리를 묶을 줄 알았다는 것은 머리가 옷보다 먼저 인상을 결정짓는 요소임을 알 수 있도록 한 계기를 만들어 준 것이다.

(4) 변발 편발

변발은 편발編髮로도 통하는데 '땋을 변辮'으로 머리를 땋아 늘어뜨린다는 부류로 기교와 멋을 구사해서 꾸미는 머리 모양이다. 조선조 영조 때 발간된 〈동국문헌비고東國文獻備考〉에 변발이 등장해 단군 시대의 일을 기록해 놓은 자료로 가장 신빙성 있다고 하였다.

3. 복식 형태[55)56)]

단군 조선의 복식에 관해서는 [증보문헌비고]나 [연려실기술별집]에 '단군 원년 나라 사람들에게 머리에 개수하는 법을 가르쳤다.'라는 기록이 보인다. 머리에 개수까지 하였다고 하면 이것은 의복의 정제를 말해주는 것이니 우리 고유 복식의 형성은 이미 이때부터 시작되었다고 말할 수 있다.

우리 민족은 이 시대에 와서 단군의 지혜로 의생활에서도 짐승의 가죽이나 풀을 간단히 엮어서 몸을 가리는 미개한 생활에서 벗어나 삼으로 만든 옷감을 가지고 제법 의생활다운 삶을 영위하였다. [삼국지 위지 동이전] 〈부여조〉에 보면 '이 나라에서는 흰색 옷을 입었는데 흰 옷감으로 넓은 소매로 된 포袍와 고袴를 입었고, 신은 가죽으로 만들어 신었으며 나라 밖으로 나갈 때는 그림이나 수를 가하고 금직이나 모직류의 옷을 입었다. 대인은 가죽과 검은 담비로 된 고를 만들어 입고 금은식 모帽를 썼다.'는 기록이 있어 당시 복식 형태를 알 수 있다.

그림 1-15 상고 시대 기본 복식[57)]

4. 화장 형태[58)59)]

화장이란 말 자체보다는 '장식, 단장, 야용'이라는 말들이 먼저 쓰였고, 개화되어 외래 문물이 들어오면서 '화장'이란 말을 쓰게 되었다. 민속신앙으로 내려오는 단군신화의 내용을 근거로 살펴보면 고조선 시대의 미용 환경을 짐작할 수 있다. 환웅이 곰과 호랑이에게 "마늘과 쑥을 주어 백일동안 일광을 보지 않으면 사람이 된다."고 하여 곰은 미녀가 되었고 따르지 않은 호랑이는 사람이 되지 못했다는 이야기로, 당시 이미 쑥과 마늘을 미용재료로 사용했다는 점을 알 수 있다. 또한, 상고시대에는 하얀 피부를 가진 사람을 미인상으로 여기고 이상적이라 짐작하였을 것이다.

당시 읍루 사람들은 돼지기름을 이용하여 얼굴과 눈 밑의 그을림을 방지했고 말갈족은 인뇨人尿로 세수를 했다. 돼지기름은 피부를 희고 부드럽게 하는 성분이 있어 유럽인들도 피부 마사지에 사용했으며, 인뇨는 세정제 역할뿐 아니라 미백효과가 있어서 사용했던 것이다.

낙랑의 유물인 〈채협총의 채화칠협彩畵漆篋〉의 그림을 보면 북방계 미인상으로 이마가 넓고 눈썹이 굵고 진하며 머리가 정돈되어 단정하게 차린 모습을 볼 수 있는 반면 마한과 변진 등, 남부지방에서는 원시화장의 형태로 문신이 성행하였다. 이처럼 한국인의 문신 유래는 매우 오래되었으며, 마한과 변진의 문신은 신분을 구별하기 위한 수단으로 장식을 위한 원시화장이었다.

5. 두식 및 장신구[60)61)]

(1) 두식

관모와 두식을 살펴보면 먼저 남자는 상투를 만든 후 진현관, 평건책, 원정입모, 양관형 복두 등을 관모로 착용하였으며 금, 은, 금동 등으로 관식을 만들었고, 여자두식은 고계, 건괵, 보요식, 발대식, 빈애교머리하수 등이 있었다.

가야 금관[62)]

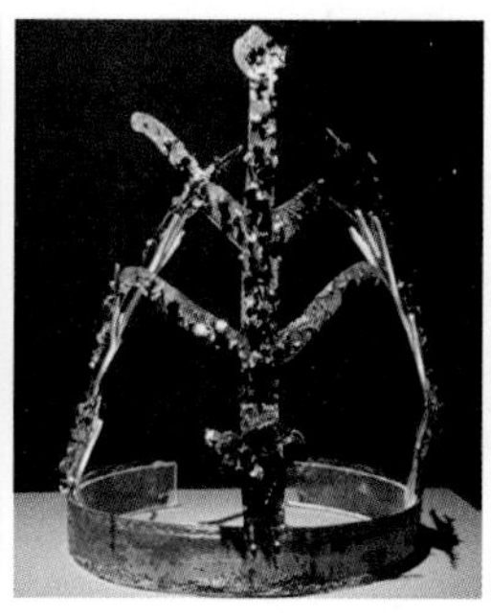

가야 금동관[63)]

창녕출토 금동투각관모[64)]

그림 1-16 상고 시대 두식

(2) 장신구

장신구는 금, 은, 각종 보주 등으로 귀금속을 치장하였는데 귀걸이는 금, 은 등의 귀금속으로 만들어 착용하였으며, 목걸이는 금, 은, 비취, 마노, 호박, 수정, 유리 등으로 만들었다. 팔찌는 금동, 호박, 옥 등으로 염주 등을 만들어 착용하였으며, 금제 지환반지 등을 착용하였다.

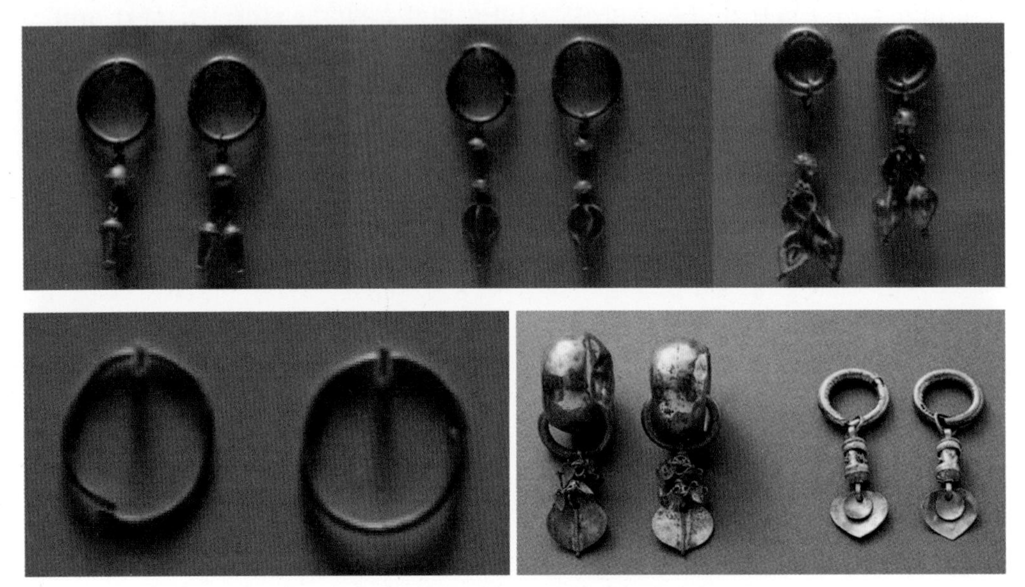

그림 1-17 가야의 장신구[65) 66)]

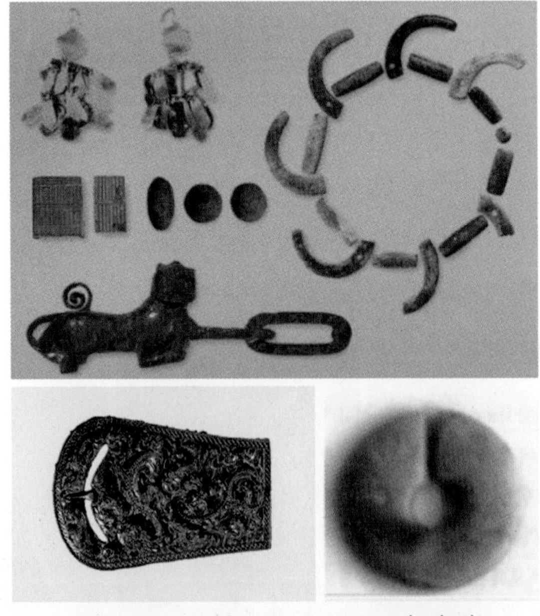

그림 1-18 고조선 시대 장신구[67) 68) 69)]

3. 삼국 시대

1. 고구려 시대

(1) 시대적 배경[70)71)72)]

고구려는 기원전 37년 주몽이 건국하여 700년 이상 존립한 강국이며, 만주지역에서 한반도 지역까지 지배한 고대국가이다.

고구려는 군사가 발달하였고, 독창적이고 진취적인 문화들로 수많은 문화유산을 남겼으며, 백제와 신라보다 지리적으로 중국과 가까워 대륙 문화를 일찍이 받아들여 남쪽으로 전래하는 역할을 하였다.

고구려인들은 검소하고 무武, 말타기, 활쏘기, 음악, 춤, 교예 등에 능하였으며 장례식은 성대하고 부장물을 관속에 넣는 후장厚葬의 풍속과 불교, 도교를 신봉하여 일본과 백제에 영향을 주었다. 또한 많은 고분벽화를 통해 다양한 벽화예술을 볼 수 있으며, 춤과 노래를 즐기고, 산행과 수렵을 즐기는 풍습이 나타나 있다. 이는 고구려 고유의 문화적 요소와 중국, 인도, 북방 등의 외래문화 요소와 혼합되어 다양한 문화들을 접하였기 때문이라 볼 수 있다.

(2) 머리 형태[73)74)75)76)77)78)]

고구려의 머리 형태는 예를 중시하는 풍습 때문에 기혼이나 미혼을 구분하기 위하여 머리를 땋거나 상투를 틀었을 것으로 추정되며, 또한 깨끗한 것을 좋아하고 용모가 단정한 것을 숭상하였다.

고분벽화에 나타나는 머리 형태는 큰머리, 얹은머리, 푼기명머리, 쪽진 머리, 묶은 중발머리, 상투, 채머리, 땋은머리 쌍계 등으로 다양하다.

① 큰머리

큰머리는 안악 3호분4세기 중엽, 357년을 보면 동수부인으로 알려져 있는 고국원왕비와 시녀들의 머리 모양이 큰머리로 가체를 이용한 고계높고 크게 머리를 맺는 결발 양식으로 중국의 영향을 받은 것 형태를 하고 있다. 두발 양식은 머리의 중앙을 높게 올려 중간에서 끈으로 장식하고, 타원형의 테를 둘렀으며, 머리 두 가닥을 양볼 쪽으로 드리우게 하고 나뭇가지 모양의 붉은 장신구를 꽂아 놓은 머리 모양을 하고 있다.

그림 1-19 큰머리[79)]

② 얹은머리

얹은머리는 혼인한 부녀자의 대표적인 머리 형태로 두 가지로 나누어지는데, 머리를 땋고 난 후 올리면서 두르는 형태와 그대로 틀어 올려 두르는 형태로 나누어진다. 이는 무영총 고분의 부인상과 수산리 고분 행렬도의 묘주 부인상의 모습에서 볼 수 있다.

무용총 고분 부인상[80)]

수산리 고분 행렬도 묘주 부인상[81)]

그림 1-20 얹은머리

③ 쪽 머리

부녀자의 일반적인 머리 형태로 표현되는 쪽머리는 두발을 뒤쪽에 낮게 묶어 쪽을 짓는 것이다. 각저총 주인공의 실내 생활도에서 2명의 묘주 부인과 무용총 공양도의 시녀에게서 쪽진 머리 모양을 볼 수 있다.

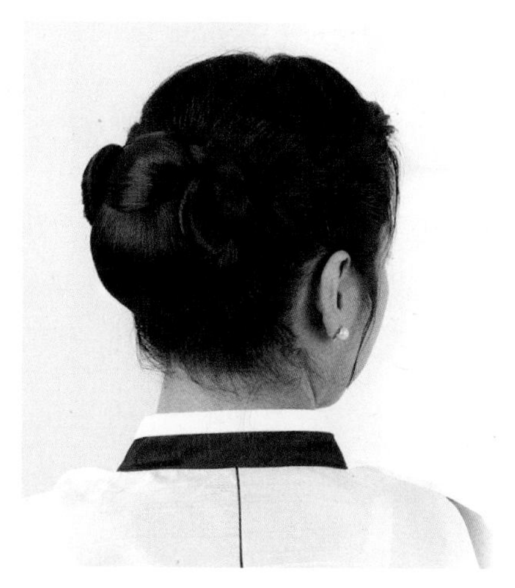

그림 1-21　쪽 머리[82)]

④ 푼기명 머리

삼실총 제1실 남벽 왼쪽 여인도에서 볼 수 있는 푼기명 머리는 미혼녀의 머리 형태이다. 좌우 양 볼에 머리의 일부를 늘어뜨린 모양으로 머리를 셋으로 나누어 한 다발의 머리를 뒤로하고 두 다발 머리채는 좌우의 볼 쪽에 각각 늘어뜨린 형태이다.

그림 1-22　푼기명 머리[83)]

⑤ 묶은 중발머리

고구려 벽화에 많이 보이는 머리로 목선에 머리카락을 낮게 묶은 모양이며 머리카락이 짧은 두발을 머리 뒤에 묶은 형태로 머리카락이 자라지 않은 소년, 소녀의 과도기적 머리 형태이다. 무용총 무용도의 음식을 나르는 시녀들 중에서도 묶은 중발머리를 볼 수 있다.

그림 1-23 묶은 중발머리[84)]

⑥ 쌍계, 쌍수계

머리 좌우의 윗부분에 두 개의 상투를 만든 쌍계 머리 형태는 덕흥리 고분 시녀도 진파리 1호분에서 둥글게 양쪽으로 빗어 올린 쌍계식雙髻式의 머리모양을 볼 수 있다. 쌍계는 미혼녀, 시녀, 무희 등이 많이 한 머리로 신분이 높은 사람들이 한 머리는 아니었던 것으로 보이며, 하나둘로 묶어 올리는 것이 일하는 여성의 머리로 편리했기 때문으로 추측된다.

그림 1-24 쌍계[85)]

⑦ 채머리

머리를 자연스럽게 아래로 내려뜨린 머리 형태이며 자라난 머리를 그대로 기르는 머리로 오회분 4호 묘의 달의 신에서 볼 수 있다. 달의 신이 채머리를 한 것은 신선의 자유로움과 신비로움을 표현한 것으로 보인다.

그림 1-25 채머리[86)]

⑧ 상투

상투머리는 처음엔 어린 남녀 모두에게 적용하였으나 점차 남성의 머리 형태로 정착되었다. 머리를 정중선으로 가르마하여 양쪽 귓가에 묶어 상투를 세우는 것을 말하는 것으로 중화군 제4호 고분 동벽 벽화 여인과 감신총 벽화 여인, 덕흥리 고분에서 볼 수 있다.

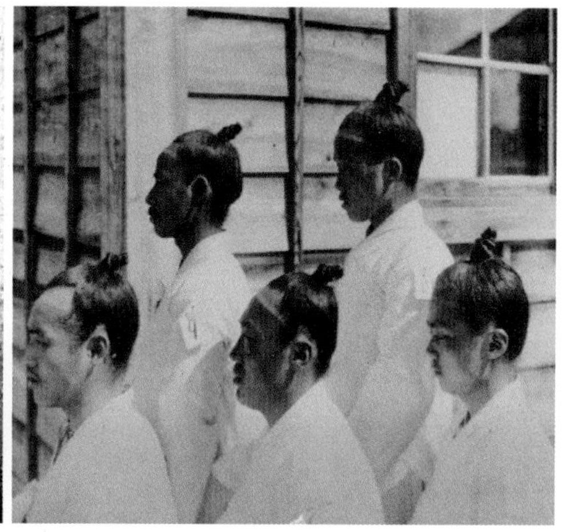

그림 1-26 상투[87)]

⑨ 환계

환계는 고리 모양의 머리로 큰머리와 같이 고리 모양을 만들어 위나 아래에 붙인 것이다. 큰머리와의 차이점은 고리를 위로 만들어서 신분이 높은 사람이 사용하였고, 환계는 고리가 작은 형태로 다소 아래에 만들었다. 이는 감신총의 합장여인상을 보면 알 수 있다.

그림 1-27 환계[88]

(3) 복식 형태[89][90]

고구려의 복식은 고기록古記錄이나 고분벽화古墳壁畵, 고분출토품古墳出土品 등을 통하여 알 수 있다. 고구려 복식의 기본형은 상의와 하의가 구분된 직령교임형과 전개합임형, 체형형이 섞여 있어 구조적으로 볼 때 북방계 복식 형태이다. 복식의 기본 구조는 윗옷으로 '유'와 '장유'가 있고, 아래옷인 '고', 중국계 복장인 치마이며 여인들이 주로 착용하는 옷으로 상裳, 군裙, 포袍가 있으며, 대帶는 허리에 매는 띠로써 저고리인 유와 포를 여미는데 사용하였다. 또한 머리 수건 형식의 '건巾'을 썼으며, 신발로는 '화靴'나 '이履'를 신었다. 고구려는 거대한 영토를 가진 나라였기에 국제 교류가 활발했는데 이 풍요를 안악 3호 고분에 그려진 주인 부부의 화려하면서도 당당한 모습에서 엿볼 수 있다.

그림 1-28 고구려인 복식 형태[91][92]

그림 1-29 고구려 여인들의 복식 형태[93][94]

(4) 화장 형태[95)96)]

고구려는 지형적으로 중국과 가장 가까워 중국의 문화를 빠르게 흡수하여 독자적인 화장 문화를 창출했을 것이다. 그 예로 4~5세기경 위진남북조시대에 들어서면서 중국에서 성행하던 연지가 고구려에 들어왔으며 고구려의 여인들 사이에는 뺨과 입술에 연지를 찍는 것이 유행하였고, 백분과 연지를 혼합하여 붉은 화장이 계속되었다.

그림 1-30 고구려 거마행렬도 화장형태[97)]

(5) 두식 및 장신구[98)99)]

① 두식

고구려는 관모에도 신분계급이 명확히 나타나 있어 관인官人, 서인庶人의 관모가 다르고 관인계급에서도 귀인, 대관, 일반 관인급의 것이 서로 달랐음을 알 수 있다.

표 1-2 고구려 두식 종류[100)101)102)103)104)105)106)107)]

두식 종류	그림	설명
① 건巾		고구려 덕흥리 고분벽화에는 일반 남자들이 검은 헝겊을 머리에 둘러서 뒤로 매어 늘어뜨린 모양의 건을 착용하고 있는 모습이 나타나고 있으며, 건은 원래 중국 고대의 학자나 문인, 관직을 떠난 사람이 주로 착용하였다. 건은 머리가 흘러내리는 것을 감싸는 것으로 우리 민족이 가장 오래 사용한 소박한 쓰개이다.

두식 종류	그림	설명
② 책幘		책은 고구려의 일반용 두건이 아니라 절풍折風보다 상위 계급의 관모이고, 건에서 출발한 두건 형태이다. 고구려 벽화에 나타난 한국의 책은 대개 윗 부분이 없고 목에서 매어 고정시키며 책과 달리 후두부의 수식포인 수收가 없는 상태이다.
③ 절풍折風		절풍은 변弁 모양의 관모이며, 고구려에서 일반인이 썼는데 사인士人은 여기에 2개의 조우를 장식하였다.
④ 소골蘇骨		고구려에서 귀인이 쓴 모자로 절풍과 같은 원뿔 모양의 관모지만 자라紫羅로 만든 것이 특징이며 귀인이 흔히 사용하였다.
⑤ 금관金冠		금관은 내관內冠과 외관外冠으로 구성되어 있고, 대개 내관은 변형모의 형태이며 외관은 대륜臺輪에 입식을 장식한 통수식 관으로 내관과 외관이 하나의 관을 이룬다.
⑥ 입笠		더위와 비를 막는 실용적인 용도에서 서민 계층에서 썼고 한국 고유의 관모 형태이다. 입에는 방립方笠과 폐량립 계통이 있다. 방립은 전통을 고수하는 승려와 농민의 삿갓으로 오늘날까지 사용되며 폐량립은 평량자, 흑립 등으로 조선시대에 이어졌다.
⑦ 조우관鳥羽冠		금속제 조우관이나 조우 장식은 자연물을 장식하는 원시 단계에서 변천된 것으로 귀족계급의 쓰개이고 절풍, 소골 등의 고깔 모양의 관모에 새깃을 장식한 것이다.
⑧ 건괵		당서唐書와 고구려 벽화를 통하여 부녀자들은 건괵을 썼음을 알 수 있고 부녀자들이 일할 때 머리가 흘러내리는 것을 막기 위해서 머릿수건을 둘러 맨 것이다.

② 장신구

고구려 예술의 특징은 진취적이며 소박한 민족성이 조형미술품 속에 잘 나타나있다. 대부분 고분에서 출토된 것으로 귀고리, 팔찌, 반지, 띠꾸미개, 신발 등이 있다. 장신구는 금, 은, 구리, 도금, 세공 기술의 발달로 장신구들을 사용하였다. 불교의 영향으로 제사나 의식에 사용된 제품들이 발달되었으며 귀고리 형태가 특징적으로 남자가 착용한 것으로 보이는 세환식細鐶式과 여자가 착용한 것으로 보이는 태환식太鐶式이 있다.

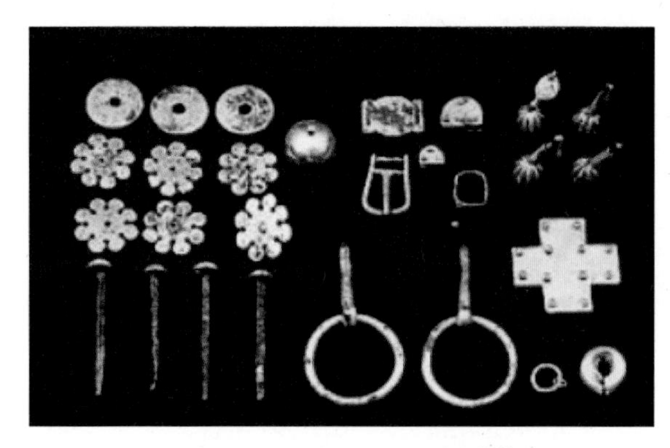

그림 1-31 고구려 장신구[108]

2. 백제 시대

(1) 시대적 배경[109][110][111]

백제BC 18~AD 660는 고구려 시조 주몽의 아들 온조가 BC 18년에 건국하였다. 부여계 이주민들이 한강 유역에 정착하여 세운 나라로 점차 마한 지역을 정복하면서 고대국가로 성장하였다. 세력을 넓혀가던 중 고구려와의 전쟁으로 세력이 약화되기도 하였지만, 신라와 동맹을 맺고, 중국 남조와 교섭함으로써 고구려와 대항하며 영토를 넓혀갔다. 그러나 고구려의 계속되는 남하정책으로 점점 쇠퇴하게 되었다. 이후 신라와 동맹이 파기되어 나당연합군의 공격을 받고 계백장군의 황산벌 혈전을 마지막으로 멸망하였다.

백제의 예술은 우아하고 섬세한 특징을 지니며 고구려 및 남조의 영향을 받았음에도 새로운 예술을 개발하였고 일본의 아스카 문화를 개발시키는 등 문화전달의 공이 크다고 볼 수 있다.

백제는 시기적으로 불교문화가 화려하게 꽃 핀 절정기로 부여 지역을 중심으로 많은 사찰이 세워지고, 백제금동대향로를 비롯한 공예품들이 주로 제작되었다. 백제의 궁궐 건축은 매우 화려하였을 뿐만 아니라, 그에 따른 건축술도 매우 뛰어났다. 특징을 살펴보면 차등화 된 재질과 착용자의 사회적 신분을 반영한 장식을 하였다.

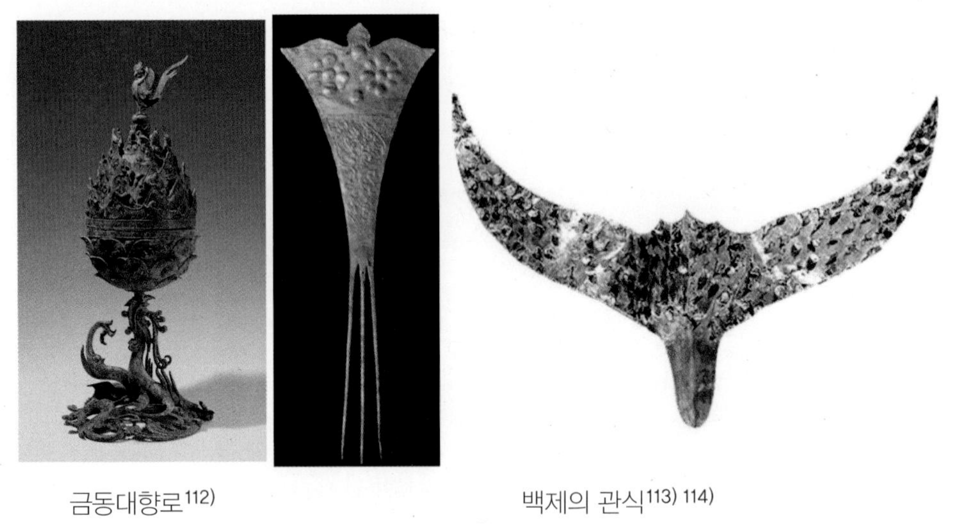

금동대향로[112) 백제의 관식[113) 114)]

그림 1-32 백제의 관식

(2) 머리 형태[115) 116) 117)]

백제의 머리 모양은 지도층이 고구려 계통의 종족이라는 사실에서 중국 남북조 및 수나라의 머리 모양과 관련성을 가질 수 있음을 알 수 있다. 주서周書 열전 백제조에서 혼전 여인들 머리 모양은 여변발수루女辯髮垂候라 했으니, 이는 머리를 뒤에 모아 한 가닥을 늘어뜨리고 출가 후에는 양쪽으로 가른 쌍계로 머리 위에 모은 변발의 형태임을 낙신부도와 여사잠도에서 보여준다.

이러한 기록을 종합해 볼 때 기혼녀는 머리를 둘로 나누어 머리에 얹는 형태였으며, 미혼녀는 머리를 땋아서 뒤로 늘이거나 땋은 머리를 둥그렇게 얹은 후 한 가닥을 뒤로 내려뜨려 기혼녀와 구별이 되도록 했음을 알 수 있다. 즉 신분, 혼인여부, 성별에 따라 차등을 주었다.

백제 낙신부도[118)]

백제 여사잠도[119)]

그림 1-33 백제 머리 형태

(3) 복식 형태[120)121)]

복식에 있어서 고구려식과 신라의 형식이 복합적으로 보이거나 넓은 저고리 소매는 단독적인 것으로 보이고, 중국 양나라의 [양서]에 백제인들은 키가 크고 의복이 깨끗하다고 기록되어 있으며 〈양직공도〉에도 등장하는 백제인, 고구려인, 신라인 등의 모습은 깨끗하게 정리된 외모를 보인다.

백제의 시종들은 저고리와 느슨한 바지를 착용하였는데, 저고리는 꽉 끼는 소매에 길이가 엉덩이에 걸칠 정도로 길다. 저고리와 소매, 옷단 옷깃은 서로 보완적인 천을 사용하여 따로 덧대었고 꽉 끼는 머리덮개와 가죽신을 착용하였으며 궁중 안의 여성 시중은 저고리, 바지, 치마, 외투를 입었다.

백제의 왕과 왕비는 자주빛의 소매가 넓은 옷에 통 넓은 청색 비단 바지를 입고 허리에는 흰색 가죽 띠를 매고 검은 가죽신을 신었고, 머리에는 금장식을 한 금동관, 오라관, 검은 비단관을 사용하였다. 왕비는 고깔형 관모에 치마와 저고리를 입고 그 위에 두루마기나 반소매 옷인 반비를 덧입었을 것으로 추측된다. 무령왕릉에서 보여지는 화려한 금속공예품으로 보아 왕비가 착용했던 복식은 풍성한 선이 살아있도록 극도의 화려함으로 왕실의 권위를 상징하였다.

백제의 남녀 복식[122]　　백제 왕과 왕비 복식[123]

그림 1-34　백제의 복식 형태

(4) 화장 형태[124]

백제는 삼국 중 전해지는 기록이 가장 부족한 국가로 일본 문헌을 살펴보면 '화장을 할 줄 모르고 화장품도 만들 줄 모르는 일본인들이 백제로부터 화장품의 제조 기술과 화장 기술을 익혀 비로소 화장을 했다'라는 기록이 있다. 이는 백제의 화장 수준이 상당하였고 일본에까지 영향을 주었다고 볼 수 있다.

중국 문헌에서도 '백제인은 분은 바르되 연지를 바르지 않았다'라는 기록이 있는데 이는 진한 화장을 했던 중국 여인과 화장을 비교했을 때 백제인은 엷고 은은한 화장을 한 것으로 추측된다. 백제의 화장은 유물이나 벽화 등이 거의 남아있지 않아 정확히 알 순 없지만, 다양한 인종이 살고 있던 것으로 보아 여러 가지 형태의 화장이 존재하지 않았을까 짐작게 한다.

(5) 두식 및 장신구[125][126][127][128]

① 두식

표 1-3　백제 두식의 종류

두식의 종류	그림	설명
변弁, 절풍折風		백제의 관모는 변과 절풍의 합성으로 독특하다. 부여 박물관에 소장되어 있는 화와인물化瓦人物의 관모이며 백제 부여의 군수리 유적에서 그려진 것으로 변의 형태는 삼국이 공통되어 있다.

두식의 종류	그림	설명
금동관金銅冠		백제의 관류冠類에는 나주 반남면 신촌리 9호분 출토의 금동관은 외관과 내관이 분리되어 있다. 내관內冠은 두른 변형 관모이고 표면의 상하에 거치문鋸齒文을 나타내고 한가운데에 잎이 둘러싸인 꽃망울 한 개와 둘레에 당초문양을 그리고 꽃망울 밑에 인동 문양을 나타낸다.
금제관식 金製冠飾		백제는 "왕이 대수자포에 청금고를 입고 오라관을 쓰고 거기에 투각한 순금제 금화입화식金花立華飾을 꽂았다."라고 되어 있다. 무령왕武寧王의 금화식은 왕관을 쓴 후 그 관 앞에 관식을 꽂은 것으로 보인다. 왕관식은 날씬한 외형미가 넘치며 비대칭 균형을 이루는 화염문과 초화문의 아름다움을 조화롭게 나타내었다.

② 장신구

백제의 예술은 풍족한 자연환경과 중국의 남조 미술의 영향으로 온유하고 넉넉한 모습으로 발전함으로써 섬세함과 온화함을 가진 미술로 평가된다. 백제의 고분 묘제는 돌방무덤 또는 벽돌무덤 위주여서 고구려와 마찬가지로 도굴이 쉬워 현존하는 유물이 드물다.

1971년 공주 무령왕릉이 발굴되면서 출토된 유물의 수는 3000여 점으로 각종 왕비의 장신구가 세간의 이목을 끌었다. 무령왕의 금제 심엽형 귀고리, 금목걸이, 금제 팔찌도 발견되었고 이는 사후세계에서도 호사와 권위를 연명하려는 장생의지를 함축한 듯하다.

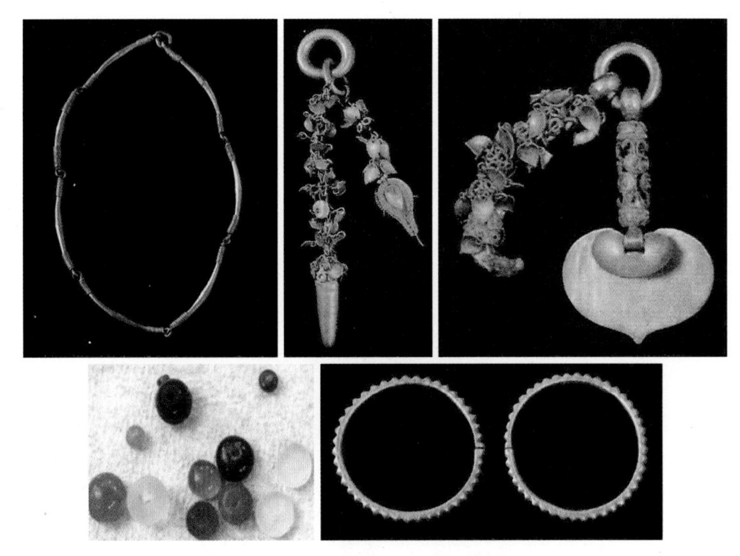

그림 1-35 백제 시대 장신구[129) 130)]

3. 신라 시대

(1) 시대적 배경[131)][132)][133)]

신라 기원전 57년~935년는 고구려, 백제와 함께 삼국시대의 국가 중 하나로, 현재의 한반도 동남부 일대를 약 992년 동안 지배하였던 국가로 한국사에서 가장 오랜 기간 동안 존속한 국가이다. 신라는 한반도 남쪽에 치우쳐 있어 일찍부터 대륙문화의 영향을 받아온 고구려, 백제에 비해 정치적, 문화적 발달이 늦은 편이었다. 신라는 경주지역에서 기원전 57년경에 건국되었으며 6세기 법흥왕 때 불교를 공인하여 왕권강화와 백성의 단결을 꾀하였으며 6세기 중엽 전성기인 진흥왕 때에 이르러 한강 유역을 차지하고 나·당 전쟁을 통해 당군을 몰아내고 대동강 이남에서 원산만에 이르는 지역을 차지하여 삼국통일을 달성하였으며 698년 발해가 세워짐과 함께 남북국 시대의 남쪽 축이 되었다.

신라의 특징으로 혈연관계의 골품제를 살펴보면 중앙집권 국가로 발전하는 과정에서 왕권이 강화되고 신분제도가 생겼다. 이는 신라의 가옥 규모와 장식물, 복식 등 일상생활까지 규제하였다. 신라의 문화는 초기에는 고구려, 중기에는 백제, 후기에는 중국의 수와 당의 문화를 받아들여 창의적이고 화려한 고유문화를 형성하게 되었다.

(2) 머리 형태[134)][135)][136)]

신라시대 머리 모양에 관한 문헌 기록은 거의 희박하나 북사에 '기혼녀는 머리를 땋아 두상에 두르고 비단과 구슬로 장식하였다'고 기록되어 있고, 수서에 '부인이 머리를 땋아서 감아올리고 비단과 구슬로 장식하였는데 머리가 매우 길고 아름다웠다'고 기록되어 있다. 신라에서는 가난한 사람뿐만 아니라 남자들도 머리카락을 잘라 팔고 흑건을 썼다는 기록으로 보아 가체를 얹은머리 형태를 한 것으로 보이고, 머리카락을 사고 팔던 매매가 있었다고 전해진다.

북계의 머리 모양은 쪽을 진 형태로 당나라에서도 모방했다고 사료된다.

그림 1-36 가체[137)]

(3) 복식 형태[138)139)]

당나라 복식이 수용되기 전에 신라 복식은 대개 고구려의 영향을 받아 고구려에서 신라왕에게 옷을 내려주었다는 내용이 비문에서 보이듯 백제와 신라, 고구려, 가야는 비슷한 복식을 형성하고 있었다. 신라 초기의 의복제도는 그 색채를 자세히 알 수 없으나 법흥왕 때에 그 골격이 제정되다가 진덕여왕 대에 김춘추가 외교정책의 일환으로 당나라의 의례에 따라 복식을 모방하게 되면서 신라의 복식은 당의 복식과 거의 같게 되었다.

겉옷으로는 오늘날의 두루마기 형태로 예절을 갖출 때 입는 것으로 신분에 상관없이 다 입었지만 상류층의 것은 일반 서민들의 것에 비해서 소매 품이 넓은 것이 차이점이고 그 비중이 바지저고리에 비해 높지는 않다. 신라 귀족의 관복이자 공식 석상에서 갖춰 입던 공복인 단령은 원래 서역계통의 호복이었던 것이 당나라를 거쳐 신라로 전래되어 계급에 따라 옷감과 띠에 차이가 생겼으며 명칭은 목 부분이 둥근 것에서 유래되었다.

바지는 남녀 모두 입었던 것으로 보이는데 남자는 저고리와 함께 밑에 입는 기본 복식이지만 여자의 경우는 치마 속에 입는 것으로 복식 금지령에 여자가 입는 바지에 대한 규정도 있는 것으로 봐서 집에서 있을 때는 바지만 입었을 것으로 추측된다. 신라시대의 규정에서 진골 대등은 계수금과 이외의 모든 재료가 사용되었고, 6두품은 시, 견, 명주, 포, 5두품은 면서, 포, 4두품 이하 평민까지는 포만 사용했다. 신라의 평민 남자들은 갈고라는 바지를 입었는데 갈고는 거친 베로 만든 바지를 가리킨다.

허리띠는 긴 저고리나 두루마기의 허리 부근에 두르는 띠로, 남녀 상관없이 두루 착용하였고 남자의 허리띠는 그 부속 장식에 대한 금제가 있는 것으로 보아서 윗옷을 허리에서 죄어 묶는 가죽띠인 듯하고 여자의 허리띠는 그것에 조가 달려있는 것으로 보아서 윗옷의 옷자락 위에 장식하는 색동 있는 띠인 듯하다. 남자는 단령과 복두 및 신발과 함께 조복에서 빠질 수 없는 것이었다.

그림 1-37 신라 시대 복식[140)]

(4) 화장 형태[141)]

신라는 백제·고구려보다 다소 늦게 문화를 발전시켰으면서도 화장 면에서는 두 나라보다 앞섰다. '부분대不粉黛'의 기록에서 여성은 분과 눈썹을 그리지 않았고 머리카락이 앞에 감기어 아름다운 구슬과 비단으로 장식하였다고 전해진다. 또한 신라시대에는 화랑花郎제도가 있었는데, 진흥왕 때 생겨난 제도로 미모의 남자를 뽑아 곱게 단장한 사람을 화랑이라 칭하고 받들게 하였다.

꽃으로 연지를 만들어 이마와 뺨, 입술에 바르고 백분 외에 산단山丹:백합꽃의 붉은 수술으로 색분色粉을 만들어 사용하였다. 특히 692년에 한 승려가 일본에서 연분을 만들어 주고 상을 받은 일이 있었는데 이는 신라의 화장품 제조 기술이 일본보다 앞섰다는 사실을 의미한다. 또한 기록에서 눈썹을 아황鵝黃하였다고 되어 있는데, 여기서 아황이란 황금색 화장을 의미하며 불교국가였던 신라에서 이 화장이 행하였던 것은 확실하다.

그림 1-38 신라 아황 화장 형태[142)]

(5) 두식 및 장신구[143)144)145)]

① 두식

신라 시대는 우리나라 장신구 발달의 황금기로 고분을 중심으로 순금 제품의 기교성이 뛰어난 것들이 많다. 신라의 황금 문화는 북방 유목민족의 황금 문화가 유입되어 다른 어떤 지역보다도 화려하고 우수하다. 대표적인 두식으로는 쓰개가 있는데, 쓰개는 머리를 보호하는 두의로서 발생한 것이며, 장식적, 신분의 표시 등으로 발전된 것이다.

우리나라의 벽화에 나타나는 두식을 살펴보면 절풍折風 계통의 나관, 소골, 관 등이 있다. 절풍과 소골은 대개 형태가 비슷해서 혼동되기 쉬울 정도로 흡사한 형태를 가지고 있어 신분에 따라서 절풍과 소골이 구분된 것인지 아니면 털의 유무에 따라 신분을 구별했는지는 확실히 알 수 없으나 소골이라는 이름은 솟은 각관모이라는 말을 한자로 적은 것이라 했으며 그 형태는 내체로 고깔과 비슷하게 생겼다.

소골[146] 동관[147]

그림 1-39 신라 시대 두식

② 장신구

신라의 장신구는 금·은·동·옥 등 각종 보주를 사용하였으며, 신라의 금관은 왕족이 사용하던 관모이고 왕실과 귀족 사회의 절대적인 권력의 상징인 동시에 화려한 미美를 표현하기에 가장 효과적인 예술품이다. 금관총, 천마총 등 여러 고분에서 출토되었다.

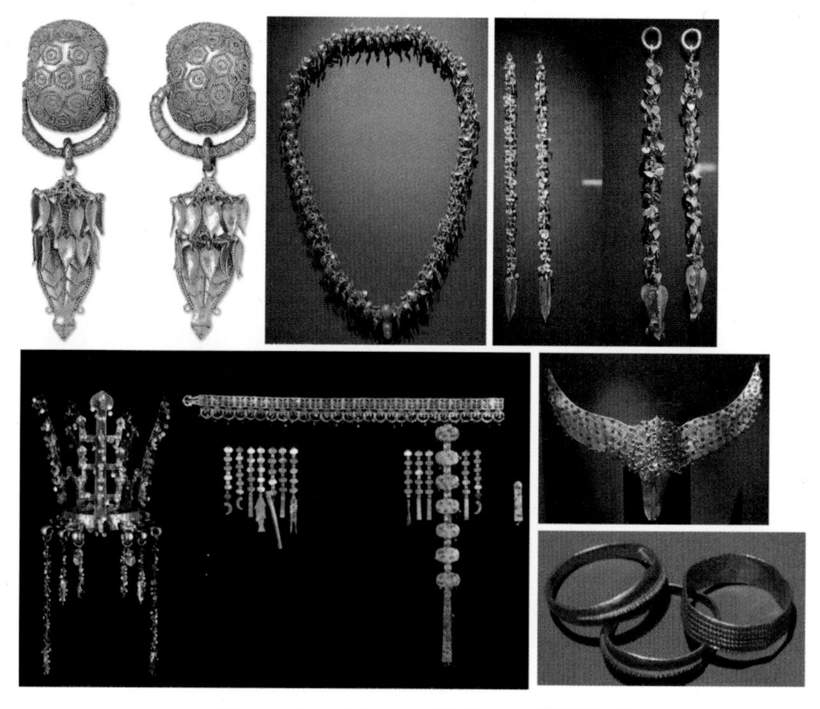

그림 1-40 신라 시대 장신구들[148][149][150]

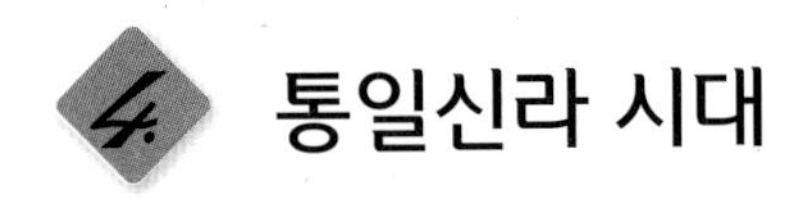

통일신라 시대

1. 시대적 배경[151)][152)]

삼국 통일 이후 신라는 9주 5소경을 설치하고 고도의 중앙집권체제를 확립하였으며 영토 확장과 인구가 크게 늘어났다. 신라는 중요한 정치적 변화로 무열왕 이후 왕권이 강화되었다. 최초의 진골 출신의 왕으로 통일 전쟁을 치르는 과정에서 왕권 강화를 위해 직계 자손만이 왕위를 세습하였다. 신문왕 때는 녹읍을 폐지하고 김흠돌의 모역사건을 계기로 귀족세력들에 대한 숙청을 가하였다.

그후 기밀사무를 관장하는 시중의 기능을 강화하고, 진골 귀족 세력을 약화시키고 왕권이 전제화될 수 있는 바탕을 마련하였다. 청해진을 중심으로 한 장보고의 해상무역은 황해와 남해 일대를 독점하였고, 그 영향력이 신라 내부 전체에 미치게 되었다. 신라의 교역은 주로 상업이나 외교 활동이었고, 신라의 주 교역상대는 당나라와 일본이었다. 발해와의 교역은 물론, 바닷길을 통해 아랍과도 활발한 교역이 이루어졌다.

통일신라의 하대로 넘어갈수록 점차 귀족 중심의 정치로 왕권이 약화되고 중대에 왕권강화에 중요한 역할을 하였던 6두품의 저항과 함께 지방이 분권화되어 중앙의 지방에 대한 통제도 약화되고, 김헌창의 난, 농민반란 등 점차 쇠퇴되는 양상을 보이게 되었다. 후삼국의 성립과 신라의 멸망을 보면 10세기 견훤과 궁예는 신라 말기의 혼란을 틈타 독자적인 정권을 수립하였다.

실제로 태조 왕건은 후백제가 신라를 공격하자 고려군을 파견하여 신라군을 도와 후백제군과 맞서 싸움으로써 신라인들의 신망을 얻었다. 이에 경순왕의 자진 항복을 받아내어 신라를 손쉽게 정복하였다.

2. 머리 형태[153)][154)][155)]

통일신라 시대는 당나라와의 교역으로 다양한 머리가 유입되었다. 쪽머리에 커다란 가체를 올린 얹은머리가 유행하였으며 선덕여왕 22년에 다래가 유행하였다. 흥덕왕 때 즉, 고구려, 백제 복속 후 150년에는 상류층 여성뿐만 아니라 일반 여성들도 사치가 심했기 때문에 복식 금지령을 내리기도 하였다.

황성동에서 발견된 토용의 머리 모양은 높이 올린 형태의 머리 모양이며 용강동 귀족 남성은 삼각뿔 모자를 쓰고 황성동 귀부인은 정중선 가르마를 백 포인트까지 처리하고 귀를 완전하게 덮어서 후두 중간에서 묶어 오른쪽으로 비틀어 결발한 모양으로 고귀하고 도도한 자태를 나타내고 있다. 용강동 귀부인은 높이 올린 고계형식이며 용강동 석실고분의 관리는 수염을 정리하고 쌍계식의 머리 모양이며 4두품 이상의 부인들은 머리를 탑 포인트 부분에 높이도록 묶고 머리 모양을 둥글게 말아 처리한 후 양쪽에서 꽂이로 고정을 하였으며 이마에는 금색대식을 하였다. 동천동 마애삼존불 좌상 벽화는 중국 위나라 시대의 추마계와 비슷한 머리 모양을 하고 있다.

가체를 사용한 얹은머리를 하여 비녀와 오색찬란한 자개방식의 꽂이로 머리를 화려하게 장식하였다. 비녀로 신분과 품성을 은근히 표출하였는데, 귀족은 당나라에서 수입한 거북의 껍질로 장식한 빗과 옥잠, 봉잠, 용잠, 산호, 호도, 석류잠 등의 여러 가지 모양의 비녀를 사용하였다.

이와 같이 통일신라 시대의 머리 형태는 더욱 화려하고 높아졌을 것으로 나타나고 있으며 두식 또한 화려했음을 입증하고 있는 빗을 보면 추측할 수 있다.

그림 1-41 통일신라 시대 머리 모양[156]

3. 복식 형태[157]

신라는 친당정책으로 인해 당과의 교류가 활발하여 복식은 물론 생활 전반에서 당의 영향을 많이 찾아볼 수가 있다. 통일 후 문무왕은 부녀자들까지 중국 복식을 따르도록 하였는데, 이것이 중국 관복제도를 정식으로 받아들인 최초의 일로 복식사상 일대 변혁이였다.

상의는 표의表意, 단의短衣, 내의內衣, 반비半臂, 배당裲襠, 표褾가 있다. 표의는 겉옷을 지칭하는 것으로 신분의 귀천 없이 남녀 모두 착용한 것으로 보인다.

단의는 흥덕왕 복식금제의 기록에서와 같이 저고리를 위해尉解라 칭하여 복식금제에서 여자에게만 해당되는 것을 알 수 있다. 내의는 표의에 대응하는 것으로 포에 대한 속옷 또는 받침옷으로 해석할 수 있다. 반비는 당대에 반소매에서 민소매의 소매길이로 매듭장식을 쓰고 의례적 목적으로 착용되었다. 배당이란 소매 있는 배자褙子와 양당裲當의 복합개념으로 여인 전용의 화려한 복식을 말한다. 화靴와 이履는 남자들이 착용하던 신발이다.

통일신라는 호방 계통의 북방계열 복식을 기본으로 중국 복식이 들어와 우리나라 복식 구조의 일부가 되어 소화, 흡수 과정을 통해 국속화되어 상류계급의 복식인 당제唐制와 하류계급의 복식인 국제國制를 사용하고 있음을 알 수 있다.

4. 화장 형태[158)]

화장 형태는 중국의 영향을 받아 통일 이전의 엷은 화장에서 다소 화려하고 백분에 붉은색을 염색한 색분을 만들어 써서 화장품 질을 높였으며 보다 화려한 화장법이 유행하였다. 중국의 여인들이 짙은 색으로 화장을 하였으며 의상과 아울러 화장이 화려해졌을 것으로 추측되고 중국과도 무역의 교류가 있었다는 것을 알 수 있다. 신라의 한 승려가 일본에서 연분을 제조할 만큼 신라에서는 연분의 제조기술이 보편화되었다.

5. 두식 및 장신구[159)][160)]

(1) 두식

통일신라시대 두식은 남자의 경우 상투머리, 여자의 경우 얹은머리가 일반적이며 복두幞頭와 소梳, 채釵가 있다. 복두는 네 가닥의 끈이 달린 모자로 산봉우리를 연상하는 모양이며, 소와 채는 여성의 전용물로 소대모의 뼈를 사용하고 금과 은으로 장식된 머리빗을 말한다.

그림 1-42 세금착감화문즐[161)]

(2) 장신구

장신구에는 금관, 비녀, 빗 등이 있었으며, 백옥 금은사金銀絲, 공작미孔雀尾, 비취모翡翠毛로 장식한 요대腰帶든 대모玳瑁와 금은으로 누금하고 주옥으로 상감한 두 가닥 비녀인 채釵에 관한 것이 있어 통일신라 시대 장신구의 화려한 일면을 엿볼 수 있다.

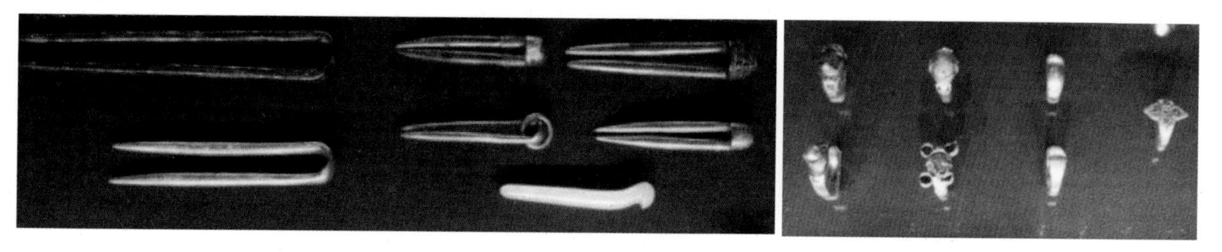

그림 1-43 통일신라 시대 장신구[162]

5. 고려 시대

1. 시대적 배경[163][164][165][166][167][168][169][170][171][172]

고려 시대는 처음으로 국가가 통일된 시대로 불교를 숭상하고 왕실 안에 사찰이 건립되어 승려의 지위가 향상될 만큼 불교 문화가 화려했다. 고려는 고구려의 부흥을 표방하면서 송나라·당나라의 문화를 이어받은 통일신라의 문물을 이어갔다. 고려 미용 문화에 영향을 미친 중국 대륙의 국가로 5대 10국과 송, 거란요, 금여진 그리고 원몽골, 명이 있다. 29년 항쟁에도 불구하고 고려 500년 동안 흥망성쇠를 거듭하며 고려 사회에 직·간접적으로 영향을 미친 원元나라는 원의 간섭이 있기 전과 간섭이 시작된 후의 문화 형태를 나눌 수 있을 정도로 지배적인 영향을 끼쳤다고 할 수 있다. 또한 원의 풍속인 '몽골풍'과 고려의 풍속인 '고려양'의 문화 교류를 이어갔다.

이후 제31대 공민왕에 이르러 원나라가 멸망할 때까지 약 100여년간 지배받게 되면서 자주성을 잃고 말았다. 배원정책을 실시하여 원으로부터 벗어나는 듯하였으나, 명나라와의 관계가 시작되면서 조선에까지 이르게 된다.

(1) 원 간섭기 이전

고려가 원의 간섭을 받기 이전에는 송나라와 교류가 활발하던 시기로 가장 영향을 많이 받았다.

고려는 주변 국가와의 외교정책으로 대륙의 혼란한 정세를 관찰해 당이 멸망하고 세워진 송과 친선책을 취해왔다. 송은 고려를 통해 거란을 견제하려는 정책을 펼쳤고, 고려는 송을 통해 대륙 문물 수용을 목적으로 친교관계가 성립되어 1174년까지 왕래하였다.

고려 초기의 미용 문화는 교역이 활발히 이루어져 상업이 발달하여 화폐가 유통되었다. 여러 나라의 문화를 흡수하면서 당나라의 농염하고 화려한 색채의 반동으로 청아하고 우아한 아름다움을 추구하였던 송과의 교류를 시작해 더욱 화려해졌으며, 신분이나 연령과 무관하게 다양하고 화려한 미용 양식들로 보인다.

(2) 원 간섭기 이후

초기 통일신라와 송의 문화를 대부분 답습한 미용 문화와는 달리 중기에 이르러서는 고려만의 독자적인 미용문화를 완성시켜 나갔다. 다양한 문화를 흡수한 고려의 화려함을 드러냈으며 고려 제 23대 고종 때 원의 간섭을 직접적으로 받으면서 관제, 풍속 등에 있어서 여러 변화를 겪게 되었다. 원의 간섭으로 인한 고려의 변화는 우리나라 역사상 정치, 경제, 문화 등에 걸쳐 막대한 손실을 가져왔으며 왕실 이하 귀족, 지배 계급에서는 향원심向元心에 사로잡혀 스스로 몽골풍을 쫓는 수치스러운 풍조가 나타났다.

개체변발開剃辨髮은 중간에 머리를 남기는 형태로 '겁구아'라고 불리기도 하였는데 머리 변두리를 깎고 정수리 부분의 머리털만 남겨 땋아 늘어뜨렸기 때문에 가체를 사용하기도 하였다. 가체는 원에서 시집 온 왕비들에 의해 대부분 전파된 것으로 왕실을 중심으로 귀족층까지 빠른 속도로 퍼져나갔다. 당시 가체는 사치의 일종으로 머리의 높이에 따라 부유함과 신분의 상징으로 표현되었으며, 경제적 여유가 없는 양인들은 가체를 사용할 수 없었던 것은 당연한 일이었다.

또한 머리 염색이 서민 사회까지 확산되었는데 그 재료로는 숯, 재, 옻나무 등이 있었으며, 백모를 드러내지 않기 위해 사용되었다. 이처럼 몽골의 풍속이 우리나라에 전해져 유행하게 된 것을 몽골풍蒙古風이라 하고 반대로 고려인이 원으로 가면서 전해진 고려의 의복을 비롯한 기물, 음식 등이 원에서 고려양高麗樣을 형성하기도 하였다.

고려 말에 이르러 원의 세력이 급속히 쇠퇴되자 공민왕 18년1369에 원의 지정연호를 정지한 후 홍상재洪常載 등을 명明에 보내어 명 태조의 등극을 치하致賀하고 사은표謝恩表를 올리는 동시에 제복을 청하는 등 배원정책과 친명정책을 동시에 실시하였고 이러한 정책은 조선까지 이어졌다.

2. 머리 형태[173)174)175)176)177)178)179)180)181)182)183)184)185)186)]

(1) 추마계墜馬髻

그림 1-44 추마계[187)]

중국에서 추마계墜馬髻는 타마계駝馬髻라 한다. 이는 넓고 나부끼는 듯하며 비스듬하게 두르고 말에서 떨어졌을 때와 같이 늘어진 모양과 같다고 해서 붙여진 것으로 가체를 이용해 높고 화려하게 만드는 형상을 말하는 것으로 머리카락을 위로 올려 계를 만들어 옆으로 기울어진 상태로 약간 흔들거리는 형상을 말한다.

한나라 때 추마계의 모양이 처음 만들어져 전해진 것으로 고려의 무희들이 즐겨하던 머리 형태이다. 이는 당을 거치면서 더욱 커지고 장식도 화려하게 변화하였으며, 송까지만 해도 변치 않던 계髻의 모습이 명나라 시대에 들어서면서 수발처럼 뒤로 내려졌고, 청나라까지 지속되어 상류층에서 유행하였다.

이런 형태의 머리는 부녀자들에게 사랑스러운 모습을 증가시키며, 추마계의 머리 모양은 〈미륵하생경변상도〉라는 불화에서도 보이는데 왕비와 후비의 시녀들의 머리는 한족漢族의 머리 형태가 그대로 나타나고 있으며, 머리 장식을 화려하게 치장하고 있는데 이것 또한 송나라 시녀들이 화려하게 치장했던 추마계墜馬髻의 머리 형태를 보여주는 것으로 생각된다.

또한 〈수월관음도水月觀音圖〉에서도 송나라 시녀들의 화려한 추마계 형태를 볼 수 있는데, 〈수월관음도水月觀音圖〉는 왕실의 안녕을 위해 시주용으로 그려진 불화로 왕비의 모습과 시녀의 모습이 그려져 있다. 시녀의 머리는 추마계墜馬髻로 원래는 솟구친 부분이 옆으로 기울어 있고, 흔들거리는 형상이었지만 한나라 때 생긴 이래로 조금씩 변화하면서 원의 영향으로 변형되어 고려까지 온 것으로 보인다.

(2) 아환계丫鬟髻

그림 1-45 아환계[188)]

아환계丫鬟髻는 이미 중국에서 고전머리로 정착되어 한나라 때는 물론 당을 거치고 5대, 송을 거치면서 우리의 댕기머리처럼 젊은 여성들이 보편적으로 했던 머리 모양이었던 것으로 보아 고려 시대부터 조선 시대까지 그 머리 형태가 전승되었다고 추정되는 대표적 머리 모양 중 하나이다. 그 이유 중에 하나가 조선 시대의 낭자가 한 쪽머리를 일컫는 것으로 머리를 땋아 뒤에서 좌우로 갈라 두 개의 쪽을 진 형태로 '낭자쌍계雙髻'와 그 형태가 유사하기 때문이다.

아환계丫鬟髻의 변천은 송나라 때에 가장 다양한 모습을 보여주었는데, 한 개 혹은 두 개로 발전되다가 송 대에 와서는 세 개까지 변해 쌍아계雙丫髻에서 삼아계三丫髻로, 단환계單鬟髻, 쌍환계雙鬟髻에서 삼환계三鬟髻로 변해갔다. 또한 아환계丫鬟髻는 올린형, 내린형, 혼합형이 모두 보이고 있으며, 아환계丫鬟髻의 아丫는 글자 모양 그대로 가닥아丫자인데 가닥이란 다름 아닌 나뭇가지 아귀를 뜻하며 아계丫髻와 환계鬟髻로 나누어 설명되기도 하지만 그 모양이 비슷해 보이기 때문에 한 무리로 보는 것이 타당할 것이다. 아계丫髻는 계髻의 가운데가 비어 있지 않다. 즉 고리 모양으로 되어 있고 계를 높이 솟구치게 하지만 환계鬟髻는 속이 비어 있으며, 귀 밑이나 목으로 내리는 경우도 있다.

아환계丫鬟髻의 대표적인 머리 모양의 형태를 찾아볼 수 있는 유물로 2000년 9월 경남 밀양시 청도면 고법리에서 발굴된 고분벽화로 고분의 주인공은 고려 말 예부시랑禮部侍郞, 사재소감司宰小監 등의 벼슬을 했던 송은松隱 박익朴翊 선생이다. 벽화의 동벽과 서벽에 북쪽을 향하여 무리를 지어 걸어가고 있는 형상이며 고려 말의 생활 풍습 연구 등에 중요한 자료로 활용되고 있다.

(3) 쌍수계雙垂髻

그림 1-46 쌍수계[189)]

원에 전해진 고려양의 대표적인 머리 형태인 '쌍수계雙垂髻'는 원의 묘에서 많이 발견된 고려인들의 머리 모양으로 원 여성들이 모방함으로써 원의 머리 모양으로 변모된 것 중 하나이다.

쌍수계雙垂髻는 쌍계雙髻를 아래로 내려 만든 머리 모양으로 귀 위에서 아래로 굵은 계髻를 늘어뜨린 머리 형태로 내린다는 의미로 '수垂'를 쓴 것으로 보이며, 모양은 두발이 어느 정도 자랄 때까지 임시로 머리를 묶어 좌우 관자놀이 가까이에 두 개의 발두髮頭, 즉 계髻를 솟게 한 것으로 머리 양쪽 귓가에 모발을 묶어서 내리는 쌍계雙髻 모양의 쌍상투에 포함된다. 이는 이미 당나라와 송나라를 거치면서 크게 유행한 머리 형태이다.

쌍상투 소위 쌍아계雙丫髻는 여아의 두발장식으로 두부에서 가르마를 반으로 갈라 두발을 정수리 쪽으로 빗어 위에서 묶어준 형태의 쌍수계雙垂髻이며 쌍상투와 같이 결혼하지 않은 여자의 두발 장식이다. 이상의 쌍상투와 쌍수계雙垂髻는 모두 미혼녀의 두발 장식이며 쌍상투가 좀 더 나이가 어린 여자 아이의 두발 장식이라고 하겠다.

이는 고려 말 불화 중 〈관경변상도灌經變相圖〉의 일부 중 불공을 드리는 명부 층 여성의 머리 모양에서 확인할 수 있다. 고유의 쌍계雙髻는 위나 아래에 똑같은 모양으로 놓여진 형식인데 원의 쌍계雙髻와 만나 더 커지고 늘어진 형태가 된 것으로 추정되며, 쌍수계雙垂髻가 고려 말까지 남아 있었다는 것은 원나라 사람들의 선택에 의한 것이 아니라 고려 여인들의 미의식에 의해 전승되어진 것이라 볼 수 있다.

(4) 조천계朝天髻

그림 1-47 조천계[190]

조천계朝天髻는 가체를 이용한 대표적인 머리 모양 중의 하나로 송나라 이전 5대 말부터 이어온 것으로 송이 개국하면서 들어와 궁중에서부터 시작하여 부녀자들에게 널리 퍼져 큰 유행을 일으켰던 머리 모양 중 하나이다.

중국 역대 부녀 장식에 의하면 머리 모양 이름에 조천朝天이라는 명칭이 붙은 것은 하늘을 향해 올려져 있는 형상에서 붙여진 이름이며 머리카락을 모두 머리 정상으로 빗어 올린 다음 원기둥 모양의 계髻 두 개로 그 모양이 만들어졌으며, 두 개의 계髻를 모두 앞쪽으로 기울인 후 가능한 한 높게 올렸던 것으로 보여진다. 또한 높이 솟아오른 계髻 밑으로 빙 돌려서 비녀와 꽂이 같은 머리꾸미개를 사용하여 고정하였으며, 장식적인 역할도 함께 하였고 가체의 높이에 의한 신분 차이로도 표현되었다.

개국 30년쯤 후인 태종 5년에는 부득이한 경우를 제외하고는 사용을 금하기까지 하였으나 당시 조천계朝天髻는 기녀들 사이에 크게 유행했기 때문에 머리 모양을 하지 못하도록 금지한 조치는 지켜지지 않았다.

(5) 고계高髻

그림 1-48 고계 / 왕비머리[191]

고계高髻의 머리 형태를 확인할 수 있는 가장 대표적인 것은 인덕황후 원나라 종실위안의 딸이며 본명은 보탑실리로 서울시 마포구 창천동 공민왕 신당에 보존되어 있는 노국공주의 영정에서 찾아볼 수 있다. 머리 형태를 살펴보면 가체머리를 크게 올리고 장식띠로 머리 아래를 받쳤는데 이는 명나라 상류층 여성들 사이에 유행했던 머리 형태와 유사하다.

또한 고계高髻의 모습을 고려 불화에서도 찾아볼 수 있는데 〈수월관음도水月觀音圖〉와 〈관경서분변상도灌經序分辯相圖〉에서 확인할 수 있다. 특히 삼국유사三國遺事에 기록되어 있는 대로 강원도 양양의 낙산사가 있는 해변 암굴에 수월관음이 있다는 믿음이 있어 〈수월관음도水月觀音圖〉는 빈번하게 제작되었으며, 1323년에 제작된 〈수월관음도水月觀音圖〉는 필치에 있어서 가장 우수한 것으로 인정받고 있어 고증자료로 참고하였다. 이 불화에서 나타나는 왕비는 공양왕의 왕비로 알려졌는데 전형적인 고계高髻에 보석으로 장식을 하고 있다.

또 다른 불화인 〈관경서분변상도灌經序分辯相圖〉는 일본 서복사西福寺에 소장되어 있으며, 오백 명의 시녀를 거느리고 있는 모습의 그림으로 왕비의 이름 등이 한자로 표기되어 있어 그림의 이해도를 높인 불화로 고계高髻의 모습을 확인할 수 있다.

이 불화에서는 시녀들의 머리 형태에서 전형적인 고계高髻를 확인할 수 있는데 본머리를 위로 올려 일단 중간에서 고정시킨 후 상층부에 형태를 만드는 형식이다. 이러한 형식은 한족부터 당, 송, 원의 문화가 모두 고려 문화에 흡수되어 그 머리가 고려의 불화에 등장한 것이다. 이처럼 고계는 그 머리 형태 자체로는 단아하지만 장신구를 사용해 화려한 수식을 하였으며, 평민층보다는 왕족, 귀족 등이 했을 것으로 보이는 고려시대의 머리 모양이다.

(6) 속발

그림 1-49 속발/묶은머리/채머리[192)]

속발이란 머리를 가지런히 묶던 것으로 인류가 일을 시작하면서부터 두발이 방해 요소로 작용하지 못하도록 묶기 시작했던 것을 기원으로 유추해 볼 수 있다. 중국에서 발견된 청동기 속발과 변발의 머리 모양이 새겨져 있는 것들로 미루어 볼 때, 아주 오래전부터 현재까지 사용되고 있는 머리 모양임이 틀림없다.

이와 같은 사실을 증명하는 또 다른 하나는 [고려도경 高麗圖經] '귀녀조'에 '아직 시집가지 않은 겨우 열 살 남짓한 여자였는데 피발하지 않았다'라는 문구와 '시집가기 전에는 서민들의 딸은 홍라로 속발하고, 남자도 같으나 홍라 대신 검은 노끈흑승으로 대신할 뿐이다'라는 두 기록으로 고려의 대표적 머리 모양인 속발 문화가 몽골의 변발 문화로 바뀌었다는 사실 또한 확인할 수 있다.

다시 말해 고려 시대의 대표적인 미혼녀들의 머리 형태들이 남녀가 동일하게 몽골풍 변발로 바뀌게 된 것이다.

또한 고려 시대에 접어들면서 속발은 머리를 단순히 묶는 단계를 벗어나 매듭에 장신구를 착용하여 변화를 주어 길게 늘어뜨린 머리 묶음의 형태를 세련된 모양으로 발전시켜 그 아름다움을 더하였다.

(7) 얹은머리

그림 1-50 얹은머리[193)]

얹은머리는 조천계, 고계와 달리 계를 만들지 않고 단순히 땋거나 묶은 머리의 다발을 머리 위에 얹은 형태라 할 수 있는데, 고려 말 불화와 초상화에서 확인할 수 있다. 이들 그림은 현재 전해지고 있는 것이 드물며, 불화 역시 고려 말에 많이 그려진 것으로 알려져 있으나 현재 우리나라에 남아있는 것 또한 거의 없기 때문에 몇몇 초상화와 불화 그리고 12세기 중엽에 제작된 것으로 추정되는 하회 가면인 각시탈을 토대로 얹은머리의 형태를 확인할 수 있다.

또한 불화 〈관경서분변상도觀經序分變相圖〉에서 나타나는 여성의 머리 모양으로 가장 많은 형태가 얹은머리와 쪽머리, 채머리이다. 얹은머리나 쪽머리는 오랜 전통을 가지고 있으며 기혼녀의 머리 양식이고, 채머리는 아무런 장식도 없이 내린 형식으로 처녀들의 머리 양식으로 정착되었다. 이 밖에 초상화에서도 얹은머리를 확인할 수 있는데 고려 말 조반부인의 초상화와 하연부인의 초상화이다.

고려 말 이양오李養吾의 딸 조반부인의 초상화에 나타나는 얹은머리의 형태는 몽골풍속에서 온 가체를 이용하여 얹은머리를 하고 있는 것으로 보여 여러 가지의 형태들이 다양하게 나타나는 것으로 보아 고려 말의 평민층 여성들의 머리 모양은 매우 자유스러웠다는 것을 알 수 있다.

3. 복식 형태[194][195][196]

고려는 건국 초부터 사회 전반에 남아있던 통일신라 시대의 제도에 영향을 받았기에 통일신라적인 우리의 고유복식과 중국 복식의 2중 구조가 공존하였다. 이는 [고려사高麗史]에서 살펴볼 수 있는데, 제1기인 고려 초기, 중기는 우리 고유 복식에 오대五代, 송宋 복식의 영향을 받은 시기이며, 제2기인 고려 후기에는 원과의 국혼관계로 인해 몽골족 복식의 영향을 많이 받았고, 제3기인 고려 말기에는 원의 쇠망과 새로 일어난 명의 제도를 본뜬 시기로, 피지배계급인 서민층에 있어서는 상대사회의 복식과 같은 우리 고유의 복식을 그대로 이어받아 착용하였다.

그림 1-51 고려 전기의 복식[197]

고려 전기 복식의 양상은 통일신라 시대 이후 복식의 이중 구조를 형성하면서 신라의 제도를 그대로 사용하였는데, 외국과의 관계에서 오대, 송나라와 평화적 친교 관계를 맺어 그 문화를 흡수하여 다양한 복식의 양상이 나타났다. 제 4대 광종은 역대 왕들 가운데 가장 자주적인 정신을 가지고 혼돈의 국제 정세를 잘 관찰해 송과 친선책을 추진하였다. 정비된 관복으로 신라의 자紫, 비緋, 청靑, 황黃의 4색 공복제도의 영향을 받아 자紫, 단丹, 비緋, 녹錄으로 관품을 표시하여 착용하였다.

고려 후기 몽골의 침입으로 정치, 경제, 문화 등 전반에 걸쳐 막대한 손실을 가져왔고 이에 귀족계급에서 몽골풍을 쫓는 풍조가 나타나게 되었다. 몽골풍의 영향을 받은 복식에는 개체호복開剃胡服과 원이 고려에 내려준 사복賜服, 질손質孫 등이 있었고, 머리 변두리를 깎고 정수리 부분의 머리털만 남겨 땋아 늘어뜨린 개체변발도 나타났다.

「고려사」에 보면 원나라의 황후皇后가 고려의 왕, 왕비, 신하에게 준 의복 중에 옥대玉帶, 탑자포塔子袍, 금탑자金塔子, 표리表裏, 금포金袍, 금단의金段衣, 주사표리注絲表裏 등이 있는데, 이것은 무늬가 있는 비단옷감의 일종으로 모두 원나라의 전형적인 복식이다. 질손은 원사元史 여복지에 보면 한문으로 일색복을 말하는 것이며, 내정대연內庭大宴에서 입었다고 한다.

궁정의 대신大臣이나 내시들도 이를 하사 받아 입었는데 아래로 궁중 악공樂工에 이르기까지 모두 그 옷을 입는데 있어 상하의 구별이 있었다고 한다. 천자는 질손으로 조복朝服, 공복公服을 삼았고, 백관의 질손에는 동복冬服, 구등九等, 하복夏服, 십사등十四等이 있었다.

그림 1-52 고려 말기의 복식[198]

고려 말기 즉위 임금인 공민왕은 제복祭服인 면복冕服에 있어 구류면구장복九旒冕九章服이란 것을 중국 황제와 동격의 12류면旒冕 12장복章服을 착용하기도 하였다. 그 밖에 문무백관은 흑의黑衣, 청립靑笠으로 하고 승복僧服은 흑건대관黑巾大冠으로 하며 여복은 흑라黑羅로 고치기도 하였는데, 이것은 음양오행설에 따른 것이기는 하나 고려의 자주성을 모색하기 위한 것이었다.

또 공민왕은 더 나아가 명明에 관복을 청하여 받으므로 새로운 주변 정세에 능동적으로 대처하였는데, 그 관복은 원元의 구제舊制와 당, 송의 제도를 참작한 것이다. 공민왕 때에 받은 왕의 면복, 원유관포遠遊冠袍 및 군신의 배제관복陪祭冠服은 중국 왕실의 친왕례에 따른 것이고 왕비 관복은 송나라, 명나라의 적의翟衣였다. 이러한 명의 복식 영향은 조선왕조시대에 들어가서 국가정책에 의하여 두드러지게 나타난다.

4. 화장 형태[199)200)]

고려의 화장은 태조 왕건의 지시로 중국 당唐나라의 기녀 제도를 모방해 제도화시킴으로서 화장 문화가 그대로 전승되어 기본적인 화장은 하얗게 백분을 바르고 초승달 눈썹을 그리는 분대粉黛 화장이 유행하였다.

고려는 국초부터 중국의 기녀妓女 제도를 본받아 교방敎坊을 두고 기녀를 양성하는 등 제도화하여 화장술도 가르치고 익히게 함으로써 기생을 분대라고 별칭하고 기생들이 판에 박은 듯 한결 같이 한 화장을 분대 화장이라 하였다. 또한 중국의 여러 나라와 교류 또는 전쟁을 겪으며 다양한 문화의 영향을 받아 그 결과 고려의 화장 문화는 외형상으로는 사치스러워졌고 내면적으로는 탐미주의 색채가 농후해져 새로운 화장의 유형을 창조해냈다.

[고려도경高麗圖經]에 나타난 부인들의 화장을 보면 '부인들이 몸치장에 있어 얼굴에 바르는 것을 좋아하지 않아 분만 바르고 연지를 쓰지 않으며 버들잎 같은 눈썹을 그렸다.'로 기록된 것을 보면 고려시대 화장은 기생의 분대 화장과 여염집 부인들의 옅은 화장으로 이원화되었음을 의미한다.

고려의 화장 문화에서 다른 점은 고려의 남성들도 화장을 하였다는 것이다. 이러한 남성들의 화장 문화는 과부된 여성이 집에 드나드는 미남자 김태현에게 마음을 두고 예의도 돌아보지 않고 연모시를 지었다는 글귀 중

> "말 위의 저분은 어느 집 도련님인지 석 달이 넘도록 모르옵더니 이제야 알았소. 김태현 인줄을 가는 눈, 긴 눈썹, 암암히 내정에 드오."

에서와 같이 가는 눈, 긴 눈썹이란 표현으로 미모의 남자를 동경하고 있었으며 남성들 또한 화장하였다는 사실을 발견할 수 있다. 또한 서울에 있는 무녀와 관비를 남장으로 분장하여 노래를 가르친 것으로 보아 남장에 따라 기녀 화장법이 있었다는 것을 추측할 수 있다.

현존하는 유물들이 원나라의 영향기에 있던 1300년 전후로 대부분 제작되었지만 묘사된 여성의 화장 중 송나라 여성의 화장 경향도 나타나고 있다. 이러한 사실들은 활발한 교류 속에서 화장 문화가 고려로 유입되었고 이것은 다시 고려의 화장 문화와 융합되어 양국 간의 화장 문화의 유사성을 보였다.

그림 1-53 당인 궁악도[201)]

5. 두식 및 장신구[202)][203)][204)][205)][206)][207)][208)][209)][210)]

(1) 두식

고려는 고종 18년1231 몽골의 침입을 막아내지 못한 채 원과의 치욕적인 화친이 성립된 후에는 그들의 동화정책同化政策에 따라 원의 두발 장식 풍속을 많이 따르게 되었다.

1) 고려 남성의 관모

① 복두

고려의 복두는 신라의 김춘추가 당으로부터 사여받아 온 것으로 남북조시대에서는 남자의 관모로 널리 착용하였다가 통일신라시대 와서 복두 일색이 되어 귀족, 천민에 관계없이 착용되었고 후에 귀족의 가노들도 이를 착용하여 성행하였다. 그러나 고종 3년 원 복속기에 이르러 제왕이나 종실의 노비만이 복두를 쓸 수 있었으나 최항이 노비에게 복두 쓰는 것을 허락하여 권세가문의 노비들이 이를 '자문가착'이라 하고 권세 양반가의 노비들도 복두를 착용하여 당시 복두의 착용 계층 구별이 없어졌다. 이렇듯 원 복속기에 복두는 신분의 구별 없이 일반적으로 착용함으로써 전문 가게로 '복두점'이 생겼다.

또한 관리의 관모나 병사의 쓰개 등 일상복으로 착용하는 쓰개를 모두 관이라는 용어로 사용하였으므로 관은 착용자의 용도에 따라 사용하였던 두식이었다. 특히 선관이나 유관은 각각 고관과 유학자들을 지칭하고 있어 용어 자체가 특정 계층을 대표하는 것으로 알려져 있다. 하서인의 관모로는 죽관이 있었으며 이는 주인의 관모였는데 농민도 작업 시에 썼을 것으로 나타난다.

이 밖에 고려 남자 화상에 나타난 몽골 복식 영향기에는 편복 착용 시 몽골식 평정건이나 판립도 착용한 것으로 보인다.

복두 평정건

그림 1–54 고려 시대 복두[211)]

② 편발

[고려사高麗史]에 몽골식 두발장식인 편발에 대한 기록을 살펴보면 "원제元帝를 만나는 자리에서 원제가 그에게 립을 벗으라하며 수재秀才는 모름지기 편발할 필요가 없으니 건巾을 쓸 것이다."라는 기록이 보이는데 편발은 당시 몽골인의 두발 장식인 개체를 의미하는 것이고, 편발을 하지 않아도 되니 건을 쓰라고 하는 것은 머리에 상투를 틀고 오사모나 복건과 같이 당시 문인이 착용하는 건을 쓰라고 한 것이다.

③ 건 및 쓰개류

고려 문헌에 기록된 건의 착용 계층을 살펴보면 원 복속기 이전 시기의 건류와 원 복속기 동안의 건류로 분류된다. 원 복속기 이전 시기에는 농상지민, 일반 백성으로부터 민장, 도사의 선비 계층과 왕에 이르기까지 신분에 관계없이 모두 연거시에 착용한 쓰개류였다.

원 복속기에 이르면서 주로 문사나 문인계층 사람들이 사용하였다고 기록되어 있는데, 이 중 대부분이 문집류라는 것이 한 요인이기도 하지만 문인계층에서 다양한 건류를 착용하여 건이 문인층을 대표하게 된 것이라 볼 수 있다.

2) 고려 여성의 관모

① 화관

화관은 신라 문무왕 때 중국 당의 제도를 따르면서 활수의, 색사대와의·원삼와 함께 들어온 것으로 통일신라시대의 궁양이 되었고 다시 고려에 전승되어 귀족, 지배계급 부녀자 예복에 쓰는 관모가 된 것이다.

② 칠휘관

고려의 공민왕조 왕비의 칠휘관은 [고려사高麗史]에 기록되어 있는 공민왕 19년 5월에 왕비가 착용하였던 고려 시대 3기에 속하는 관모이다. 칠휘관의 모양은 꿩에 속하는 새의 깃털 7개, 2개의 봉화로 꾸민 비녀, 9개의 작은 꽃을 합쳐 큰 꽃 같이 보이게 장식하였다. 칠휘관의 구조는 산형을 상징한 모를 높이 솟게 하였으며 관대가 이마 전체를 싸고 머리에서 양쪽 빰으로 장식한 보전의 줄이 두, 세가닥 늘어뜨려져 있으며, 흐트러지지 않도록 하기 위해 위를 덮어 씌운 것을 관찰할 수 있다.

또한 관의 구성은 관대부와 관모부 등 이중으로 하였으며 높이 솟은 관모부를 보이지 않게 머리에 얽어 맨 것으로도 보인다. 위로 올라갈수록 넓어진 관모의 상부에 꿩 털로 보이는 것을 우측에 비스듬히 7개 꽂은 것으로 보아 관의 명칭을 칠휘관이라 했을 것으로 보인다.

그림 1-55 칠휘관[212)]

③ 족두리

족두리는 고고리라고도 하였는데 몽골에서 기혼녀가 외출할 때 쓰는 일종의 모자로 기혼녀의 수식으로 원 복속기에 들어와 고려의 궁양이 되었으며 화관보다 훨씬 후대에까지 널리 통용되었으며 두발 장식품으로 현재에도 재래 혼례식에 사용되고 있다.

그림 1-56 족두리[213)]

④ 몽수 및 멱리

고려의 부녀자들이 나들이 할 때 머리에 썼던 검은 라로 만든 몽수가 있는데 [고려도경 高麗圖經]에 의하면 "이것은 폭이 3폭에 길이가 8척이나 되며 이마에서부터 머리를 내려 덮고 안목만 나오게 하였으며 그 나머지는 땅에 끌리게 하여 착용하였다."라고 기록되어 있다.

몽수는 5호 五胡의 서역 부녀자들 두식이 중국의 수·당나라를 거쳐 고려에도 들어온 것이라 알려져 있으며 중국에서는 이를 멱리, 유모, 개두라 칭하기도 하였다. 또한 [고려도경 高麗圖經] 비첩조에 "관부는 승첩이 있고 관리에게는 첩이 있는데, 백성의 처나 잡역에 종사하는 비자도 복식이 서로 비슷하다. 그들은 일을 하고 시중을 들기 때문에 몽수를 아래로 내려뜨리지 아니하고 머리 정수리에 접어 올리며 옷을 걷고 다니고 손에는 부채를 잡았으나 손톱 보이는 것을 부끄럽게 여겨 많이들 굵은 한삼으로 손을 가린다."는 기록으로 보아 내외용이라기보다는 좀 더 자연스럽게 착용하여 여성미의 은근함을 보이려는 장식적인 의미가 더 크다는 것을 알 수 있다.

그림 1-57 몽수[214)]

(2) 장신구

① 댕기

댕기는 고려 기혼녀의 수식으로 도투락댕기가 있으며 우리나라에서 댕기는 삼국시대 이전부터 사용되기 시작하여 귀족층의 소유물로 일반인들은 혼례용 의복에서만 사용할 수 있었다. 또한 고이댕기, 도투락댕기는 예장할 때 쓰는 것으로 머리에 직접 사용하는 경우가 많았고 조바위 같이 머리 뒤쪽에도 댕기를 달았다.

우리나라 도투락댕기로는 제비부리댕기, 쪽댕기, 고이댕기, 도투락댕기 등이 있는데, 머리를 땋아 그 끝에 두 가닥을 늘어지게 맺거나, 쪽지는 머리에 사용했다.

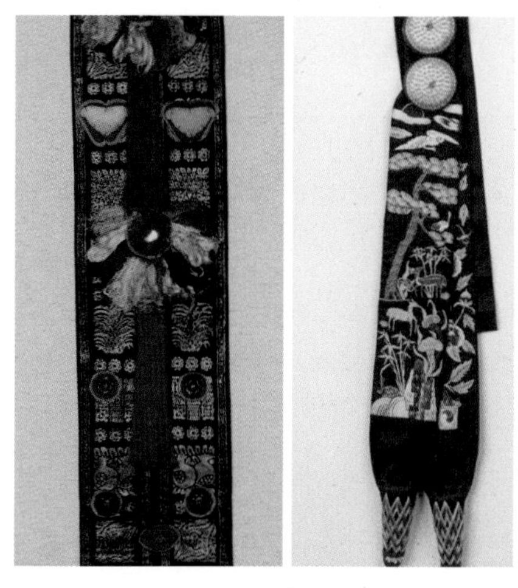

도투락댕기　　　고이댕기

그림 1-58　고려 시대 댕기[215)]

② 비녀

비녀는 부녀자의 쪽진 머리가 풀어지지 않게 하기 위하여 꽂거나, 의례용 관이나 가발을 머리에 고정시키기 위하여 꽂는 용구 중의 하나이다. 송사宋史에 의하면 "고려 여인들의 타계는 오른쪽 어깨에 늘어뜨리고 나머지 머리카락은 아래로 풀어헤쳤다가 붉은 비단으로 묶고 비녀를 꽂았다."라고 하였다. 즉 머리를 아름답게 꾸미기 위해 사용된 수식은 붉은 비단인 강라와 비녀가 대표적임을 알 수 있다.

고려 시대에 사용된 수식들은 거의 전해지지 않고 비녀 몇 점만이 국립중앙박물관에 소장되어 있다. 종류는 4가지로 27.8cm의 동제 도금으로 봉황이 투각된 대잠大潛과 잠두潛頭가 닭 머리 모양을 한 15.2cm의 동제 중잠中潛이 있다. 또 잠두가 화형花形이며 옥으로 치장하여 은으로 도금한 22.4cm의 비녀가 있고, 고려의 비녀 가운데 가장 평범한 것으로 알려져 있는 동제비녀는 무늬가 없으며 길이는 16.2cm이다.

그리고 가체를 이용한 머리에 사용하였던 것으로 추정되는 ㄷ자형 비녀도 있는 것으로 보아 여러 가지 머리 모양에 다양한 비녀들이 폭넓게 사용되었던 것으로 생각된다.

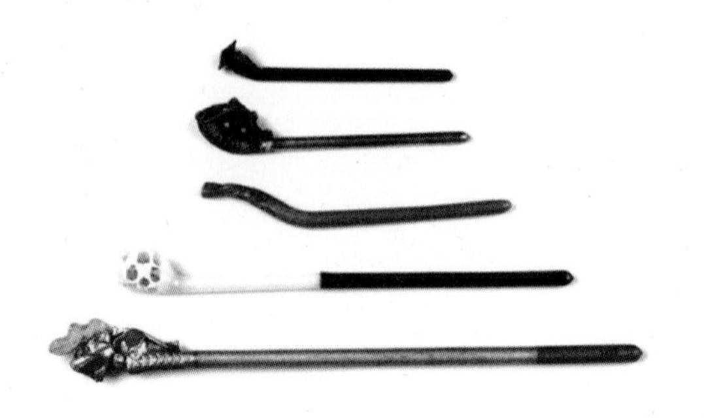

그림 1-59 고려 시대 비녀[216]

조선 시대

1. 시대적 배경[217][218][219][220][221]

조선왕조1392~1910는 기반을 확고히 하고자 3대 정책을 건국 이념으로 내세웠는데, 첫째는 외교정책으로서 사대교린주의를 채택하여 명明에 종주국이란 명분을 살려주면서 사신의 왕래를 통해 국제적 지위를 확보하였고, 둘째는 문화정책으로 숭유배불주의를 내세워 고려 시대의 널리 알려진 불교를 배척하고 유교를 국교로 삼아 왕을 비롯한 지배층의 정치윤리, 정책 내용, 행동 규범에까지 폭넓게 영향을 미쳐 일반인의 일상생활에까지 확대되었다. 셋째는 경제정책으로 농본민생주의를 채택하여 농업을 적극 장려하여 국민생활의 안정에 노력하였다.

특히 사람은 태어날 때부터 신분, 지위, 빈부, 귀천이 이미 결정된다는 유교사상에 의해 사농공상士農工商의 양반兩班, 중인中人, 상민常民, 천민賤民의 4계급으로 나뉘어져 신분에 따라 사회·문화적 전반의 제약을 받았다.

조선은 유교이념 아래 주자가례를 장려했고, 점차 민중 생활 속까지 깊이 뿌리를 내렸으며 유교 윤리의 가정적·사회적 기능 중 관혼상제를 지키는 것이 매우 중요한 예禮로 자리잡아 예禮를 표현하고, 지키기 위한 목적을 가장 중요시하였으며 예술 감각의 표현과 시대적인 미적 등에 부응하여 변천되어 왔다.

임진왜란1592~1598과 병자호란1636~1637으로 인해 유교적 사상과 엄격한 신분제도가 흔들리고, 경제가 피폐해졌고, 상하적 신분제도보다는 경제적인 권위가 중요한 사회적 요건이 되었다. 이에 농업기술의 발달과 상공업의 발달, 상품화폐 경제의 발달로 인해 부를 향유한 중인계층이 대두되었고, 이러한 상업자본의 성장은 신분제도의 변화와 지배계층의 분화를 가져왔다. 유교 윤리의 약화와 함께 예술, 문화, 사회의 전 영역에 걸쳐 하위계층으로부터 창조 활동이 다채롭게 이루어져 서민 문예가 발달하고 실학사상이 발흥하기 시작하였다.

실학자들은 사회 현실을 비판하고 각 분야의 학문을 발전시키면서 인간과 세계에 대한 인식을 근본적으로 바꾸는데까지 나아갔다. 이에 인간을 아래 위로 구분 짓고 봉건윤리를 인간의 본성이라는 유학의 인간관에 의문을 던졌다.

농촌경제가 발전함에 따라 산업도 크게 발전해 수공업이 발달하여 유통경제가 활기를 띠었고, 지식층의 의식에도 변화가 일어나 실학운동이 대두되었다. 영·정조의 민생안정을 위한 정치적 노력으로 서민들의 문화의식 또한 고양되어 조선 후기에는 수준 높은 민족문화가 융성한 문예부흥 시기였다.

조선 후기의 다양한 사회·경제적인 변화 속에서 실학사상實學思想과 더불어 여성들이 남자와 대등한 지적 학문을 하게 되면서 새로운 여권의식女權意識이 나타나게 되었다. 따라서 조선 후기 여성들의 신분과 직업, 연령에 따라서 미용 문화의 차이가 나타나는데, 앞서 살펴본 바와 같이 윤두서尹斗緒와 조영석趙榮石, 김홍도金弘道의 작품 속에 등장한 여성들은 피지배층被支配層으로 서민 여성 그리고 천민이라 할 수 있는 농업, 공업, 상업에 종사하는 여성들이다. 또한 신윤복申潤福의 작품들의 경우 등장 인물이 주로 천인인 기생들이었지만 그 시대의 유행의 흐름이 하류 계층에서 상류 계층으로의 이동이 그 전 시대에 비해 활발하였던 점으로 미루어, 하류 계층인 기생의 미용 문화를 토대로 지배계층인 양반가의 미용 문화에 대한 추측을 가능케 한다.

2. 머리 형태[222][223][224][225][226][227][228][229][230]

조선 시대 여인의 머리 모양은 고려 시대를 거치면서 대체로 계승되어 왔으며, 신분과 계급에 따라 다양하게 나타났다. 왕비, 왕세자빈 또는 내외 명부의 의식용으로 대수大首, 큰머리, 어유미於由味가 사용되었고, 평상시에는 첩지머리, 조짐머리, 쪽머리를 했다. 관례를 치른 궁녀에게는 어유미로, 태어나서 처음으로 머리를 올리는 아기 나인들은 배씨머리로 지칭하였다.

한편, 일반 평민 부녀자들은 본인의 머리카락으로 만든 얹은머리, 쪽머리를 애용하였으며, 미혼녀들은 땋은 머리를 하고 다녔다. 민화에 많이 나타나고 있는 기녀들의 얹은머리는 가체를 이용한 트레머리로서 최대한 풍성하게 연출되었으며 두 개의 쪽으로 만들어진 낭자쌍계도 쪽머리의 변형으로 잠시 나타나기도 하였다.

이렇듯 조선 시대에 와서 부녀자들은 조선 중기까지 궁중에서 일반 서민 부녀자들에 이르기까지 모두 가체로 꾸민 얹은머리를 즐겼으나 영조, 정조의 가체금지령 이후 궁중에서는 후궁의 의례 시에 큰머리와 어여머리를 하였고, 평상시에는 첩지머리를 하였으며, 궁녀인 상궁들은 관례 전에 생머리나 땋아 늘인 머리를 하였고, 의례시에는 거두미나 어유미로 된 큰머리를 하였다.

평상시에는 첩지머리, 조진머리를 한 반면, 양반부녀자들은 쪽머리에, 평민과 천인은 본발로 얹은머리를 하였고 서민 미혼녀들은 땋아 늘인 머리와 낭자쌍계를 하였으며, 어린아이의 머리 모양으로는 바둑판 머리와 종종머리가 있다.

(1) 대수大首머리

그림 1-60 영친왕비 대수머리[231]

조선 시대 궁중에서 대례를 행할 때 가체의 한 가지로 왕비의 가계나 만조백관의 하례를 받을 때 치적과 함께 착용하던 수발 양식으로 왕비, 왕세자빈, 세손빈의 계급에 따라 가체 양의 차이가 있다. 전체적으로 위보다 아래가 넓은 삼각형 형태를 이루고 있으며, 머리를 어깨 높이까지 빗어내리고 양 끝에 봉이 조각된 비녀를 꽂아 가운데에는 숱이 많은 머리를 두 갈래로 땋아 댕기를 늘인다. 그리고 가체로 만들 가체관 위에 선봉잠, 백옥선 봉잠, 장잠, 용잠, 후봉잠, 도금 진주계, 떨잠, 마리삭금댕기 등 매우 크고 다양한 수식품을 화려하게 장식하였다.

현존하는 가장 유명한 대수머리는 영친왕비 대수이며, 왕비의 대례복에 맞추어 착용하는 관으로 윤비의 대수와 의친왕비의 대수도 잘 알려져 있다. 이 두 분의 대수는 약간의 차이는 있지만 대체로 조선 말기의 모습을 보여준다.

(2) 떠구지머리 거두미, 큰머리, 활머리

그림 1-61 큰머리/거두미/떠구지 머리[232) 233)]

떠구지머리는 조선 시대 궁중에서 왕비와 왕세자빈 등이 예장할 때 이용하던 머리모양으로 대표적인 궁중 예장용 머리이다. 떠구지는 어여머리 위에 올리는 비녀로, 떠받치는 비녀라는 뜻에서 비롯되어 신라, 고려 회화에서도 보이는 환계에서 나타났다.

처음에는 궁중에서만 사용하였는데 이후 반가의 부녀자들도 사용하였으며, 이때에는 나무로 만들어 어유미에 부착해 올린머리 모양을 사용했다.

(3) 어여머리 어유미

그림 1-62 어유미/어여머리[234) 235)]

큰머리에 버금가는 예장용 머리로 궁중과 반가의 여인들이 예장 시 사용했으며, 명부 중에서도 외명부가 주로 하였고, 왕족 중에서는 왕비를 비롯하여 출가한 공주와 옹주가, 양반가에서는 당상관 부인이 이용하였고, 상궁 중에선 오직 지체 높은 지밀상궁만이 할 수 있었던 것이 바로 어여머리, 어유미, 또야머리라고 부른다.

예장禮裝할 때, 머리에 얹는 '다리月子'로 꾸민 큰머리로, 이 머리양식은 가르마 위에 어염족두리를 먼저 쓴다. 어염족두리는 겉은 검은색 공단이고 속에는 목화솜을 넣었으며 중앙부분에 잔주름을 잡아 양쪽이 볼록하게 둥글고, 아랫부분에는 면직물을 밑받침으로 덧붙였다. 어염족두리 위에 다리 일곱 꼭지를 한데 묶어 두 갈래로 땋아 얹고 비녀와 매개댕기로 고정시키는 머리 형태로서 화려함을 더해 주기 위해 옥판玉板과 화잠花簪으로 머리 위와 양 옆을 장식하였다.

조선 시대 가체금지령 이후에 남아있는 머리 중 궁중에서의 예장용 머리이다.

(4) 첩지머리

그림 1-63 첩지머리[236) 237)]

첩지머리는 예장할 때의 머리로 왕비의 경우에는 금속으로 용과 봉을 만들었으며, 내명부, 외명부에서는 도금이나 흑각으로 개구리를 만들어 좌우로 긴 머리털을 달아 양쪽으로 느슨하게 내려 한데 묶어서 쪽을 진 머리 모양을 말한다.

첩지는 화관이나 족두리를 고정시키는 역할로 궁중에서는 평상시에도 하고 있었는데, 이는 족두리가 번거로워 그 대체용으로 사용된 것이다. 첩지머리는 신분 사회를 살아온 조선 시대 여인들의 머리 모양 변천을 보여준다.

(5) 쪽머리

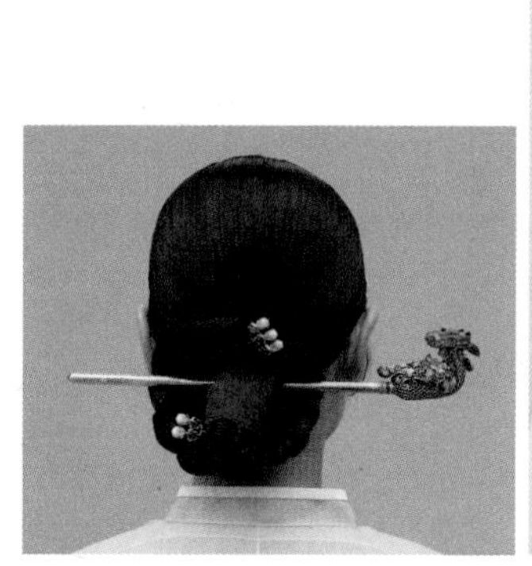

그림 1-64 쪽머리[238) 239)]

쪽머리는 조선 후기 영, 정조 시대 가체금지령 이후 사치를 막기 위해 얹은머리 대체 머리로 역사가 가장 오래된 머리이고, 가체금지령으로 보편화된 머리이며, 조선 시대 정조 이후 사대부 사이에 가장 널리 하게 된 머리 모양이다. 기혼녀의 대표적 머리로 삼국 시대의 쪽머리는 뒤통수에 낮게 트는 양식으로 쌍영총 벽화의 부인에게서 볼 수 있다.

조선 말기에는 궁중 여인들과 사대부 여인들을 제외한 일반 부녀자들 사이에는 낮고, 작게 때로는 두 개를 만들어 작은 비녀를 꽂은 형태로 바뀌었고 신분제도가 폐지되면서 다시 크게 해서 위로 올라가는 형태로 바뀌었다. 궁중이나 상류층 부녀자들은 각종 보선과 뒤꽂이로 화려함을 더해 얹은머리 못지 않게 사치가 심했다.

쪽머리의 수발법은 크게 두 가지로 세 가닥으로 땋아 쪽을 지는 것과 민머리로 쪽을 지는 것이 있다. 그 중 민머리는 주로 서민들이 하는 수발법이었다.

(6) 고계 밑머리

삼국 시대부터 조선 시대에 이르기까지 중국의 영향을 받아 본머리와 가체를 이용하여 높게 올린 형식의 머리 형태이다.

조선 시대가 시작되면서부터 여성들의 대표적인 머리 모양은 고계로 표현되어 있고, 조선 시대 중기에 이르러 사회 문제가 되었던 가체머리, 트레머리 역시 고계의 일종으로 표현된 것이다. 고계는 두 가지로 나눌 수 있는데, 본인 머리로 모양을 낸 것과, 가체를 이용하여 올린 것으로 구분할 수 있다. 조선 시대 초기 여성들은 머리가 풍성하여 본인 머리로도 얼마든지 고계를 표현할 수 있었으나, 중기부터 후기로 갈수록 가체를 사용한 것으로 보인다.

(7) 가체머리

가체머리는 고려 시대 중기 원나라에서 온 가체 양식이 여인들 사이에 크게 유행하였고, 조선 시대에 들어오면서 수식을 받은 가체가 관대해지기 시작하여 조선시대 부녀자들은 궁중부터 일반 서민 부녀자들에 이르기까지 모두 가체로 꾸민 머리형태였다.

조선 시대 사치와 폐단으로 사회적인 문제가 제기된 머리 형태로 다른 사람의 머리를 덧대어 치장하고 궁중에서는 신분 상승의 격식을 갖추기 위해 사용했다.

조선 중기를 지나면서 사대부가 여인들은 머리를 더욱 더 화려하고 풍성하게 올리면서 유행이 되었고, 기생들은 트레머리를 크게 하여 머리에 두르기 시작하였다. 임진왜란과 병자호란을 겪으면서 주춤하던 가체머리가 숙종 때에 들어서면서 다시 성행하게 되었다.

영조 25년에 여인들의 가체머리가 도가 지나칠 정도로 화려하고 사치스러워 사회적인 문제가 제기되기 시작하여 조정회의에서 논의될 정도였다. 영조는 가체금지령을 내렸지만 실효를 거두지 못하였고, 정조 때 가체금지령이 제대로 시행되었으며, 순조 이후 19세기부터 가체머리를 찾아볼 수 없게 되었다.

(8) 기녀머리 관기머리, 트레머리

관기머리[240]

트레머리[241]

그림 1-65 기녀머리

기녀머리는 가체금지령 이후 궁중이나 관아에 속해 있으면서 유흥 때나 각종 연회에 춤과 노래를 하는 여성의 머리로 연회나 유흥 때 춤과 노래를 하도록 채용된 하층 계급의 여성들로 제도적으로 그런 일만 하도록 된 신분의 기녀, 관기들만 하는 머리였다.

관기머리는 가무를 담당했던 관기들이 머리카락을 밑으로 내려 동그랗게 매듭짓고 위로는 아계식으로 올리고 두 가닥 내지는 세 가닥으로 만들어 맨위에 꽃으로 장식했다. 트레머리는 기생들이 하는 머리모양으로 용모를 더욱 화려하고 아름답게 꾸미고자 하는 욕구에 힘입어 비대칭 구조로 가체를 여러 개 엮어 얹어놓은 형태를 말한다.

관기는 역적으로 인정된 가족, 호적처럼 기적이라는 것이 있어서 아이를 낳으면 종으로 보내거나 아니면 기녀로 자라야 했다.

(9) 얹은머리

그림 1-66 얹은머리[242)]

얹은머리는 본인의 머리로만 올리는 얹은머리와 가체를 더해 덧을 올리는 얹은머리 두 가지로 나눌 수 있다. 삼국시대 이래 우리나라 부녀의 기본 머리 모양으로 조선 중엽 가체로 인해 사치가 심해져 크고 높아지기 시작했다.

기녀들이 많이 했던 얹은머리는 다른 사람의 머리카락인 가체를 사용해 오른쪽에 댕기를 묶었다. 쪽머리 위에 떨잠이나 비녀, 뒤꽂이 등으로 신분에 맞는 화려함과 사치스러운 여성상을 볼 수 있다.

(10) 둘레머리

그림 1-67 둘레머리[243)]

서민 부녀자들과 달리 출가와 동시에 육아, 농업노동, 가사노동, 직조노동 등 여러 가지 일을 하였기에 시간과 경제적인 어려움으로 인해 본인의 머리카락을 이용하여 얹은머리를 하였다. 두 갈래 땋은 머리로 머리를 둘러 이마 위에 비스듬히 왼쪽 귀 뒤로 마무리하였다.

(11) 새앙머리 사양계

그림 1-68 새앙머리[244)]

새앙의 "생"은 사양의 줄임말로 남자아이의 쌍상투에 해당하는데 궁중에서의 생머리는 소녀들의 쌍상투를 말한다. 새앙머리는 아기나인의 수발양식으로 어린 나인들을 생각시라고 부르는 것도 이것 때문이다.

새앙머리 양식은 한 묶음의 머리를 두 가닥으로 갈라 땋아 밑에서부터 말아 올려 머리 뒤에 동그랗게 놓고 자주 댕기를 매는 것이다. 중종 무렵의 초상화로 밝혀진 문관 부부상에 의하면 시녀들이 뒷머리에 생이 있는 머리를 하고 있으므로 새앙머리에 대한 변화를 어느 정도 알 수 있을 것 같다.

(12) 조짐머리

그림 1-69 조짐머리[245)]

궁에서 하는 머리 모양 중에서 가장 약식의 머리 모양으로, 다리를 넣어 땋아 비비 틀어서 뒤에 소라 껍데기같이 붙이는 머리로, 이 머리에는 첩지를 달았으며 지밀상궁 등의 경우 아침저녁으로 당번제 근무를 했는데 아침에 침전에 올라갈 때는 어여머리를 쓰고, 저녁 근무일 때는 숙직을 하는 것으로 조짐머리를 하였다. 외명부가 입궐할 때 쓰던 발양이도 하였는데, 정조 시대 가체금지령이 내려진 이후 얹은머리 대신 쪽머리 모양새를 하게 함으로써 쪽을 돋보이게 하기 위하여 생긴 것으로 보인다.

가체를 열 가닥으로 땋아서 "소라딱지" 비슷하게 크게 틀어 첩지 끈과 함께 쪽을 진 후 비녀를 꽂고 뒤꽂이로 수식하였다.

(13) 바둑판머리

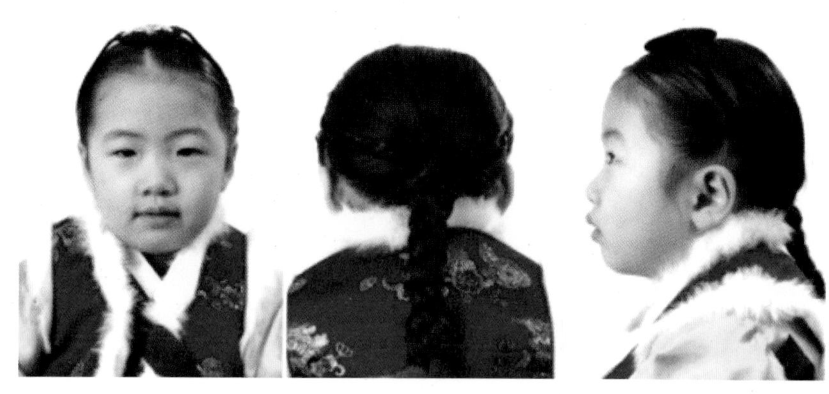

그림 1-70 바둑판머리[246]

태어나 두 번째 머리 모양으로 3~4세 여자아이의 머리 형태로 조선 여성들은 이때쯤 어린 여자아이 머리를 단장하고 가르마 중앙에 칠보로 된 장식 두 개를 나란히 붙여주었다. 모양이 마치 바둑판 위의 무늬처럼 되어 있어 이때의 머리 모양을 바둑판머리라 불렀다.

앞가르마를 하고 좌우에서 각각 세 줄로 땋아 내려가다 뒷 부분에서 합쳐 땋고 댕기를 드리는데, 가르마 중앙에 배씨를 놓고 배씨 양 쪽에 달린 가느다란 보조 댕기를 머리와 함께 섞어 땋아 짧은 머리 고정 용도에 쓰였다.

(14) 종종머리

그림 1-71 종종머리[247]

머리숱이 적은 나이 어린 소녀의 머리 모양으로 종종이란 말은 종종걸음의 종종과 같은 의미로 가르마를 타고 양갈래로 나누어진 머리를 각기 세 가닥으로 촘촘히 땋아 뒤에서 모은 다음 도투락댕기나 말뚝댕기를 들여서 다시 땋아 내린 머리 모양을 말한다. 태어나서 처음으로 자기 머리카락만으로 머리 모양다운 형태를 갖춘 것이다.

(15) 땋은머리 댕기머리, 귀밑머리

그림 1-72 땋은머리[248] [249]

우리나라 여성들의 머리 모양 중 가장 오랜 역사를 지닌 머리로 미혼녀의 머리 모양으로 귀밑머리를 땋아 목덜미 부분에서 늘리고 끝에 댕기를 묶었는데, 댕기도 신분에 차별을 두어 반가의 규수들은 붉은 자주색으로 제비부리댕기를 매고, 서민 처녀들은 말뚝댕기 즉 모판댕기만 맬 수 있었다.

말뚝댕기는 어린이용 댕기인 도투락댕기와 제비부리댕기의 중간에 사용하는 것으로 두 폭으로 접어 네모꼴이 되게 하였다. 머리카락이 충분히 자라 형태를 갖추어 땋을 수 있도록 되었을 때 가르마 양편으로 나누어 머리를 뒤로 모아 한 가닥으로 땋은 머리 모양을 말한다.

3. 복식 형태[250)251)252)253)]

조선 시대는 신분 사회가 엄격한 시대로 고려 시대의 복식을 그대로 계승하였다. 예와 의식에 많은 신경을 썼으며, 관습에 따라 일상복이 달라 다양화되었고, 임진왜란과 병자호란 이후 복식 구분의 와해, 유교 윤리의식의 약화로 인한 복식의 장식성이 추구되었다.

서민층 남자는 바자마, 저고리에 버선을 신고, 신은 짚신이나 마후리를 신었다. 서민 여자는 포를 입지 못하였고 쓰개는 장옷[장의長衣, 천의薦衣]에 한하였고 저고리, 적삼, 치마, 바지, 속곳, 고쟁이 등을 입었고, 짚신을 신었으며 삼화장 저고리는 입지 못했으며 치마는 오른쪽으로 여미어 입었다.

조선 시대의 여자 복식은 구조상 많은 변화를 거친 것이 아니라 고려 시대 복식을 거의 그대로 계승하였는데, 왕비복은 명나라의 관복을 통하여 중국의 모습 그대로 왕비복이 예복으로 되었다. 우리나라 고대 복식의 인습 속에 시대에 따라 변해온 저고리, 치마 등이 국속을 함께 입어 이를 바탕으로 전승되어 왔다.

그림 1-73 조선 시대 복식[254)]

조선 후기의 복식은 한국 전통 복식 양식인 한복의 형성기로 전란으로 인해 경제적 토대와 복식의 제도가 흔들렸고, 새롭게 발전하게 되었다.

복식에서의 신분차별 완화로 인한 다양한 포제의 탄생과 과장된 형태미의 추구는 사회적, 정치적 안정기라 할 수 있는 영·정조 시대적 배경을 근대적 의식을 내재한 실학의 융성과 경제적 풍요로 조선 후기 고유의 문화와 미의식이 형성되었다. 이에 전통 복식 양식은 더욱 세련되고 화사하지만 질박하고, 생동하지만 정숙하며, 위엄이 있으되 딱딱하지 않은 복식미를 이루었다.

이처럼 조선 후기는 시대적 영향에 따른 자국민 의식의 발달로 전통복식 양식의 성립과 발전을 이룬 시기이며, 이를 통해 우리 민족의 독자적인 복식사적 미의식과 미적 특징을 볼 수 있다는 점에서 의의가 있다.

4. 화장 형태[255) 256) 257)]

조선 시대는 유교 사상의 영향으로 고려 시대의 사치와 퇴폐풍조에 의한 반작용으로 사치스러운 화장이 소박해졌으며, 기생과 궁녀의 상징인 분대 화장에 대한 기치로 인해 내면의 아름다움을 여성의 미덕으로 삼아 여염집 부녀자들은 화장을 거의 하지 않았다. 자신에 대한 관심은 정성과 시간을 요하는 미용법과 세밀한 미용도구 및 화려한 장식품 등의 발달과 함께 손에 이르기까지 아름답게 하기 위한 노력이 엿보인다. 화장을 거의 하지 않고서도 아름다움을 유지할 수 있는 피부 미용에 주력하여, 녹두, 팥가루, 꿀과 같은 식재료를 사용한 피부 미용법의 발달로 그들의 지혜가 높이 평가되었다.

하지만 기녀의 화장은 좀 더 체계적 양상을 구축하여 국가 차원에서도 장려했던 것으로 보이는데, 고려와 비슷하게 눈썹 화장이 중점이었고, 윤기 있는 머리를 위해 기름을 머리에 발랐으며, 복숭아 빛 도는 뺨과 앵두 같은 입술을 위해 연지를 발랐다. 이와 같은 분대 화장은 조선 말엽까지 기녀의 화장법으로 이어졌다.

반대로 여염집의 여인들은 화장을 하더라도 기녀와 구분을 두어 연하게 하고, 자연스러운 피부색과 유사한 색분을 발랐다. 미인의 조건 중 삼홍이라 하여 볼, 입술, 손톱이 붉어야 했기 때문에 일찍이 연지를 바르는 풍습이 있어 입술연지만 칠하였다.

5. 두식 및 장신구[258) 259) 260) 261) 262) 263) 264)]

(1) 두식

조선 시대는 유교 사상에 바탕을 둔 윤리 문화가 사회 생활 저변에 뿌리 박혀 사회적 신분 계층에 두식의 형태와 재료 사용은 엄격한 규제가 따랐다는 것을 알 수 있다. 햇빛을 가리거나 비를 피하는 쓰개의 단순한 용도를 넘어 신분을 나타내고 치장을 하기 위한 장식품으로 조선 시대의 정신과 문화를 상징적으로 보여주는 물건이다.

① 남성 관모

관모는 신분이나 의례에 따라 격식을 갖추고 머리를 보호하거나 장식하기 위해 머리에 쓰는 물건으로 복식과 시대, 지역, 신분, 나이 등에 따라 그 종류가 다양하게 발달하였고, 용도에 따라 착용 방식도 달랐으며, 각각의 상징성 및 사회성도 다르게 표현되었다.

표 1-4 조선 시대 남성 관모 종류[265) 266) 267) 268)]

종류	그림	설명
복두		조선 시대 문·무과에 급제한 신하에게 임금이 하사한 어사화를 복두 뒤에 꽂도록하여 착용하였다.
흑립		조선 시대의 대표적인 모자로 통상적으로 '갓'이라 하며, 양반층의 성인 남성이 외출할 때 쓰던 검은색 모자로 일상에서 착용하였다.
주립		조선 시대 무관이 융복을 입고 갖추어 쓰는 붉은색 갓으로 말총으로 엮은 후 겉에 천을 덧대 붉은색 칠을 하고 아래쪽으로는 네 가닥의 검은 끈을 달았다.
전립		무관이 구군복을 입을 때 착용하는 검은색의 모자로 동물의 모毛로 만들어 모립으로도 불린다. 전립의 대우는 밥그릇을 엎어 놓은 것과 같은 복발형인 것이 특징이다.

종류	그림	설명
정자관		조선 시대 사대부들이 평상 시 집에서 쓰던 관모로 실내나 가정에서 갓을 쓰는 번거로움을 덜기 위해 사용하였다.
망건		남성들이 관모를 쓰기 전 머리카락이 흘러내리지 않도록 이마 위에 두르는 장식으로 말총이나 인모들의 재료를 엮어 만든다.
패랭이		서민들이 사용하던 둥근 모양으로 만든 갓으로 평량자라고도 한다. 보통 서민들이 흑립 대신 즐겨 사용하는데 보부상은 목화송이를 얹는 등 형태에 따라 직업을 상징하기도 하였다.
삿갓		주로 천민층이나 방랑객이 햇볕이나 비를 가리기 위해 썼으며, 서민층 부녀자들이 외출 시 얼굴을 가리기 위해 사용하기도 하였다.

② 여성 관모

표 1–5 조선 시대 여성 관모 종류[269) 270)]

종류	그림	설명
족두리		부녀자가 예복을 갖출 때 쓰던 관으로 검은 비단으로 싸고 속에는 솜을 넣어 만들었다.
전모		여성들이 외출용으로 사용하던 모자로 우산처럼 펼쳐진 테두리에 살을 대고 종이를 바른 뒤 기름에 절여 만들었으며, 박쥐, 태극, 나비 등의 화려한 무늬를 넣어 장식하였다.

(2) 장신구

① 댕기

머리를 '당기는 것'이라는 뜻으로 생긴 우리 옛말로 땋은 머리 끝에 드리는 장식용 끈으로 조선 시대에도 처녀와 총각은 물론 부인의 쪽머리와 얹은머리에도 변발하게 됨에 따라 댕기는 더 중요한 수식품의 구실을 하게 되었다.

댕기는 용도와 꾸밈에 따라 여러 종류가 있는데, 예장용禮裝用으로 떠구지댕기, 매개댕기, 도투락댕기, 드림댕기가 있고, 일반용으로는 제비부리댕기, 어린이용 도투락댕기, 말뚝댕기, 쪽댕기 등이 있다. 또 궁녀용으로는 두 가닥·네 가닥 댕기, 팥잎댕기 등이 있다.

그러나 개화기 이후 단발머리와 서구식 리본의 등장으로 차츰 사라지게 되었다.

그림 1-74 댕기[271]

② 비녀

비녀는 머리를 얹거나 쪽을 진 후 머리가 풀어지지 않게 그 모양을 고정시키기 위해 사용하는 장신구로 우리나라는 예로부터 기혼자는 머리를 올려 얹어 비녀를 사용해 왔다. 비녀의 모양은 'T'자형과 끝이 갈라진 'U'자형, 'Y'자형이 있는데, 'U'자형 비녀 중에는 불두잠佛頭簪이라고 하여 비녀머리 부분이 오톨도톨한 것이 있었다.

가체금지령 이후 비녀의 재질이나 장식에 일대 변화가 일어난 이유는 가체에 비용을 많이 들이는 머리 치장을 금지하자 그 반사적인 행동으로 비녀 장식에 치장했기 때문이다. 비녀의 종류는 금, 은, 백동, 놋, 진주, 옥, 영락유리, 비취, 산호, 목, 죽, 각, 골비녀 등이 있다.

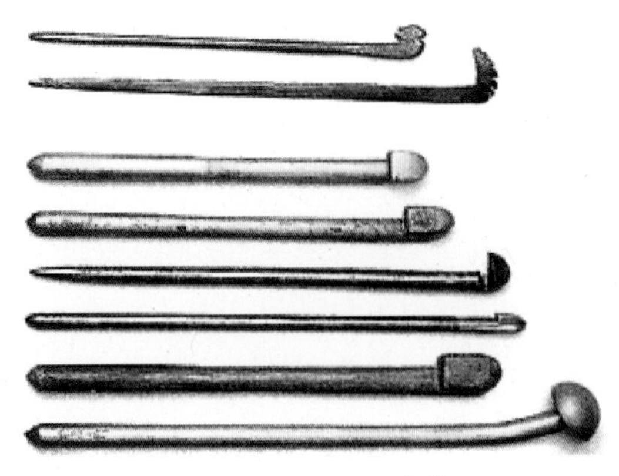

그림 1-75 비녀[272)]

③ 뒤꽂이 보조비녀

뒤꽂이는 쪽머리 위에 장식적으로 덧꽂는 비녀 이외의 수식물로 부녀수식 가운데 크기가 가장 작다. 그 형태는 꽃과 나비로 된 화접형이 주류를 이루고 있고, 연꽃 봉오리나 불로초 모양으로 꾸민 것도 있으며, 실용을 겸한 귀이개 뒤꽂이, 빗치개 뒤꽂이도 있다. 뒤꽂이의 재료는 은, 비취, 산호, 호박 등 비녀와 같으며 비녀의 재질과 맞춰 꽂는다.

그림 1-76 뒤꽂이[273)]

④ 떨잠

떨잠은 떨철반자라고도 하는 조선 시대 여성의 머리 장식으로 궁중을 출입할 때나 궁중의식 때 왕비에서 상궁까지 하던 대수, 큰머리, 어여머리의 앞 중앙과 좌우 양쪽에 꽂는 머리 장식물로서 선봉잠이라고도 한다. 이는 원형, 방형, 접형 등 여러 모양이 있고, 옥판에 칠보, 진주, 산호, 보석 등으로 장식하고 끝에는 금사, 은사로 가늘게 용수철을 만들고, 그 위에 꽃이나 새 모양 등 여러 보석들을 만들어 붙여 움직일 때마다 흔들리게 하였다.

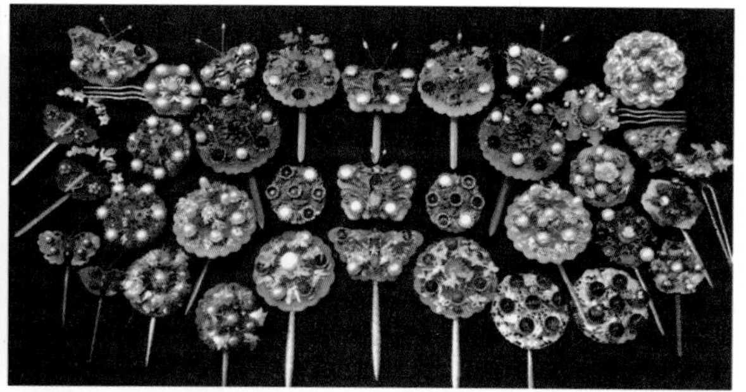

그림 1-77 떨잠[274) 275)]

⑤ 첩지

첩지는 조선 영조 때 가체금지령을 내려 쪽머리를 장려하고 예장 때 화관이나 족두리를 쓰게 한 데서 비롯되었다. 장식과 재료에 따라 신분을 나타내기도 했으며, 화관이나 족두리가 흘러내리지 않도록 고정하는 역할도 하였다.

조선 시대 부녀자들이 예장할 때 머리 위에 얹어 장식하던 것으로, 왕비나 세자빈이 사용하던 도금 봉첩지, 정경부인이 사용한 도금 개구리첩지와 상궁이 착용한 은 개구리첩지, 그리고 부모상에 반가 부녀자들이 했던 흑각 개구리첩지 등이 있다.

그림 1-78 첩지[276)]

⑥ 노리개

노리개는 띠돈, 끈목 및 주체가 되는 패물과 매듭, 술 등으로 구성되어 띠돈은 주체가 되는 패물을 연결한 끈을 한 곳에서 정리하기 위해 만든 고리로 고름에 걸게 되어 있다. 주체가 되는 패물의 개수에 따라 삼작과 단작으로 나누고 삼작은 다시 주체의 크기에 따라 대·중·소로 구분하는 것이 일반적이다.

노리개의 색조는 삼색을 비롯하여 12색에 이르는데, 홍, 남, 황색을 기본으로 분홍, 연두, 보라, 자주, 옥색 등을 쓰기도 하였다.

노리개는 미적 요소, 상징적 요소뿐만 아니라 실용적 측면도 가지고 있는데, 향을 넣어 향내를 내게 하고, 구급약을 넣어 비상 시 대비할 수 있는 지혜를 보여주었다.

그림 1-79 노리개[277)]

⑦ 빗

빗이란 조선 여인의 일생에서 반려자와 같은 것으로 참빗, 얼레빗은 그 대표적이며 장식용까지 겸하고 있다. 빗의 종류는 반달빗, 음양소, 가르마빗, 면빗, 상투빗, 얼레빗, 살쩍밀이, 참빗이 있다. 그리고 고급의 빗으로는 대모代瑁로 만든 것이 있었으며, 삼국 시대와 고려 시대에는 대모, 상아, 뿔, 은 등으로 만들어 여기에 나전, 은상감, 조각, 화각으로 무늬를 놓아 장식을 한 후 머리에 꽂았다고 한다.

단원 평가

01 고전머리의 정의를 쓰시오.

02 삼국 시대 중 가장 오래된 역사를 가진 고구려의 머리 형태 8가지를 쓰시오.

03 삼국을 통일한 통일신라 시대의 머리 형태 특징을 쓰시오.

04 독자적인 미용 문화를 만들어낸 고려 시대의 머리 형태 7가지를 쓰시오.

05 나이별, 신분별 다양한 머리 형태를 가지고 있는 조선 시대의 머리 형태 15가지를 쓰시오.

06 조선 시대에 사용한 장신구 7가지를 쓰시오.

07 (   )안에 들어갈 알맞은 단어를 쓰시오.

조선 시대 여자의 머리쓰개는 머리수건에서부터 구슬을 화려하게 장식한 (   )이 있으며, (   )는 예장용으로 사용되었다.

08 다음 내용이 설명하는 것은? (　　　　　　)

이 머리의 형태는 처음엔 어린 남녀 모두에게 적용하였으나 점차 남성의 머리 형태로 정착되었으며, 머리 정중선으로 가르마하여 양쪽 귓가에 묶어 세우는 것을 말하며 덕흥리 고분벽화에서도 볼 수 있다.

09 다음 내용이 설명하는 장신구는? (　　　　　　)

부녀자의 쪽진 머리가 풀어지지 않게 하기 위하여 꽂거나, 의례용 관이나 가발을 머리에 고정시키기 위한 용구 중의 하나로 머리를 아름답게 꾸미기 위해 사용된 수식은 붉은 비단인 강라와 이것이 대표적임을 알 수 있다.

10 (　　)안에 들어갈 알맞은 단어를 쓰시오.

(　　　　　　)는 조선 시대 궁중에서 왕비와 왕세자빈 등이 예장할 때 이용하던 머리모양으로 대표적인 궁중 예장용 머리이다. 이것은 어여머리 위에 올리는 비녀로 , 떠받치는 비녀라는 뜻에서 비롯되어 신라, 고려 회화에서도 보이는 환계에서 나타났다. 처음에는 궁중에서만 사용하였는데 이후 반가의 부녀자들도 사용하였으며, 이때에는 나무로 만들어 어유미에 부착해 올린 머리모양을 사용하기도 하였다.

11 다음 내용이 설명하는 조선 시대 머리 형태는? (　　　　　　)

가체금지령 이후 궁중이나 관아에 속해 있으면서 유흥 때나 각종 연회에 춤과 노래를 하는 여성의 머리로 연회나 유흥 때 춤과 노래를 하도록 채용된 하층 계급의 여성들은 제도적으로 그런 일만 하도록 된 신분의 머리이다.

12 다음 내용이 설명하는 조선 시대 머리 형태는? (　　　　　　)

서민 부녀자들과 달리 출가와 동시에 육아, 농업노동, 가사노동, 직조노동 등 여러 가지 일을 하였기에 시간과 경제적인 어려움으로 인해 본인의 머리카락을 이용하여 얹은머리를 하였다. 두 갈래 땋은 머리로 머리를 둘러 이마 위에 비스듬히 왼쪽 귀 뒤로 마무리하였다.

Chapter 2

고전머리 스타일 재현하기(기본편)

가체 만들기(땋기) / 가체 만들기(꼬기)
토대에 가체 고정하기 / 장신구 만들기 및 착장하기

고전머리 재료

비녀
뒤꽂이
진주계
나비잠, 떨잠
후봉잠
용잠
선봉잠
장잠
마리삭금댕기
떠구지
어염족두리

Chapter 2 고전머리 스타일 재현하기(기본편)

고전머리 스타일 재현하기 (기본편)

학습 내용 단원명	수업 목표
가체제작, 토대에 가체 고정하기, 장신구 착장하기	• 원사를 이용하여 가체를 만들 수 있다. • 본 머리에 토대를 만들 수 있다. • 본 머리에 가체가 풀리지 않도록 고정할 수 있다. • 고전머리에 적합한 장신구를 착장할 수 있다.

가체제작 준비물

가체용 원사 / 고무줄 / 망

로션 / 광택스프레이 / 분무기 / 돈모 브러시

가체 만들기땋기

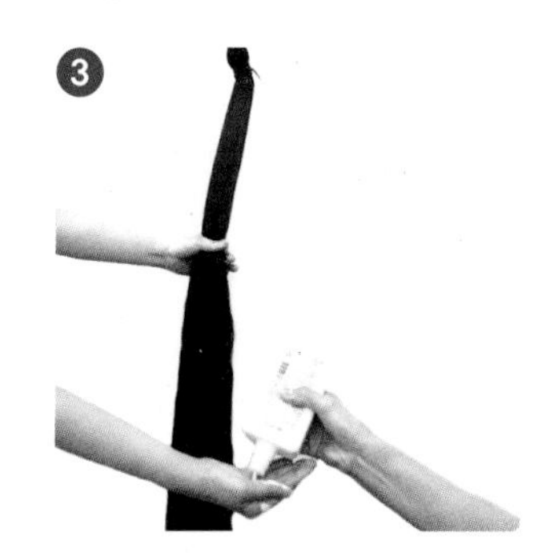

❶ 가체용 원사를 원하는 두께만큼 잡고 위쪽을 묶는다.

❷ ~ ❹ 원사에 분무를 하고 로션을 바른다

❺ ~ ❻ 원사에 광택스프레이를 뿌리고 돈모브러시로 빗질을 한다.

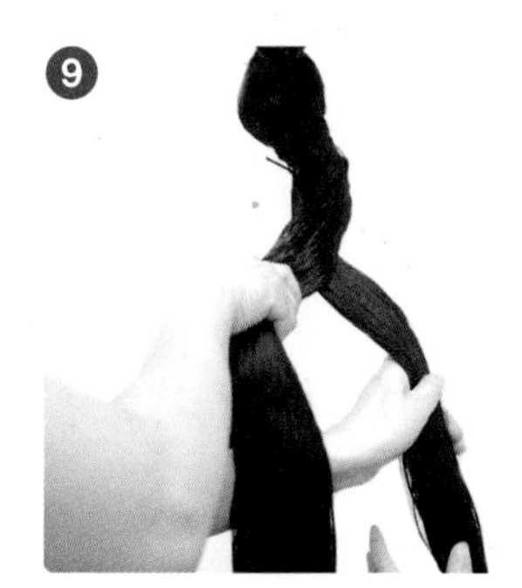

❼ 원사가 엉키지 않도록 손으로 결을 만든다.

❽ ~ ❾ 원사를 세 가닥으로 나눈 뒤 오른쪽 다발을 가운데로 이동한다.

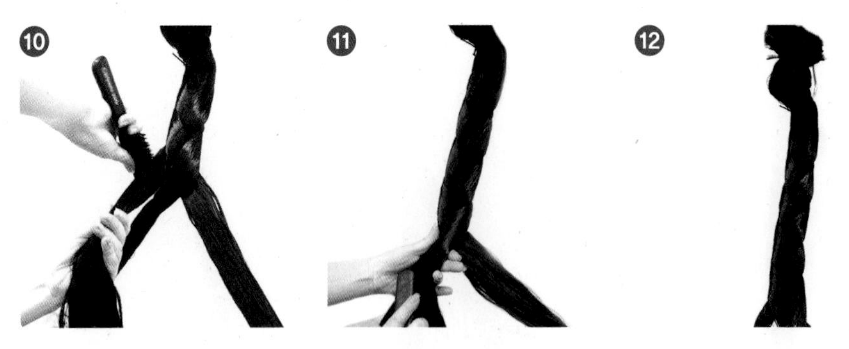

⑩ ~ ⑬ 왼쪽 다발도 가운데로 이동하며 계속 땋아간다.

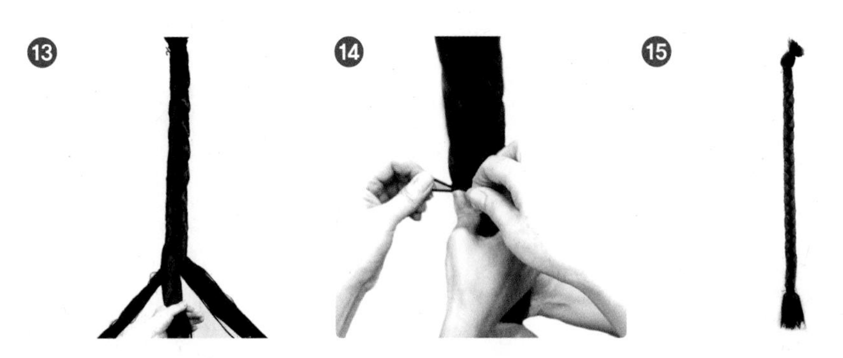

⑭ 다발을 끝까지 땋은 후 고무줄로 묶는다.

⑮ 세 가닥으로 땋은 모습

⑯ ~ ⑰ 끝자락은 붓 끝처럼 v자로 잘라낸다.

⑱ ~ ⑳ 망이 빠지지 않도록 여러 겹 접어서 감싼다.

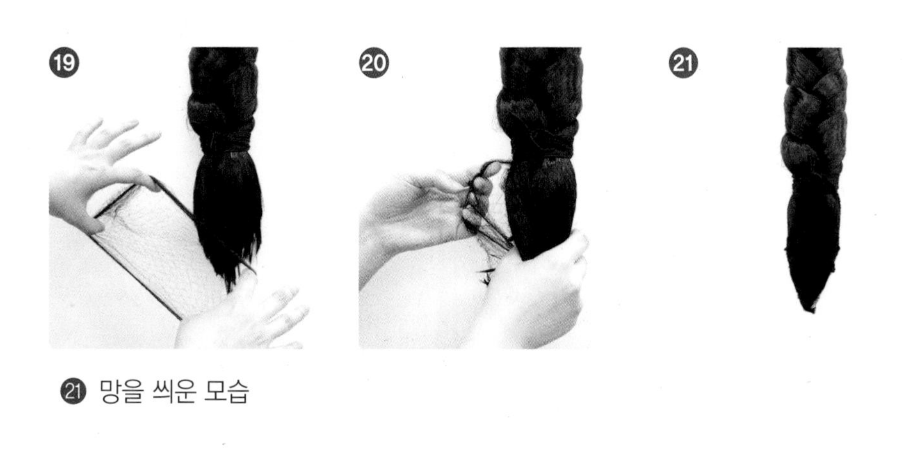

㉑ 망을 씌운 모습

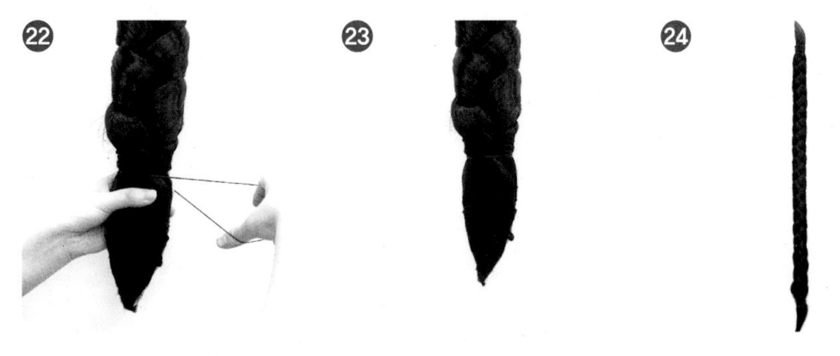

㉒ ~ ㉓ 망을 씌우고 그 위에 고무줄로 묶는다.
㉔ 양끝은 붓처럼 v자의 형태가 되도록 마무리한다.

가체 만들기꼬기

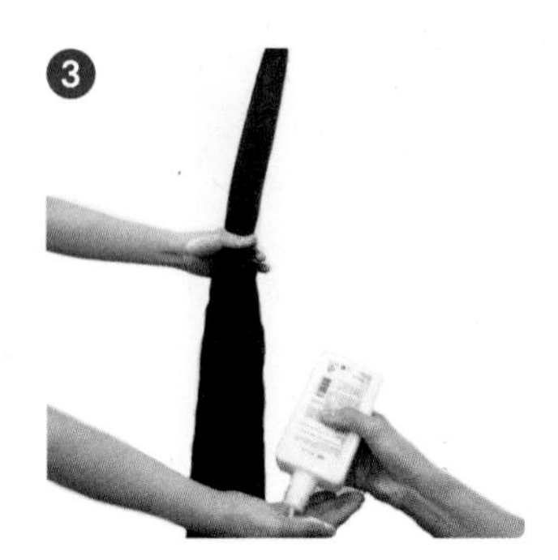

❶ 가체용 원사를 원하는 두께만큼 잡고 위쪽을 묶는다.

❷ ~ ❹ 원사에 분무를 하고 로션을 바른다.

❺ ~ ❻ 원사에 광택스프레이를 뿌리고 돈모 브러시로 빗질을 한다.

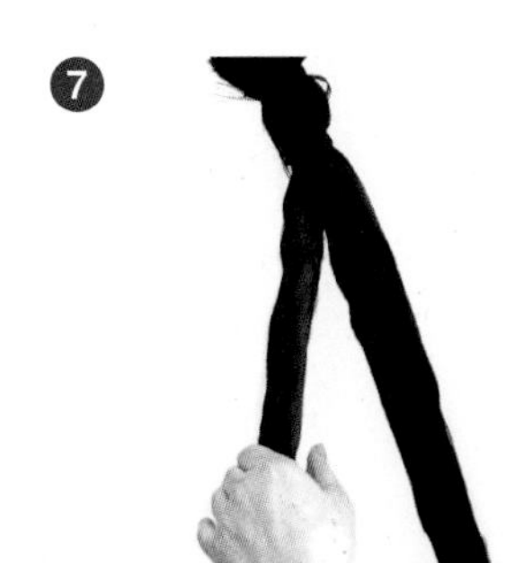

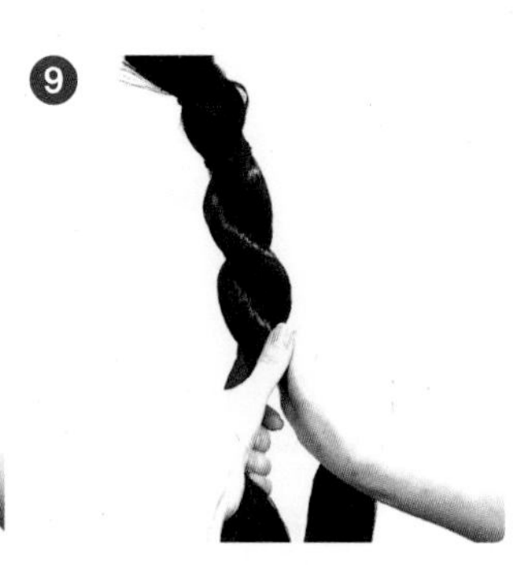

❼ 다발을 두 개로 나눈다.

❽ 두 개의 다발을 왼쪽 방향으로 돌린다.

❾ 두 개의 다발을 교차되도록 꼰다.

⑩ ~ ⑪ 끝까지 같은 방향으로 돌리고 두 개의 다발을 꼰다.
⑫ 모발을 끝까지 꼰다.

⑬ ~ ⑭ 끝자락은 붓 끝처럼 v자로 자른다.
⑮ 망이 빠지지 않도록 여러 겹 접어서 감싼다.

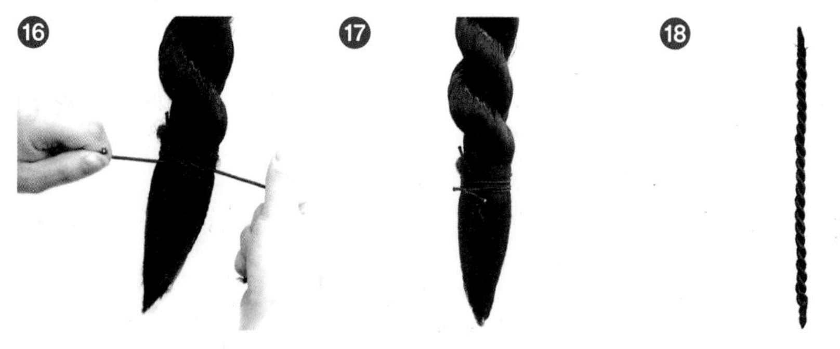

⑯ ~ ⑰ 망이 빠지지 않도록 고무줄로 묶는다.
⑱ 양끝은 붓처럼 v자의 형태가 되도록 마무리한다.

토대에 가체 고정하기

❶ ~ ❷ 속 가체를 본 머리에 올려서 나무 비녀를 꽂아 고정시킨다.
❸ 속 가체를 본 머리에 고정시킨 모습

❹ ~ ❻ 겉 가체를 속 가체 위에 나무 비녀를 꽂아 고정시킨다.

❼ ~ ❽ 겉 가체를 속 가체와 본머리에 고정시킨 후 U핀으로 꼼꼼하게 고정시킨다.
❾ 속 가체와 겉 가체를 본 머리에 고정시킨 모습

장신구 만들기 및 착장하기

❶ 액세서리 틀 위에 강력 접착제를 바른다.
❷ 핀셋으로 원하는 큐빅을 틀에 붙인다.
❸ 액세서리 틀 위에 글루건을 붙인다.

❹ 원하는 크기의 액세서리를 핀셋으로 붙인다.
❺ ~ ❽ 나머지도 동일하게 큐빅을 붙인다.

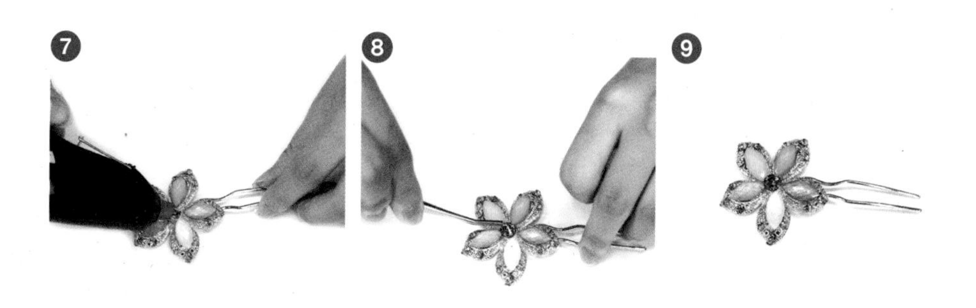

❾ 완성된 액세서리

⑩ ~ ⑪ 완성된 액세서리를 가체에 착장한다.

⑫ ~ ⑮ 액세서리를 가체에 착장한 모습

Chapter 3

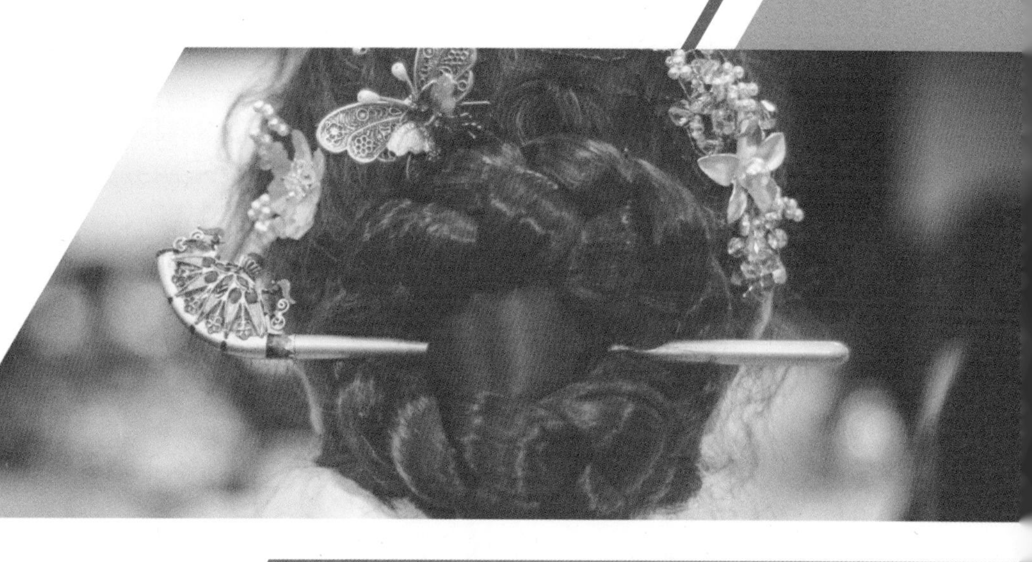

현대적 고전머리 스타일 실행하기(응용편)

1. 힐자계
2. 낭자쌍계
3. 추마계
4. 아환계
5. 쪽머리
6. 화관
7. 족두리
8. 첩지머리
9. 새앙머리
10. 둘레머리
11. 얹은머리
12. 가체머리
13. 트레머리
14. 어유미
15. 거두미
16. 대수머리

1.

힐자계

학습 내용 단원명	학습 목표
힐자계	• 고구려 시대 헤어스타일인 힐자계를 현대적 고전머리 스타일로 재현할 수 있다. • 머리의 중앙을 높게 올려 중간에서 끈으로 장식하고 타원형의 테를 두를 수 있다.

동수부인–고구려 안악 3호분[278)]

[힐자계 재료]

① 고전머리 가발

② 댕기

③ 망

④ 씽

⑤ 브러시

⑥ 꼬리빗

⑦ 실핀, U핀

⑧ 나무젓가락

⑨ 힐자계

힐자계 재현하기

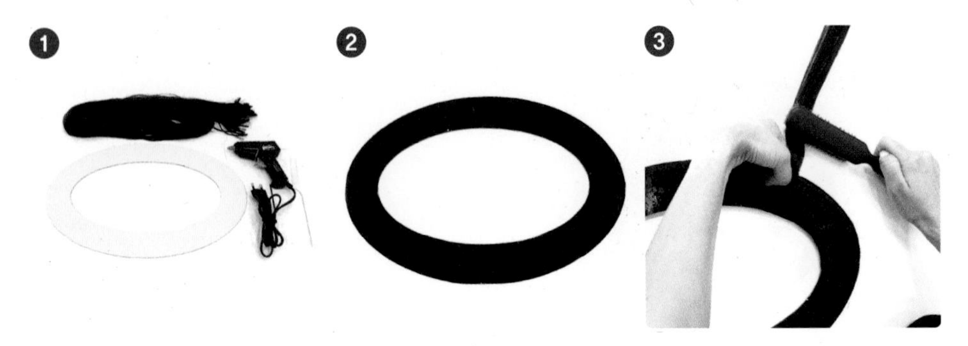

❶ 힐자계 재료인 하드보드지, 글루건, 가체용 원사, 돈모 브러시 등을 준비한다.
❷ 타원형으로 자른 하드보드지를 검정색으로 칠한다.
❸ ~ ❹ 타원형의 틀에 가체가 엉키지 않도록 돌려 감는다.

❺ ~ ❻ 중간 중간 글루건을 사용하여 고정한다.

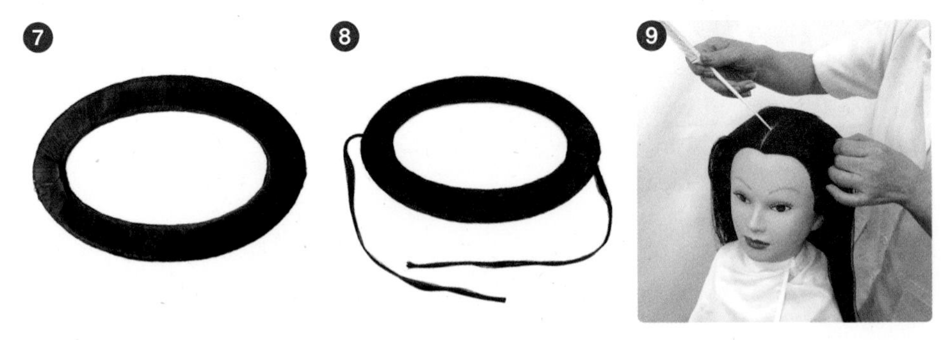

❼ 타원형 틀에 가체를 모두 감은 모습
❽ 타원형의 양쪽 끝에 소량의 원사를 고정하여 마무리한다.
❾ 머리를 곱게 빗겨준 다음 가운데 가르마를 나눈다.

⑩ ~ ⑪ 센터 포인트C.P에서 3cm 정도 위치에서 타원형으로 섹션을 나눈 후 곱게 빗는다.
⑫ ~ ⑬ 고무줄로 단단하게 묶는다.

⑭ 타원형의 씽과 긴 씽을 망을 이용하여 만든다.
⑮ 긴 씽을 타원형의 섹션에 고정시킨다.

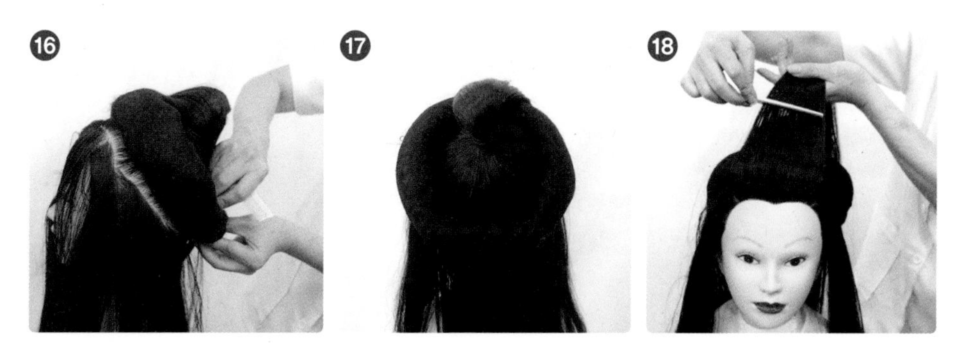

⑯ ~ ⑰ 타원형 섹션의 위치에 씽을 돌려가며 고정시킨다.
⑱ 고정시킨 씽 위에 남겨둔 모발을 빗어 올린다.

⑲ ~ ㉑ 전체를 돌려가며 곱게 빗어 올린다.

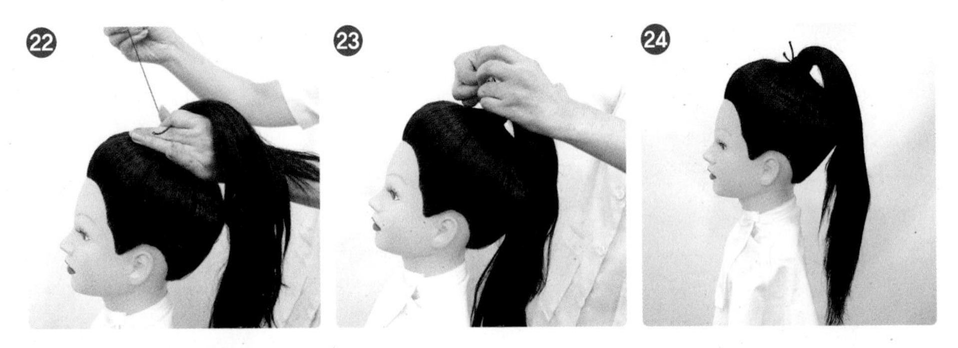

㉒ ~ ㉓ 탑 포인트T.P와 골덴 포인트G.P 중간 지점에 모발을 묶는다.

㉔ ~ ㉕ 모발을 묶은 모습

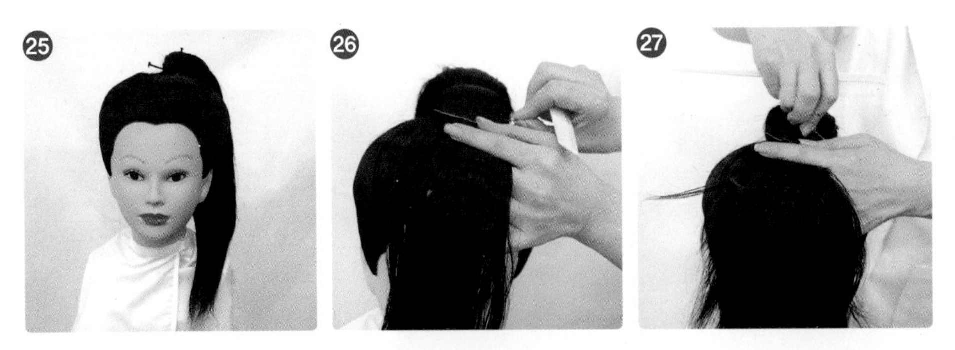

㉖ ~ ㉗ 묶은 모발을 센터 포인트C.P 쪽으로 접은 후 실핀으로 단단하게 고정시킨다.

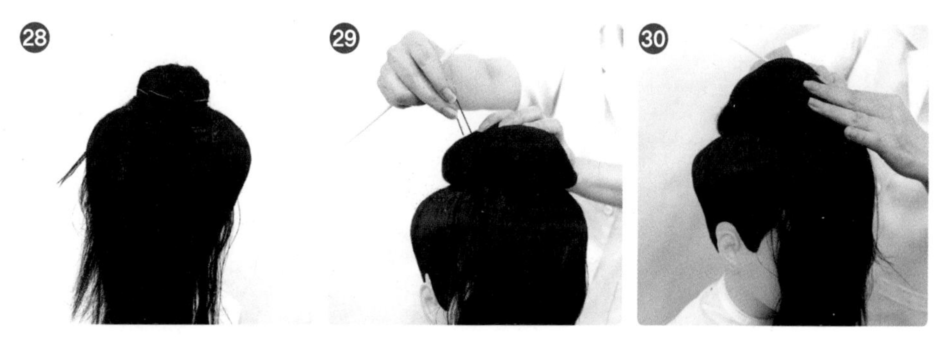

㉘ 묶은 모발을 센터 포인트C.P에 실핀으로 고정한 모습
㉙ ~ ㉛ 타원형의 씽을 얹어서 U핀으로 고정한다.

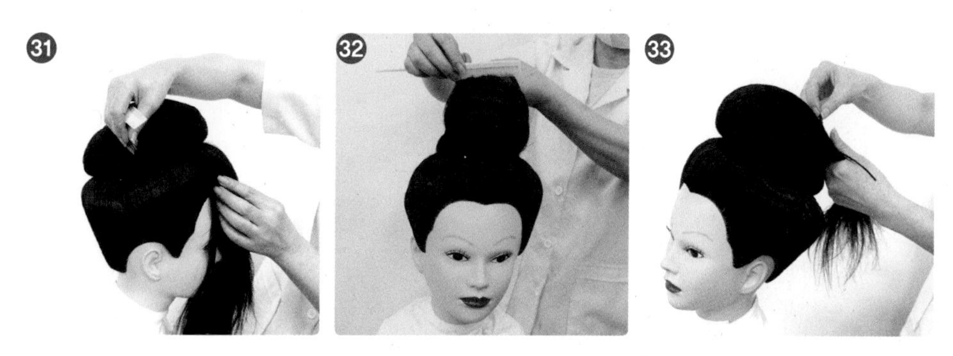

㉜ ~ ㉝ 씽을 모발로 감싸고 고무줄로 고정시킨다.

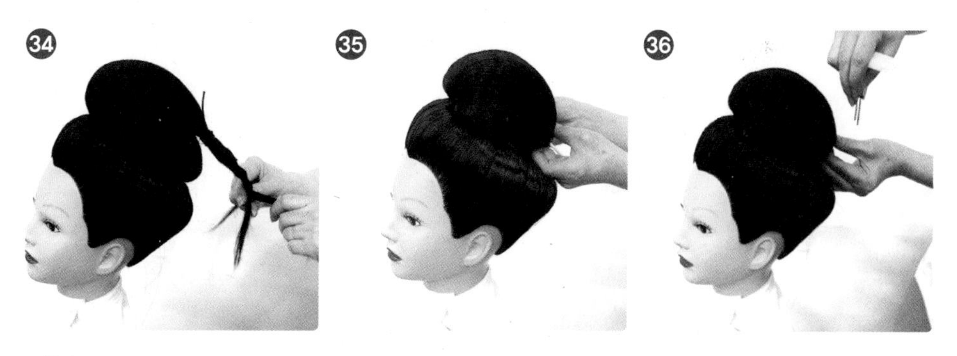

㉞ 묶은 모발을 땋는다.
㉟ ~ ㊲ 땋은 모발을 안으로 말아 넣고 고정시킨다.

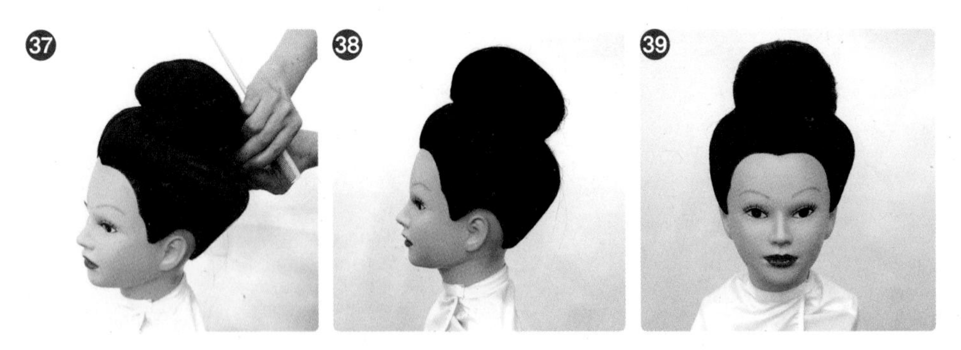

㊳ ~ ㊵ 고정 후 앞, 뒤, 옆모습

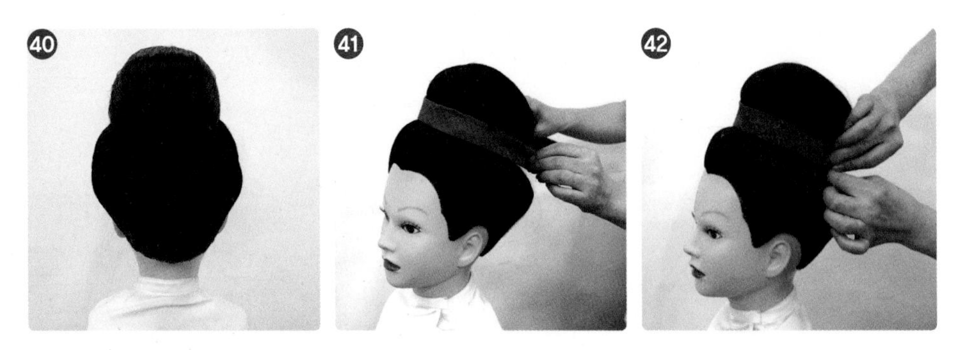

㊶ ~ ㊷ 댕기를 반으로 접어서 둘러준 후 시침핀으로 고정한다.

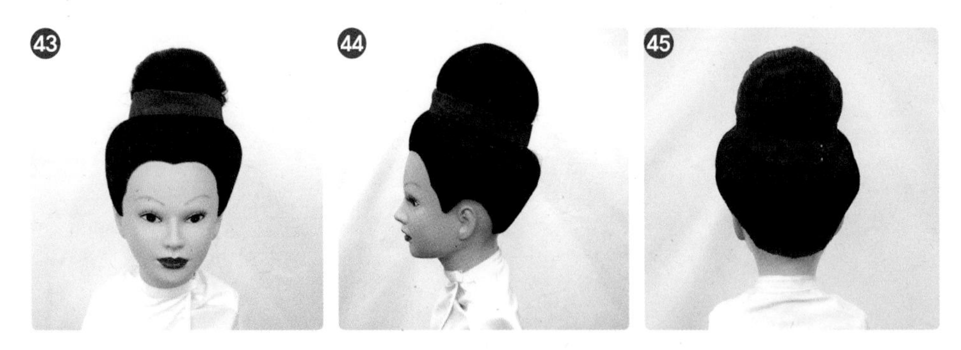

㊸ ~ ㊻ 댕기를 고정 한 후의 앞, 뒤, 옆모습

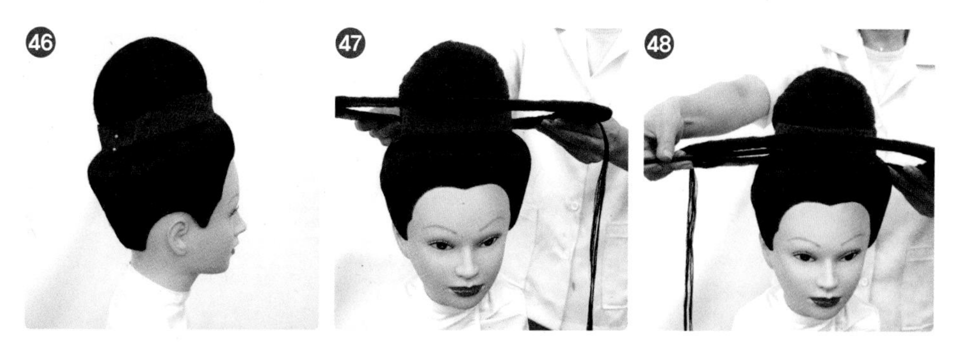

47 만들어 놓은 힐자계를 머리에 올려 위치를 확인한다.

48 ~ 50 원하는 위치에 나무막대를 이용하여 고정한다.

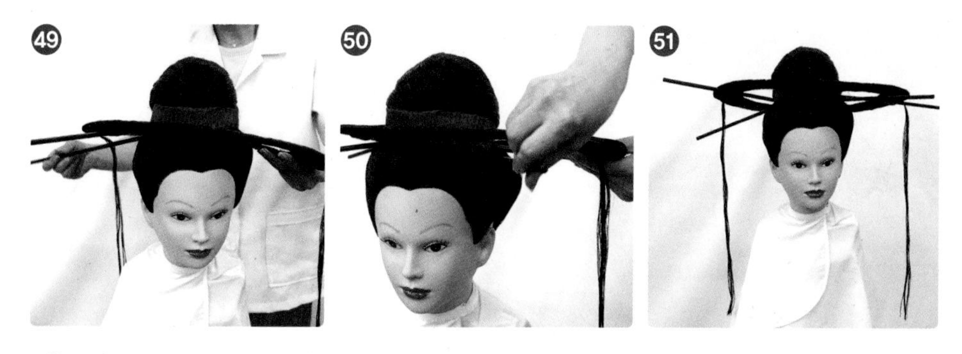

51 힐자계 완성 모습

힐자계 실행하기 완성된 작품

앞(front)

뒤(back)

우측(right side)

좌측(left side)

실습과정 사진		
사진		설명

완성 사진	
앞(front)	뒤(back)
우측(right side)	좌측(left side)

단원 평가(Review)

힐자계 재현에 대한 장점과 단점, 그리고 느낀 점을 쓰시오!

1. 장점

2. 단점

3. 느낀 점

낭자쌍계

학습 내용 단원명	학습 목표
낭자쌍계	• 백제 시대 여성 헤어스타일인 쌍계를 현대적 고전머리 스타일로 재현할 수 있다. • 기혼인 여성의 고전머리 헤어스타일로 머리 다발을 둘로 나누어 머리에 얹은 형태를 재현할 수 있다.

관기의 낭자쌍계머리[279]

[낭자쌍계 재료]

① 고전머리 가발

② 고무줄

③ 꼬리빗

④ 실핀

⑤ 망

⑥ 댕기

낭자쌍계 재현하기

❶ ~ ❷ 머리를 곱게 빗은 후 가운데 가르마를 나눈다.

❸ ~ ❹ 백 포인트B.P에서 네이프 포인트N.P까지 정중선으로 나눈다.

❺ ~ ❻ 왼쪽 모발을 이어 백 포인트E.B.P쪽으로 빗는다.

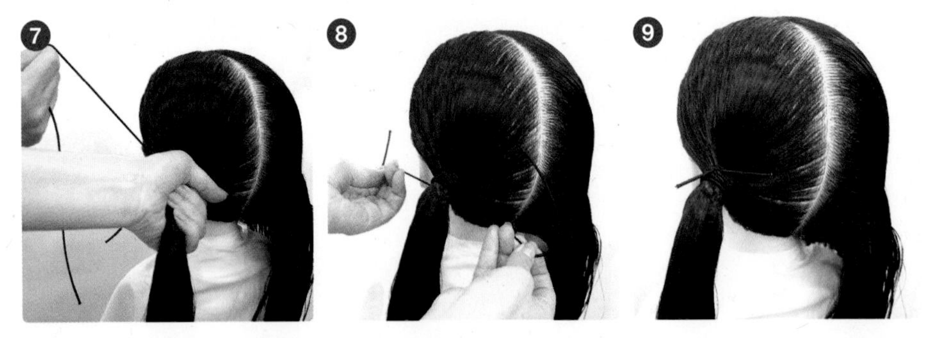

❼ ~ ❾ 이어 백 포인트E.B.P 위치에 모발을 고무줄로 묶는다.

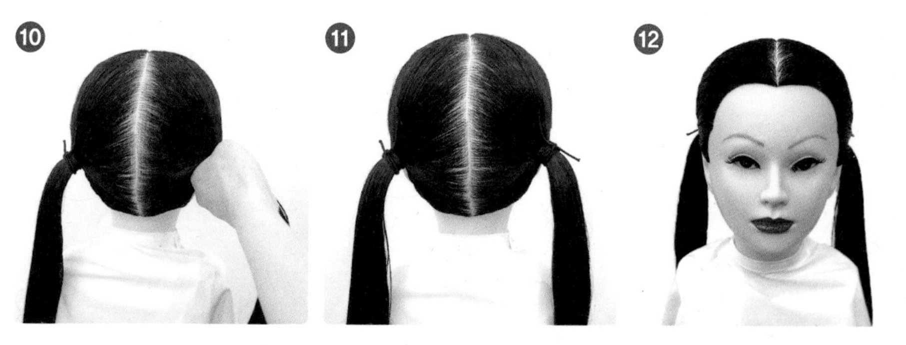

⑩ ~ ⑪ 오른쪽 모발도 이어 백 포인트E.B.P쪽으로 빗은 후 모발을 묶는다.
⑫ 모발을 양쪽으로 묶은 모습

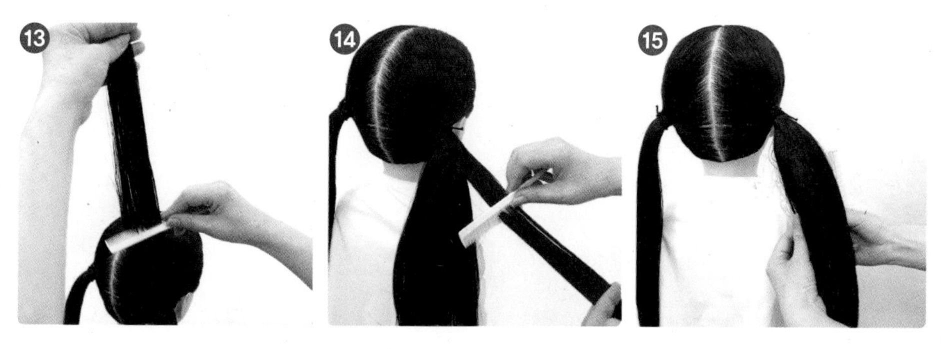

⑬ ~ ⑭ 묶은 다발에 백콤을 넣어 볼륨을 준다.
⑮ ~ ⑯ 모발을 펼쳐서 형태를 만들고 겉자락은 빗는다.

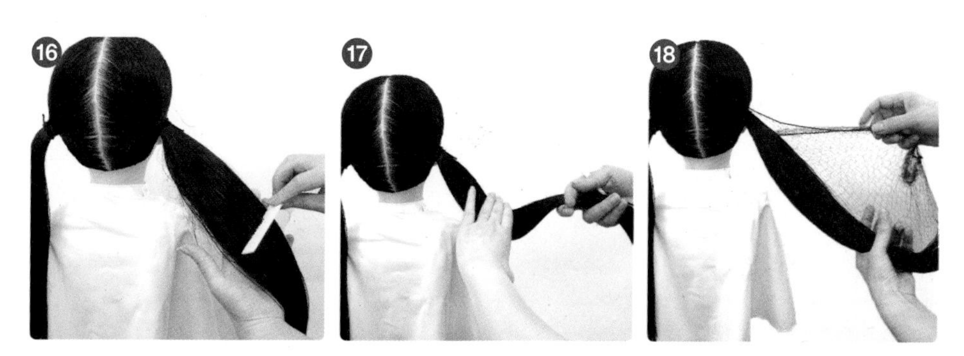

⑰ 접을 부위의 모발을 살짝 누른다.
⑱ 망을 씌워준다.

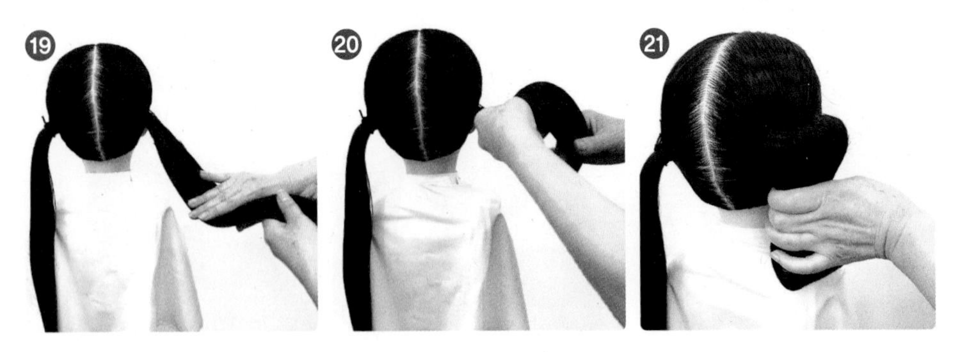

⑲ ~ ㉑ 망을 씌운 모발을 접어 고정시킨다.

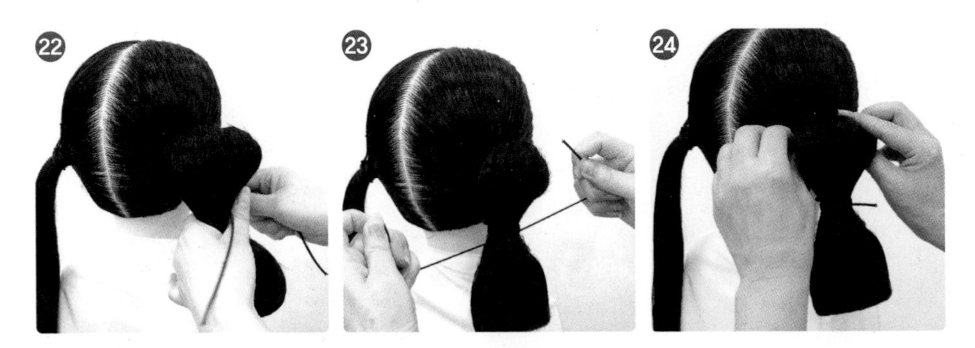

㉒ ~ ㉕ 중간 부분을 고무줄로 묶어주고 형태를 만든다.

㉖ ~ ㉗ 묶은 위쪽 모발은 U핀으로 고정시킨다.

㉘ ~ ㉙ 댕기를 반으로 접어 모발에 두른다.

㉚ ~ ㉛ 끝부분 댕기는 안으로 접어 실핀으로 마무리한다.

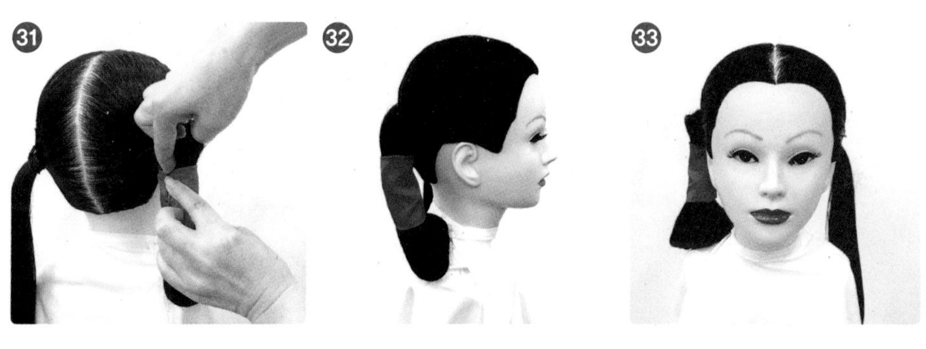

㉜ ~ ㉝ 오른쪽 형태가 완성된 모습

㉞ ~ ㉟ 왼쪽도 백콤을 넣어 볼륨을 준다.

㊱ ~ ㊲ 망을 씌워준다.

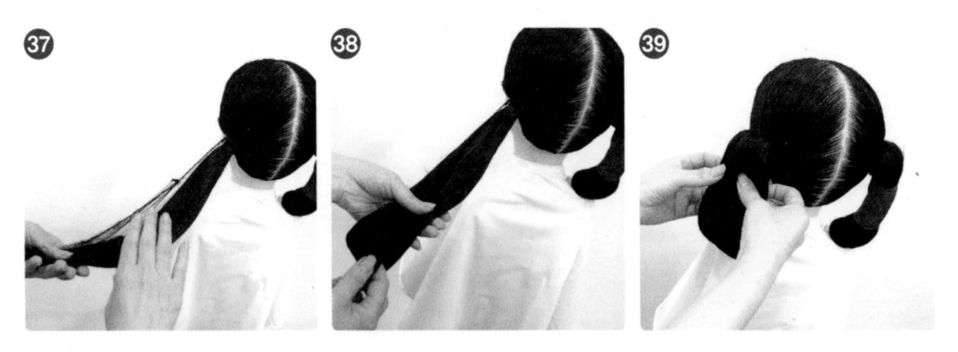

㊳ ~ ㊴ 모발을 접어 형태를 만든다.

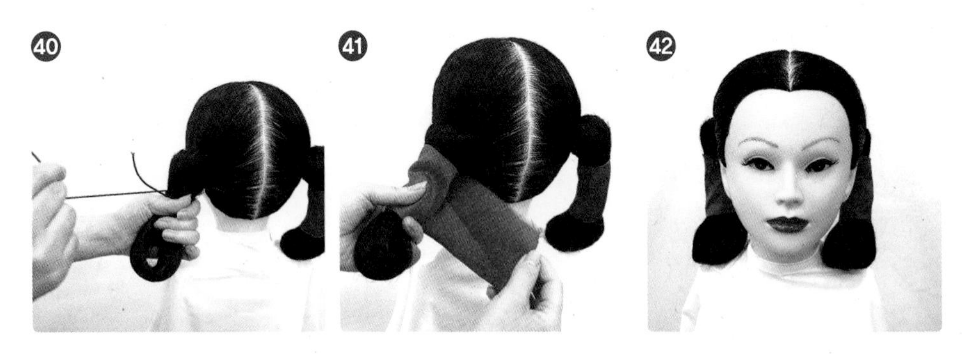

㊵ 고무줄로 묶는다.
㊶ 댕기를 감는다.

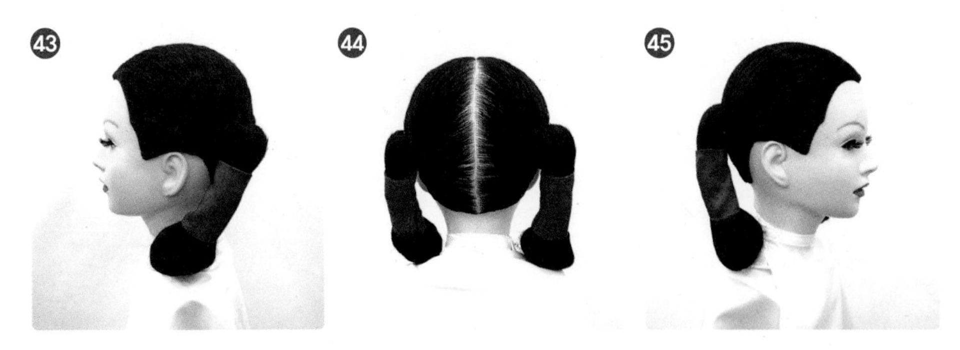

㊷ ~ ㊺ 낭자쌍계가 완성된 모습

낭자쌍계 실행하기 완성된 작품

앞(front)

뒤(back)

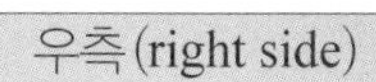

우측(right side)

좌측(left side)

실습과정 사진		
사진		설명

완성 사진	
앞(front)	뒤(back)
우측(right side)	좌측(left side)

단원 평가(Review)

낭자쌍계 재현에 대한 장점과 단점, 그리고 느낀 점을 쓰시오!

1. 장점

2. 단점

3. 느낀 점

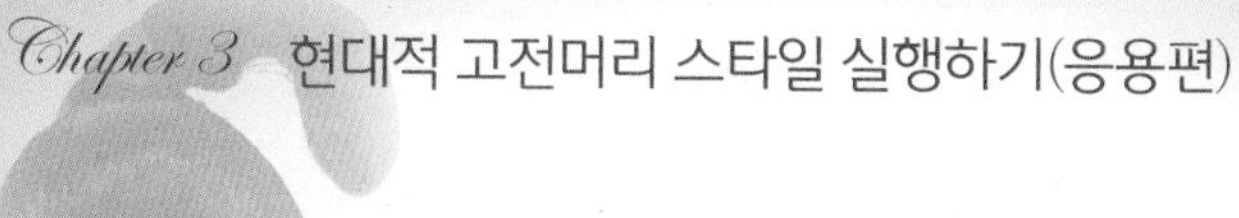

추마계

학습 내용 단원명	학습 목표
추마계	• 고려 시대 헤어스타일인 추마계를 현대적 고전머리 스타일로 재현할 수 있다. • 말에서 떨어졌을 때의 모습과 같은 형상으로 머리카락을 위로 올려 계髻를 만들고 그 상태로 약간 흔들거리는 형상을 재현할 수 있다.

돈황[279]

[추마계 재료]

① 고전머리 가발

② 댕기

③ 고무줄

④ 실핀, U핀

⑤ 액세서리

⑥ 나무 비녀

⑦ 꼬리빗

⑧ 브러시

⑨ 씽

추마계 재현하기

❶ ~ ❸ 센터 포인트C.P에서 2cm 정도 위치에서 타원형으로 섹션을 나눈다.

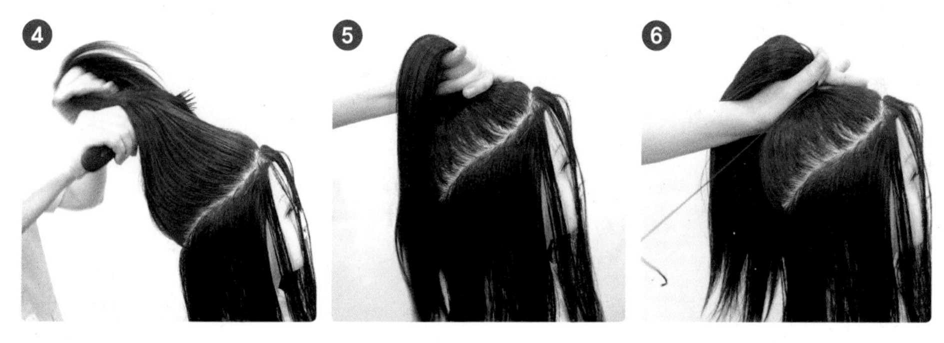

❹ ~ ❺ 모발을 곱게 빗는다.

❻ ~ ❼ 탑과 골덴 포인트 가운데 위치에 모발을 묶는다.

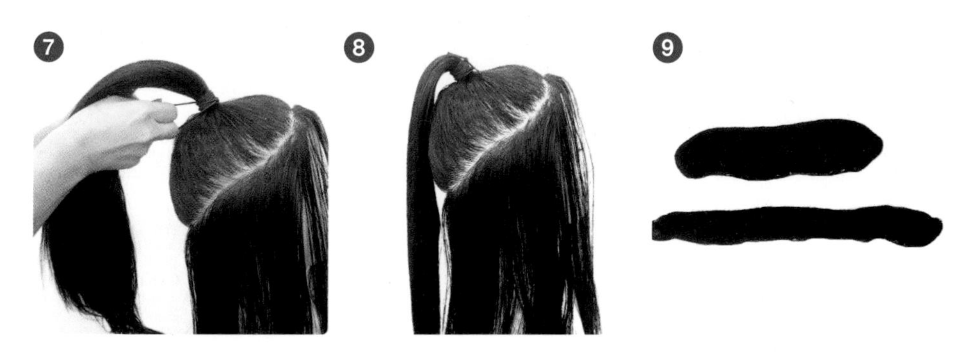

❽ 모발을 묶은 모습

❾ 타원형의 씽과 긴 씽을 망을 이용하여 만든다.

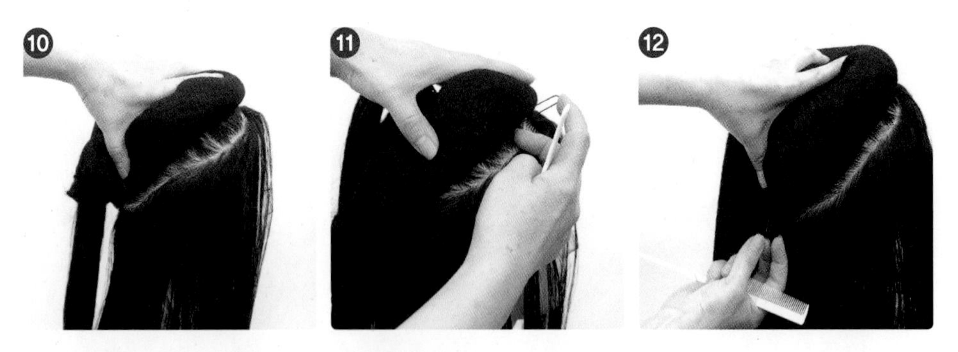

⑩ ~ ⑫ 타원형 섹션의 위치에 씽을 돌려가며 핀으로 고정시킨다.

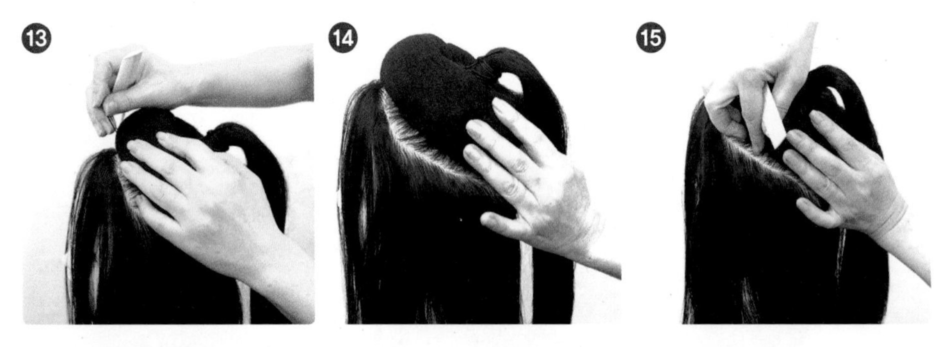

⑬ ~ ⑯ 반대편도 씽을 고정시킨다.

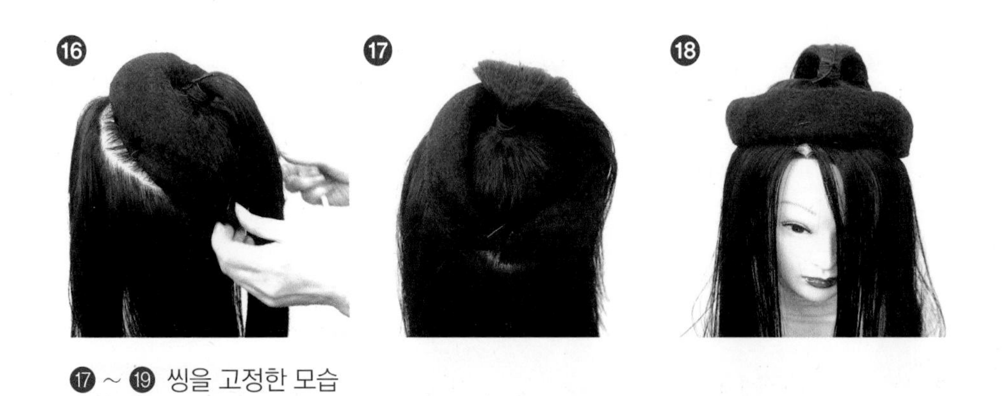

⑰ ~ ⑲ 씽을 고정한 모습

⑳ 남겨둔 모발을 씽 위로 빗어 올린다.
㉑ 광택스프레이와 고정스프레이를 사용하여 윤기를 주면서 빗는다.

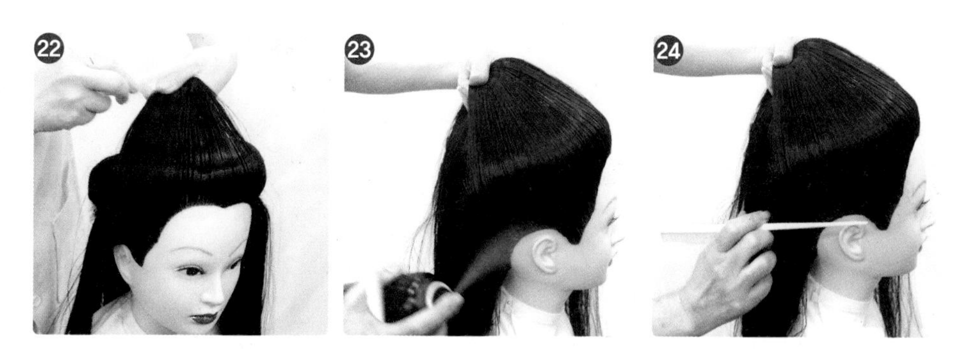

㉒ ~ ㉕ 측면과 뒷면도 모두 곱게 빗어 올린다.

㉖ ~ ㉗ 반대편도 동일하게 빗어 올린다.

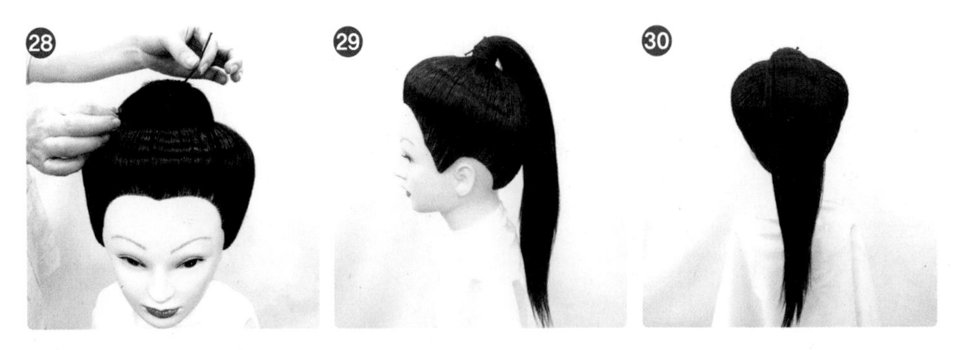

㉘ 모발을 묶는다.

㉙ ~ ㉚ 탑 골덴 미디움 포인트T.G.M.P에 모발을 묶은 모습

㉛ 모발을 두 개로 나눠서 같은 방향으로 돌린다.

㉜ 두 모발을 꼰다.

㉝ 모발을 끝까지 꼰 후 고무줄로 묶는다.

㉞ 묶은 다발 끝에 씽을 같이 고정시킨다.

㉟ ~ ㊲ 묶은 위치에 댕기를 두르고 시침핀으로 고정시킨다.

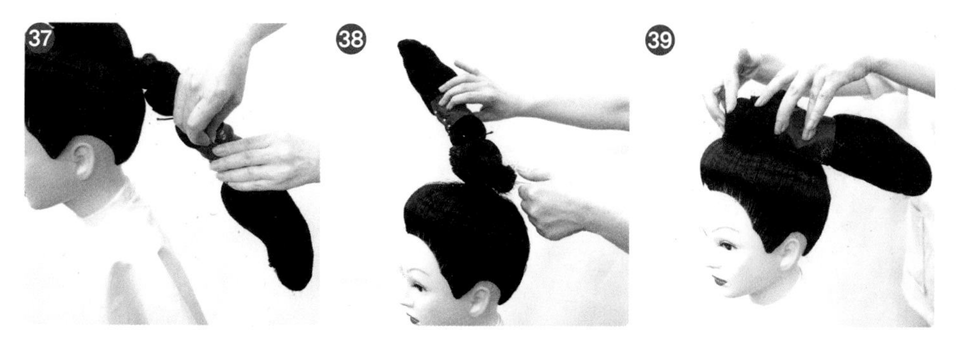

㊳ ~ ㊵ 묶은 위치 주위로 씽을 돌린다.

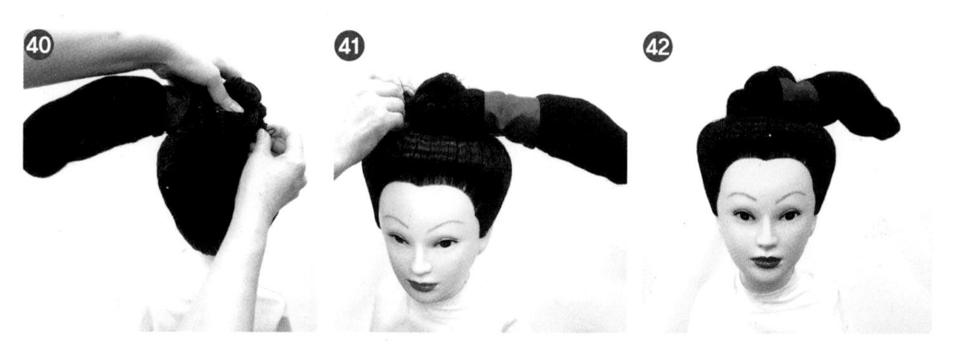

㊶ ~ ㊷ 댕기가 앞쪽에서 보이도록 위치를 잡은 후 고정시킨다.

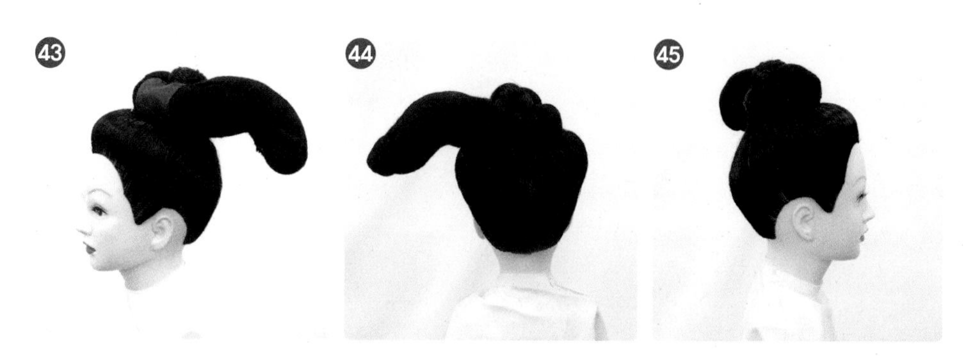

㊸ ~ ㊺ 추마계가 완성된 모습

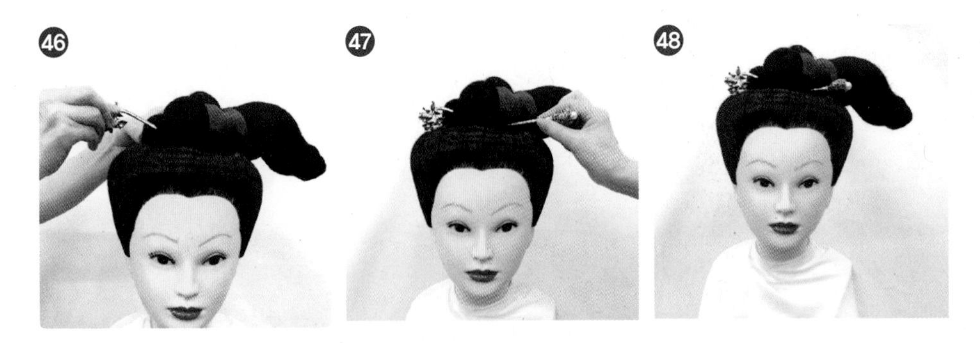

46 ~ 48 완성된 추마계 작품에 액세서리를 착장한다.

추마계 실행하기 완성된 작품

앞(front)

뒤(back)

우측(right side)

좌측(left side)

실습과정 사진		
사진		설명

완성 사진	
앞(front)	뒤(back)
우측(right side)	좌측(left side)

단원 평가(Review)

추마계 재현에 대한 장점과 단점, 그리고 느낀 점을 쓰시오!

1. 장점

2. 단점

3. 느낀 점

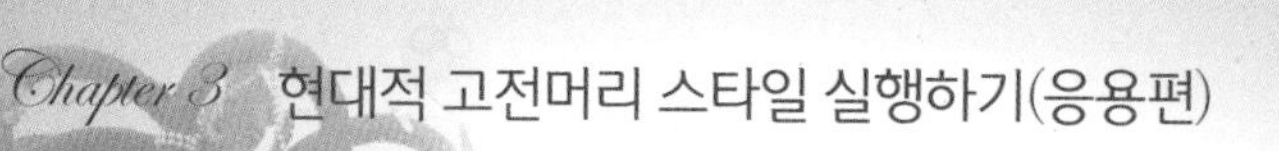

아환계

학습 내용 단원명	학습 목표
아환계	• 고려 시대 헤어스타일인 아환계를 현대적 고전머리 스타일로 재현할 수 있다. • 머리카락 전체를 머리위로 빗어 올려 묶은 다음 그것을 두 갈래로 나눈 후 만들어 재현할 수 있다.

박익 묘_여말선초[281)]

[아환계 재료]

① 고전머리 가발

② 실핀, U핀

③ 고무줄

④ 액세서리

⑤ 나무 비녀

⑥ 꼬리빗

⑦ 돈모 브러시

⑧ 땋은 가체

1. 아환계 재현하기

❶ 원사에 분무를 한다.

❷ ~ ❸ 로션을 골고루 바른다.

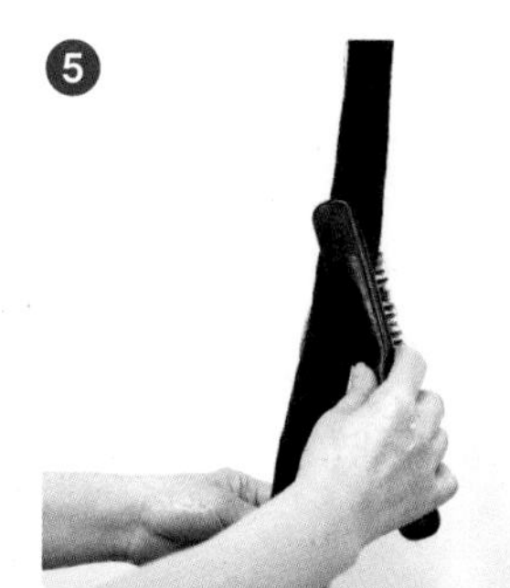

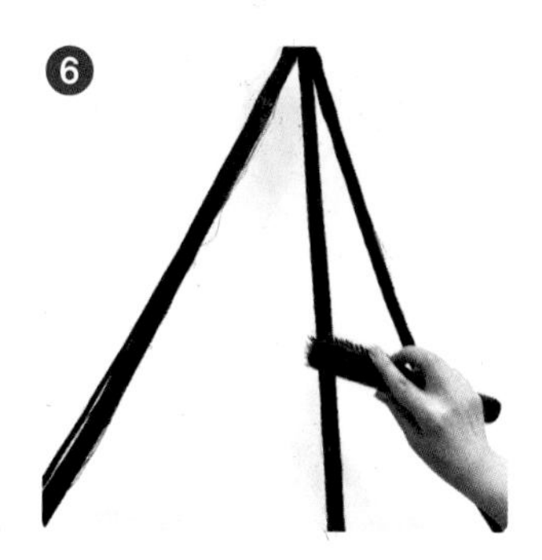

❹ 광택스프레이를 뿌린다.

❺ ~ ❻ 원사가 엉키지 않도록 빗질을 한다.

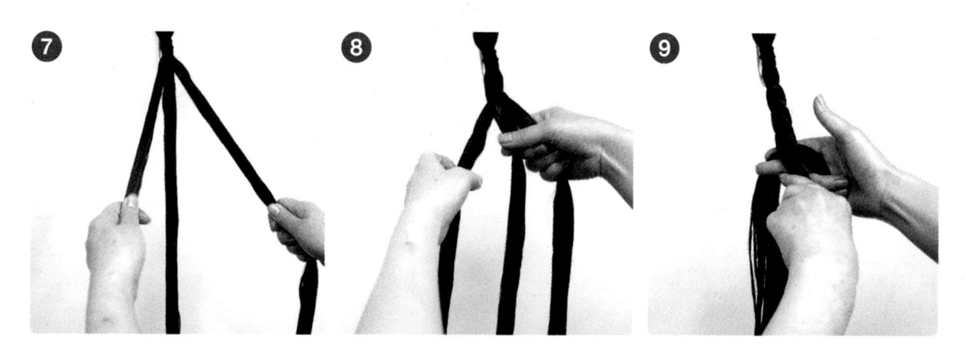

❼ 원사를 세 가닥으로 나눈다.

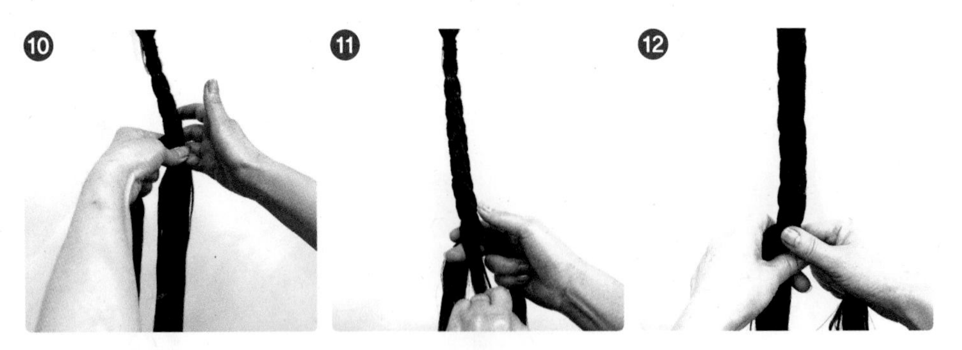

❽ ~ ⓬ 오른쪽 다발과 왼쪽다발을 가운데로 번갈아 땋아간다.

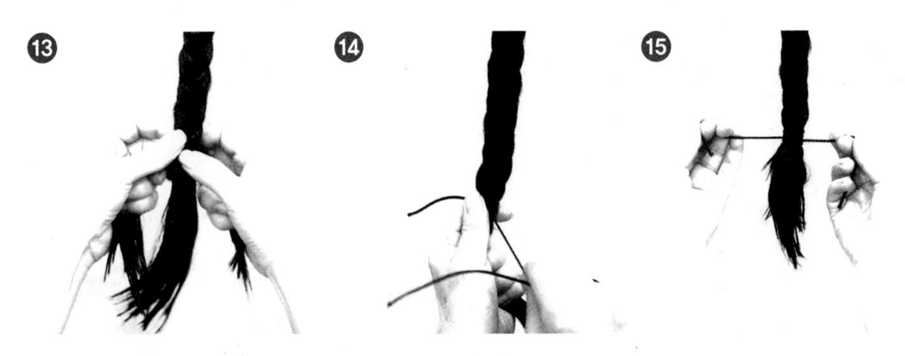

⓭ 끝까지 땋는다.

⓮ ~ ⓰ 모발 끝을 잡고 고무줄로 묶는다.

⓱ ~ ⓴ 끝부분을 V모양으로 가위로 다듬는다.

㉑ ~ ㉒ 끝부분을 망으로 돌려가며 씌운다.

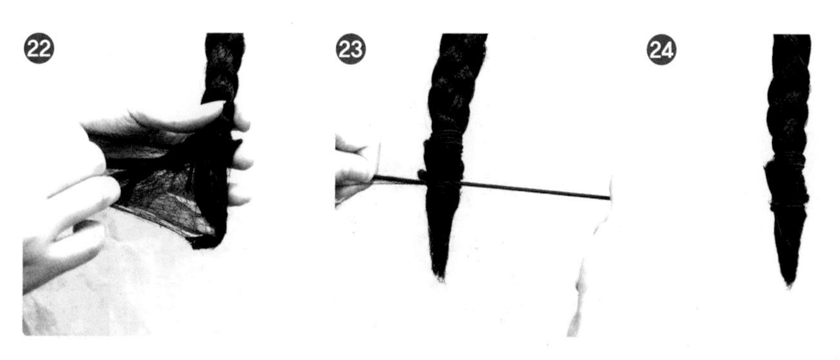

㉓ 망을 씌운 후 고무줄로 묶는다.
㉔ 반대쪽 가체 끝부분도 동일한 방법으로 진행한다.

㉕ 가운데 가르마로 나눈다.
㉖ ~ ㉗ 왼쪽 모발을 귀 뒤쪽으로 빗어 넘긴다.

㉘ 오른쪽 모발도 귀 뒤로 넘겨 빗는다.

㉙ ~ ㉚ 백 포인트B.P와 네이프 포인트N.P까지 정중선으로 나누어 빗질한다.

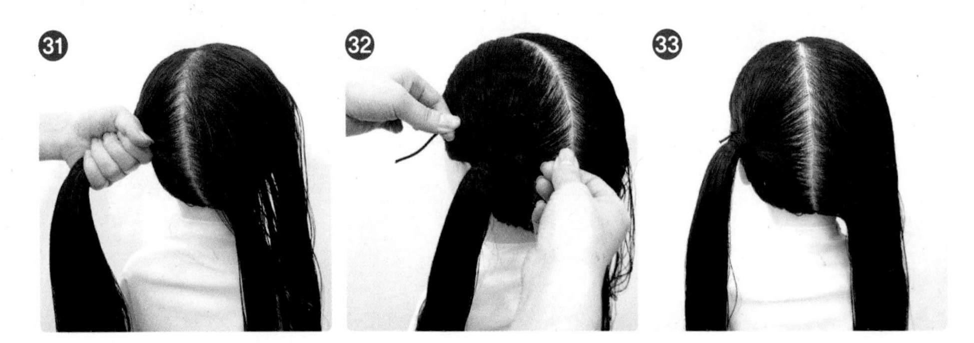

㉛ ~ ㉝ 이어 포인트E.P 뒤쪽으로 모발을 묶는다.

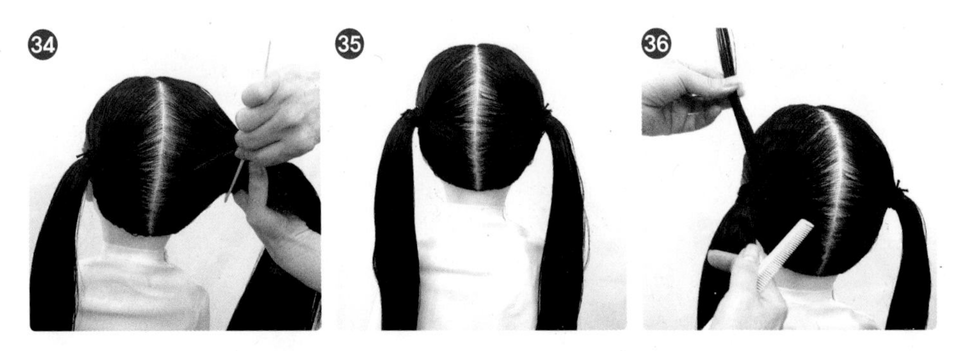

㉞ ~ ㉟ 오른쪽도 동일한 방법으로 묶는다.

㊱ ~ ㊲ 묶은 소량의 모발을 고무줄이 안보이도록 감고 고정한다.

㊳ 오른쪽도 동일하게 진행한다.
㊴ 양쪽으로 모발을 묶은 모습

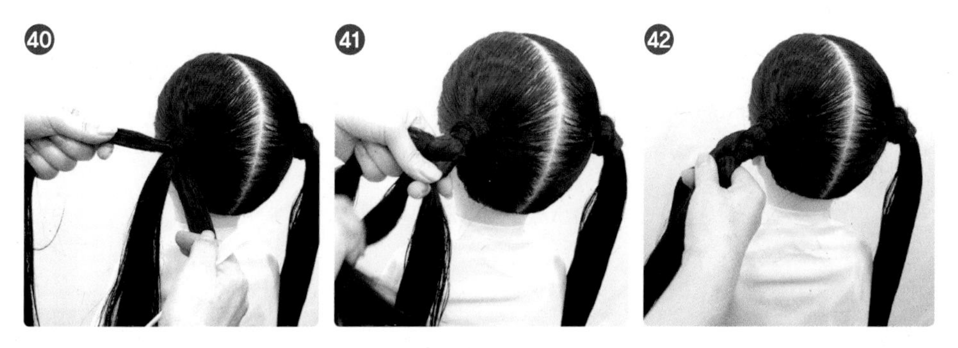

㊵ 묶은 한쪽 모발을 세 가닥으로 나눈다.
㊶ ~ ㊸ 세 가닥의 모발을 왼쪽 오른쪽 번갈아가며 끝까지 땋는다.

㊹ 모발 끝을 반으로 접어 고무줄로 묶어 마무리한다.
㊺ 오른쪽도 동일하게 진행한다.

46 양쪽 모발을 땋은 모습

47 ~ 49 왼쪽 땋은 모발을 안으로 말아서 원형의 모양이 되도록 한다.

50 원형의 모발을 두피에 핀으로 고정한다.

51 ~ 52 왼쪽 모발을 고정한 모습

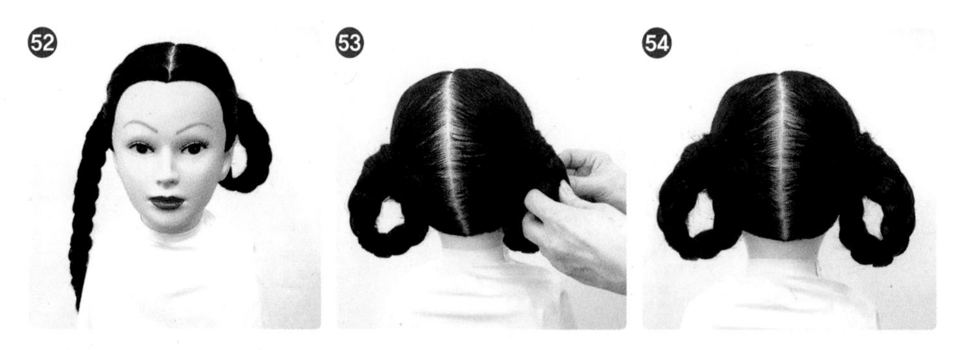

53 반대쪽도 동일하게 진행한다.

54 ~ 55 양쪽의 모발을 완성한 모습

56 ~ 58 땋은 가체를 탑 포인트T.P에 원형이 되도록 모양을 잡고 나무 비녀로 임시 고정한다.

59 ~ 60 남은 모발을 돌려서 감는다.

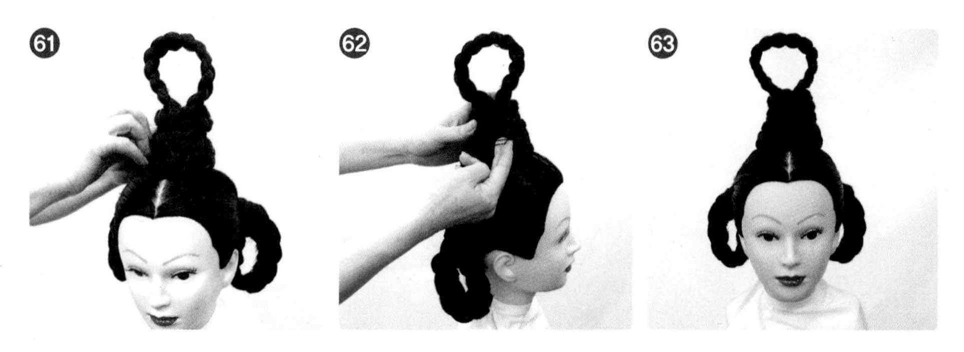

61 ~ 62 핀으로 가체를 고정한다.

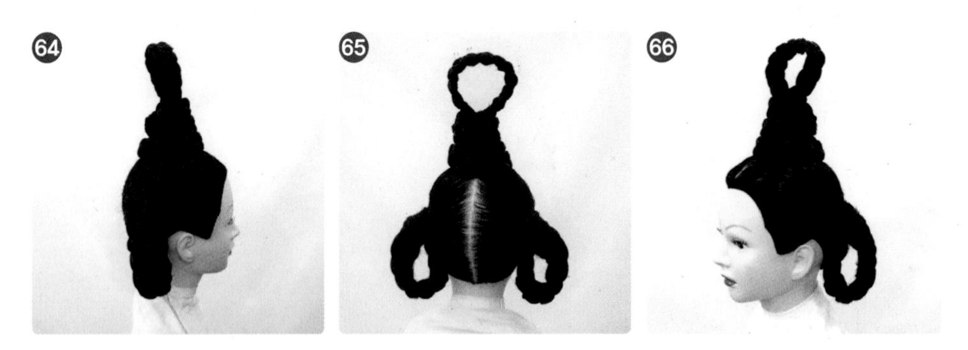

⑥③ ~ ⑥⑥ 아환계를 완성한 모습

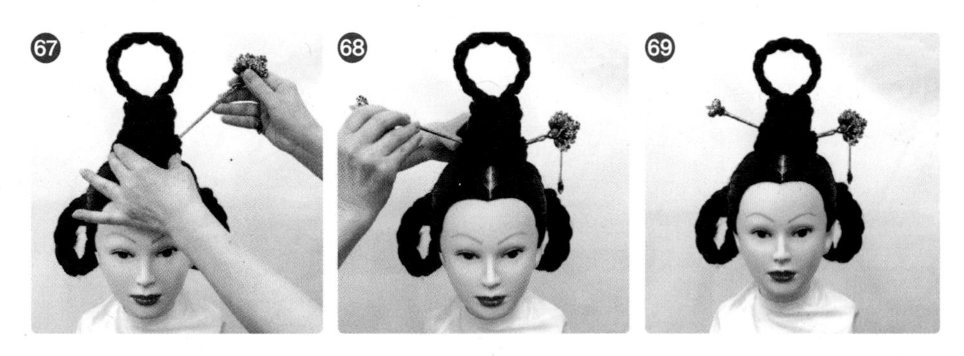

⑥⑦ ~ ⑥⑨ 완성된 아환계 작품에 액세서리를 착장한다.

아환계 실행하기 완성된 작품

앞(front)

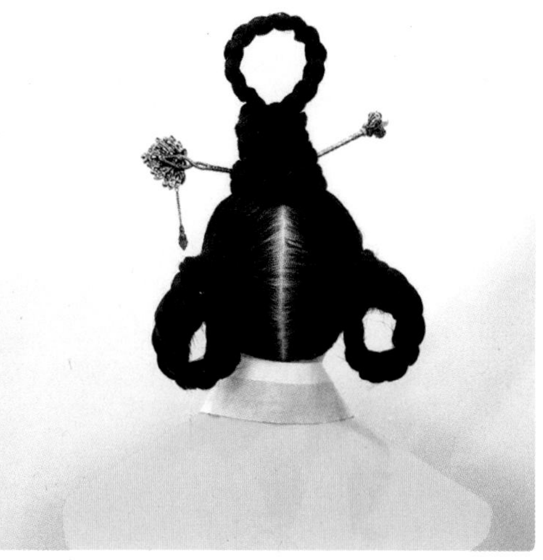

뒤(back)

우측(right side)

좌측(left side)

실습과정 사진		
사진		설명

[조선 시대 가체 제작 길이 및 둘레]

작품	길이	둘레	꼭지
쪽머리	약 95~100cm	약 10~12cm	2꼭지
첩지머리	약 95~100cm	약 10~12cm	2꼭지
새앙머리	약 115~120cm	약 6cm	1꼭지
둘레머리	약 120~130cm	약 15~17cm	4꼭지
얹은머리	약 360cm	약 20~21cm	6꼭지
가체머리	• 겉가체 : 약 300cm • 속가체 : 약 180cm	• 겉가체 : 약 13cm • 속가체 : 약 11cm	• 겉가체 : 3꼭지 • 속가체 : 2꼭지
트레머리	• 겉가체 : 170~180cm • 속가체 : 120~130cm	• 겉가체 : 약 13~14cm • 속가체 : 약 13~14cm	• 겉가체 : 3꼭지 • 속가체 : 3꼭지
어유미 어여머리	• 쪽가체 : 약 95~100cm • 겉가체 : 약 220cm • 속가체 : 약 100cm	• 쪽가체 약 10~12cm • 겉가체 : 약 12~14cm • 속가체 : 약 8cm	• 쪽가체 : 2꼭지 • 겉가체 : 3꼭지 • 속가체 : 1꼭지
거두미	• 쪽가체 약 95~100cm • 약 230cm	• 쪽가체 : 약 10~12cm • 약 20~21cm	• 쪽가체 : 2꼭지 • 6꼭지

※ 한 꼭지 기준은 기본 원사 둘레 6cm 정도의 둘레를 말한다.

※ 같은 꼭지라 해도 볼륨의 두께는 가체를 만들 때의 로션과 가체를 땋을 때의 힘 조절에 따라서 둘레의 크기가 다소 차이가 날 수 있다.

※ 한 꼭지라 함은 고전머리 전문가들의 조언을 바탕으로 사용한 것이다.

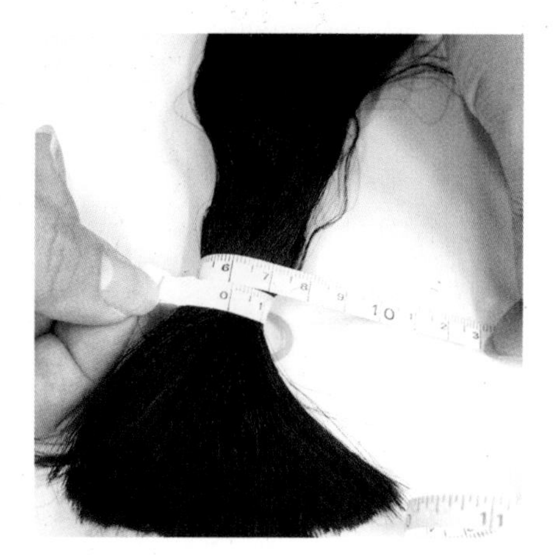

1꼭지 기준(둘레 6cm)의 가체용 원사

쪽머리

학습 내용 단원명	학습 목표
쪽머리	• 부녀자들의 일반적인 두발양식인 쪽머리를 현대적 고전 머리 스타일로 재현할 수 있다. • 가르마를 타고 양쪽으로 곱게 빗어 뒤로 길게 한 줄로 땋아서 댕기로 끝을 묶은 다음 쪽을 만들어 비녀로 고정하여 재현할 수 있다.

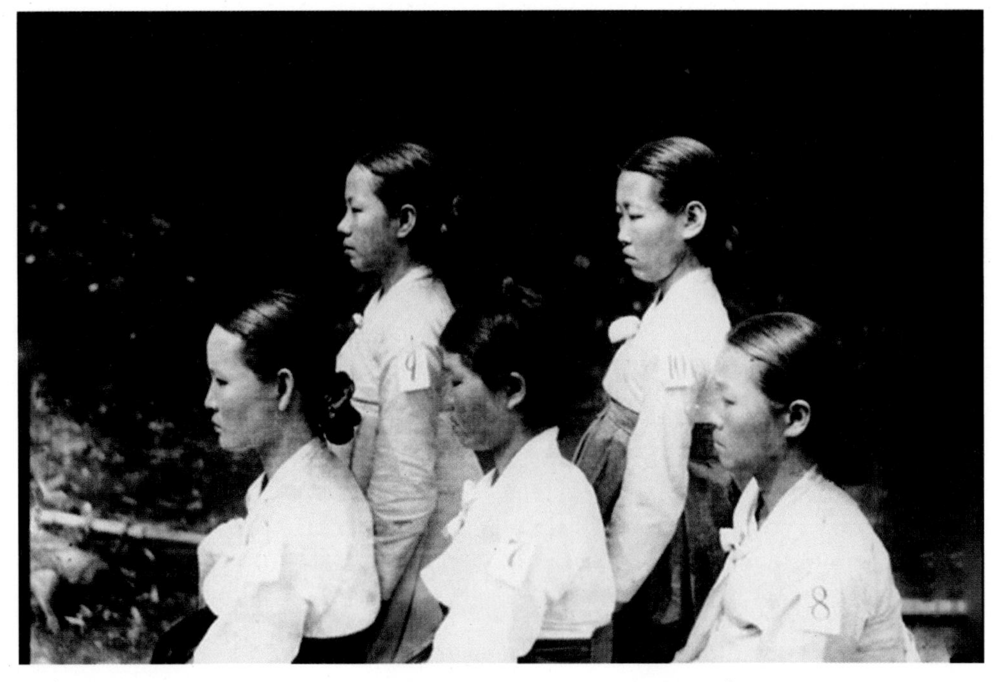

쪽머리를 한 울산의 부인들_국립중앙박물관[282)]

[쪽머리 재료]

① 고전머리 가발

② 땋은 가체

③ 고무줄

④ 꼬리빗

⑤ 망

⑥ 참빗

⑦ 뒤꽂이

⑧ 비녀

⑨ 댕기

쪽머리 재현하기

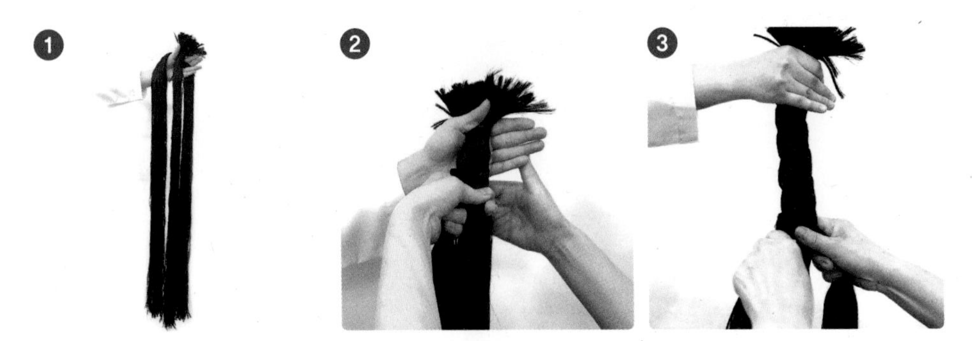

❶ ~ ❷ 윤기를 낸 가체용 원사를 한쪽에 고무줄로 묶고 세 가닥으로 나눈다.

쪽머리 가체용 원사 : 2꼭지 볼륨 / 길이 약 95~100cm

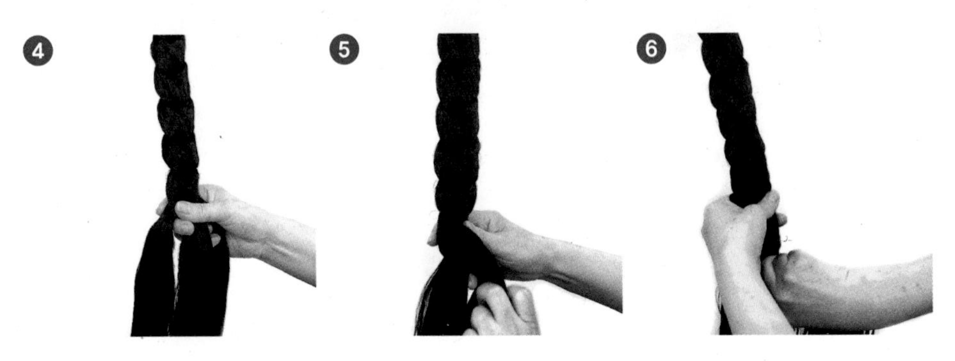

❸ ~ ❻ 오른쪽 왼쪽을 가운데로 번갈아 가며 땋는다.

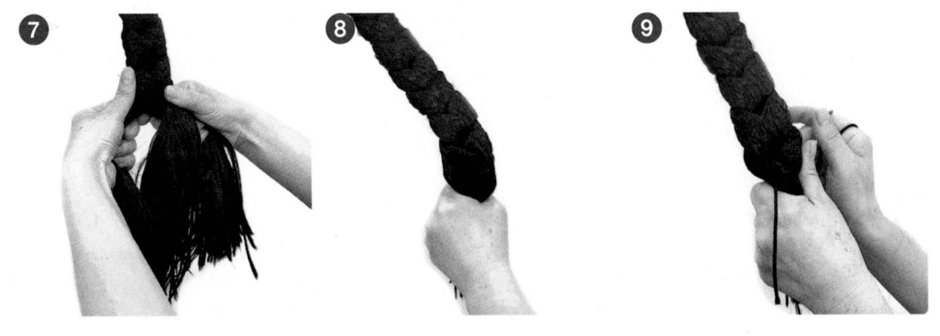

❼ ~ ❽ 원사 끝까지 땋는다.

❾ 끝부분이 풀어지지 않도록 고무줄로 묶는다.

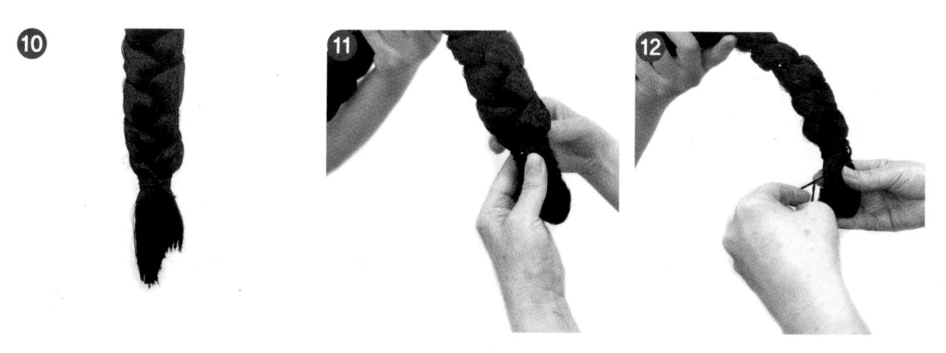

⑩ 고무줄로 묶은 모습
⑪ ~ ⑫ 망으로 씌우고 다시 한 번 고무줄로 묶는다.

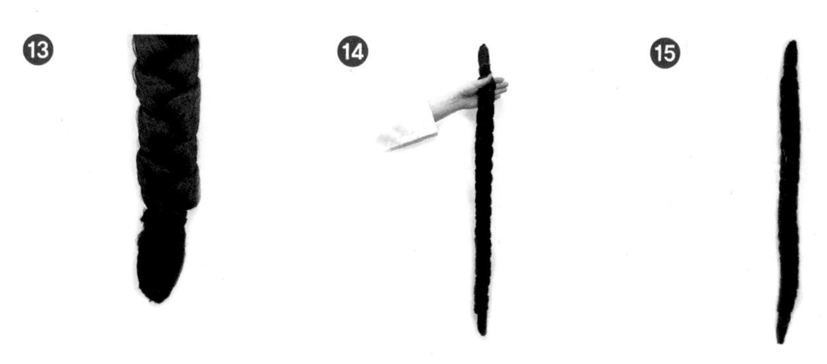

⑬ 가체 한쪽 끝부분이 완성된 모습
⑭ 반대쪽도 동일하게 진행한다.
⑮ 쪽머리 가체가 완성된 모습

⑯ 모발을 가지런히 빗는다.
⑰ ~ ⑲ 정중선의 가르마를 타고 왼쪽 모발을 C자 형태로 빗질한다.

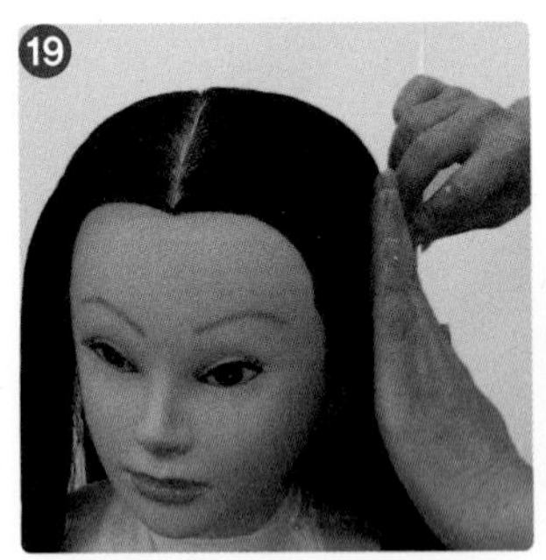

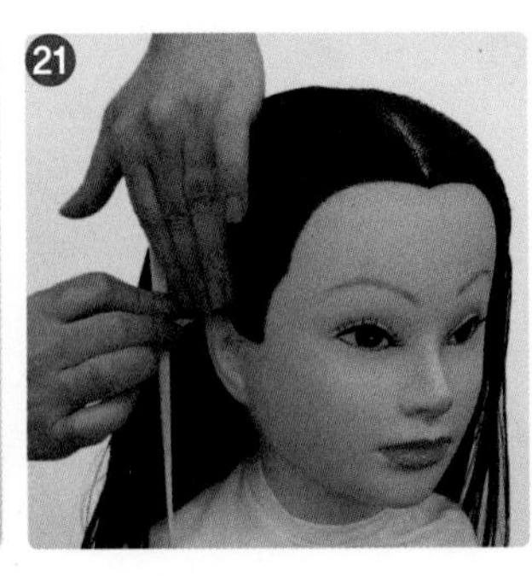

⑳ ~ ㉑ 오른쪽도 동일하게 C자 형태로 빗질하여 뒤로 넘긴다.

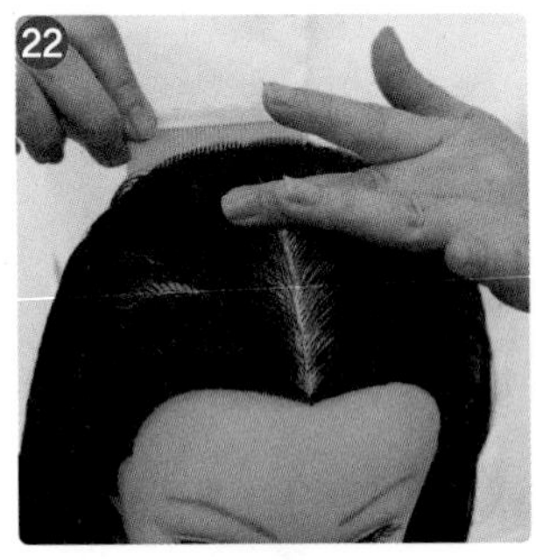
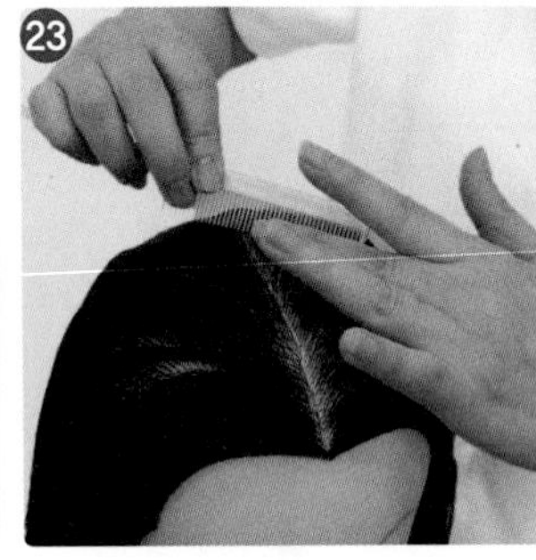

㉒ ~ ㉔ 정중선 가르마 7cm의 위치에서 방사선 빗질을 한다.

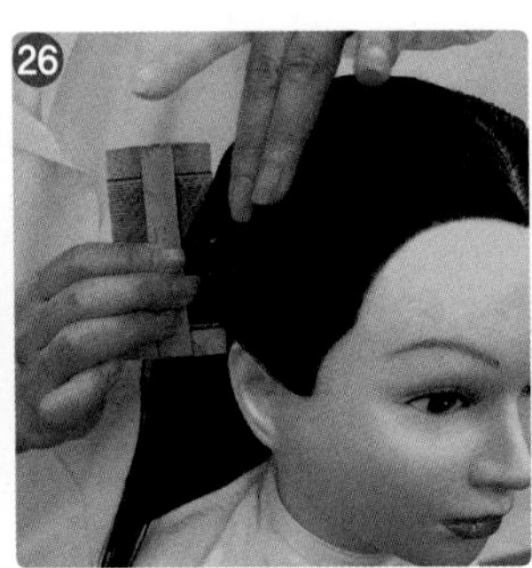

㉕ ~ ㉗ 참빗으로 다시 한 번 꼼꼼하게 빗질을 진행한다.

㉘ 빗질이 완성된 모습

㉙ ~ ㉚ 망을 씌우고 네이프에서 손가락 두 개 정도 사이에 공간을 두고 고무줄로 묶는다.

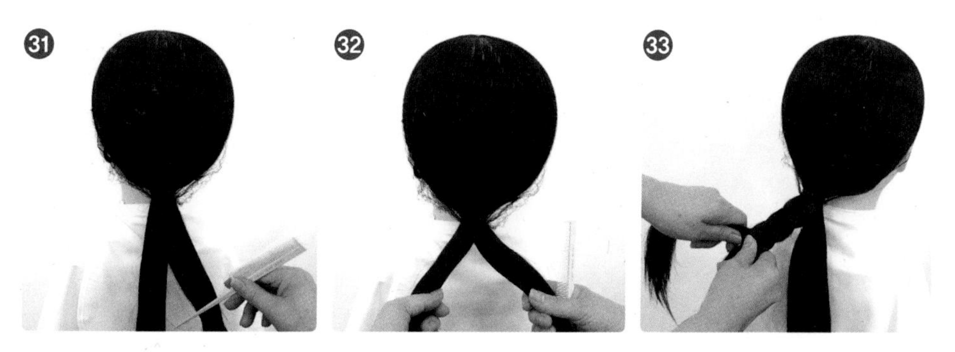

㉛ ~ ㉜ 아래 망은 위쪽에 살짝 올려 놓고 묶은 모발을 두 갈래로 나눈다.

㉝ ~ ㉞ 왼쪽 모발을 세 가닥 땋기를 진행한다.

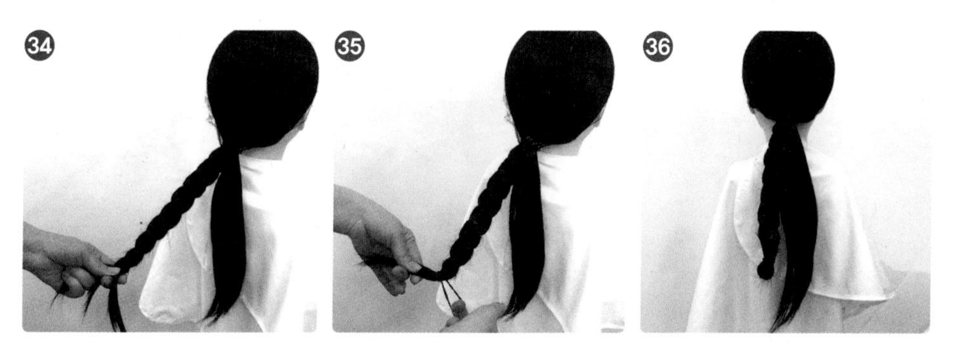

㉟ ~ ㊱ 땋은 후 모발 끝을 반으로 접어 고무줄로 묶는다.

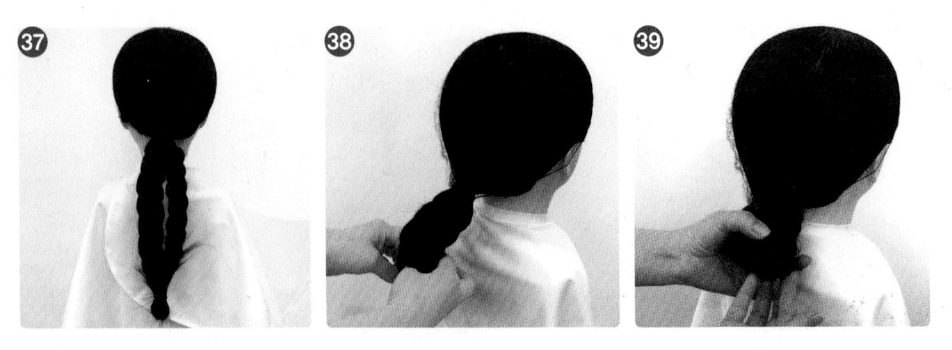

㊲ 양쪽 모발을 세 갈래 땋기로 진행한 모습
㊳ ~ ㊴ 양쪽에 땋은 두 모발을 같이 잡고 둥글게 세 번 정도 접는다.

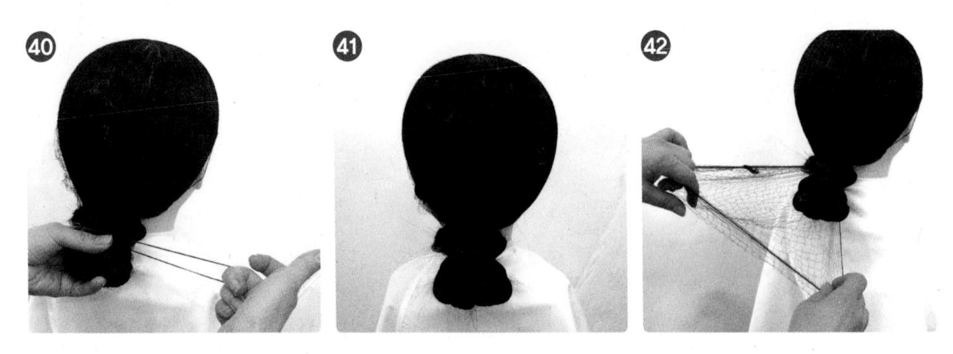

㊵ ~ ㊶ 접은 다발을 고무줄로 단단하게 묶는다.
㊷ ~ ㊸ 위쪽에 잠시 두었던 망을 묶은 다발 안으로 안보이게 만다.

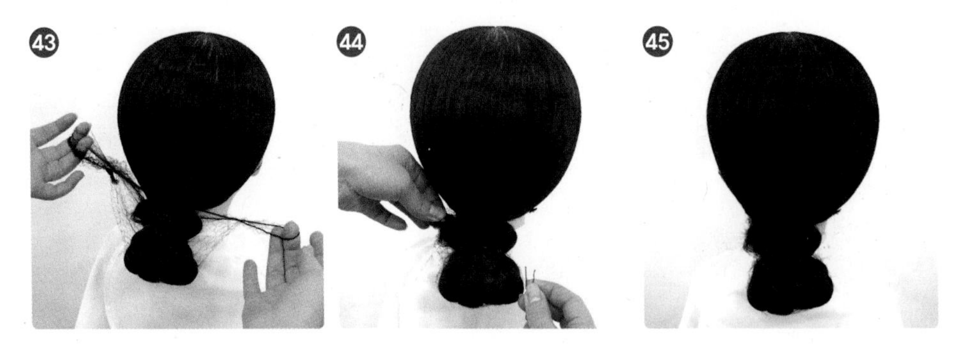

㊹ ~ ㊺ 망을 실핀으로 고정한다.

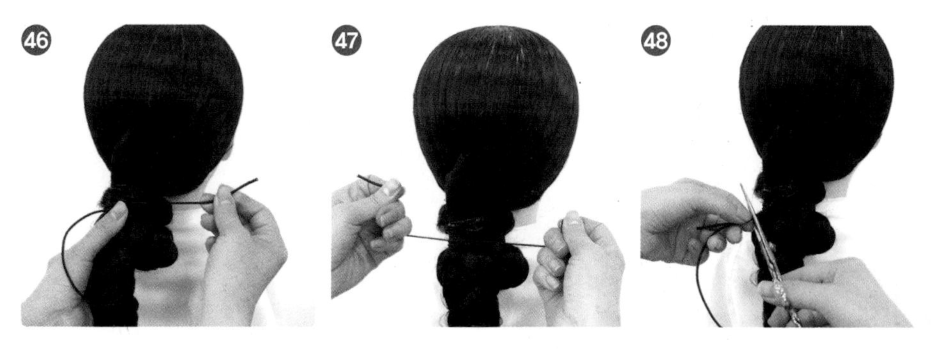

㊻ ~ ㊼ 만들어 놓은 쪽가체를 토대에 덧대어서 고무줄로 묶는다.
㊽ 긴 고무줄은 가위로 자른다.

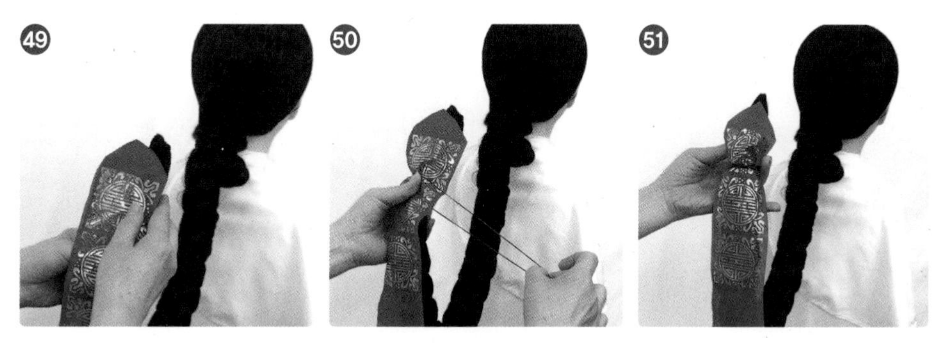

㊾ ~ 51 댕기를 쪽가체 끝부분에 대고 고무줄로 묶는다.

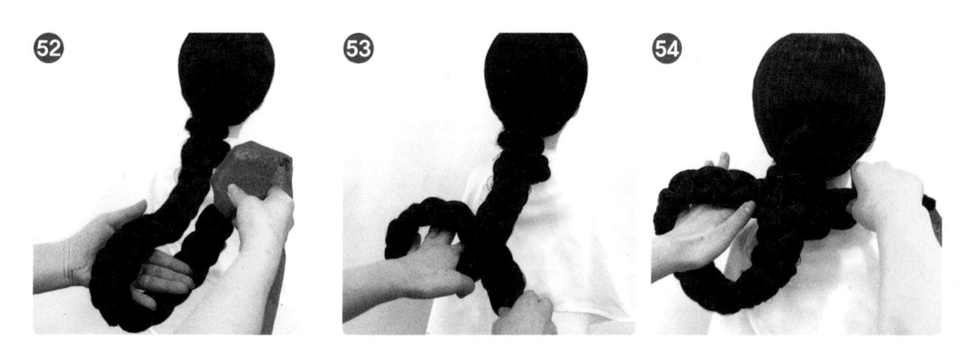

52 ~ 54 가체 끝부분을 돌려서 토대 아래로 위치한다.

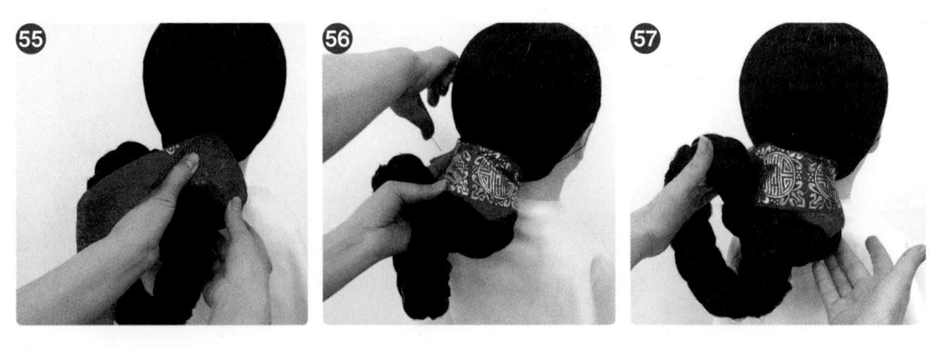

⑮ ~ ⑯ 댕기를 토대에 돌려 감고 시침핀으로 고정한다.
⑰ 왼쪽에 있는 가체를 돌려서 오른쪽으로 가져와 쪽의 형태를 만든다.

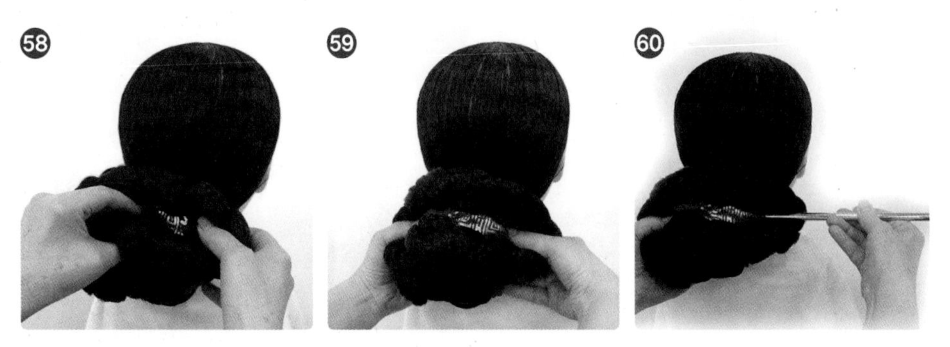

⑱ ~ ⑲ 양손가락으로 균형감 있게 쪽 모양을 만든다.
⑳ 비녀를 수평이 되게 꽂는다.

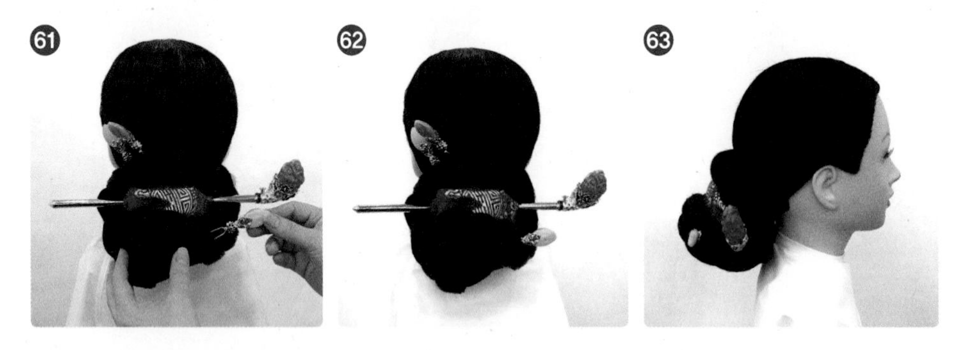

㉑ 뒤꽂이를 수식하여 쪽머리를 완성한다.

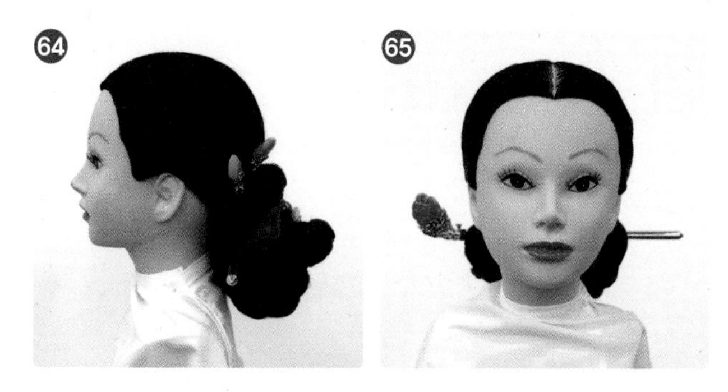

⓬ ~ ⓯ 쪽머리를 완성한 모습

쪽머리 실행하기 완성된 작품

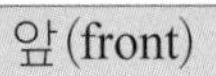

앞(front)

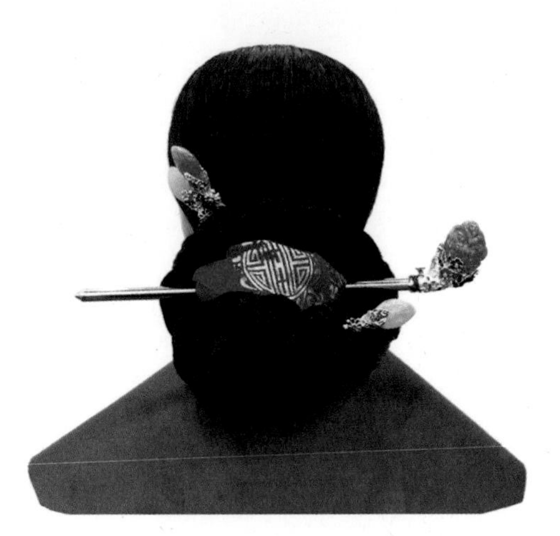

뒤(back)

우측(right side)

좌측(left side)

실습과정 사진		
사진		설명

완성 사진	
앞(front)	뒤(back)
우측(right side)	좌측(left side)

단원 평가(Review)

쪽머리 재현에 대한 장점과 단점, 그리고 느낀 점을 쓰시오!

1. 장점

2. 단점

3. 느낀 점

화관

학습 내용 단원명	학습 목표
화관	• 서민들도 혼례에 착용하여 일반화된 화관을 현대적 고전머리 스타일로 재현할 수 있다. • 조선 시대 헤어스타일인 쪽머리를 완성하고 화관을 착장할 수 있다.

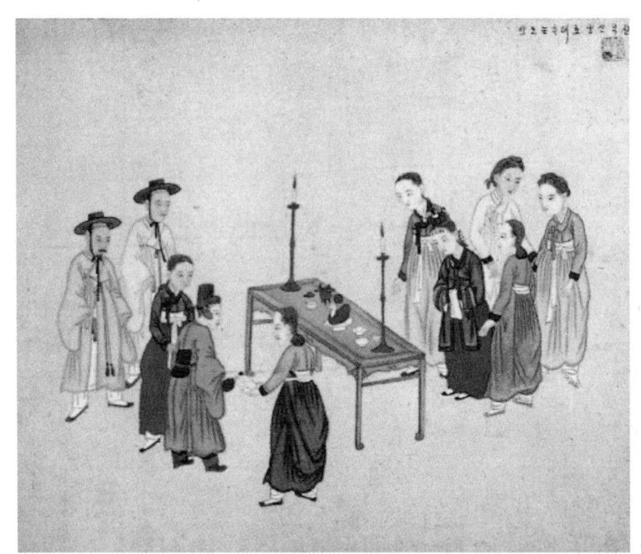

초례하는 모습_김준근 풍속화[283)]

화관_서울대학교 박물관[284)]

[화관 재료]

① 고전머리 가발

② 땋은 가체

③ 고무줄

④ 꼬리빗

⑤ 망

⑥ 참빗

⑦ 뒤꽂이

⑧ 비녀

⑨ 댕기

⑩ 화관

화관 재현하기

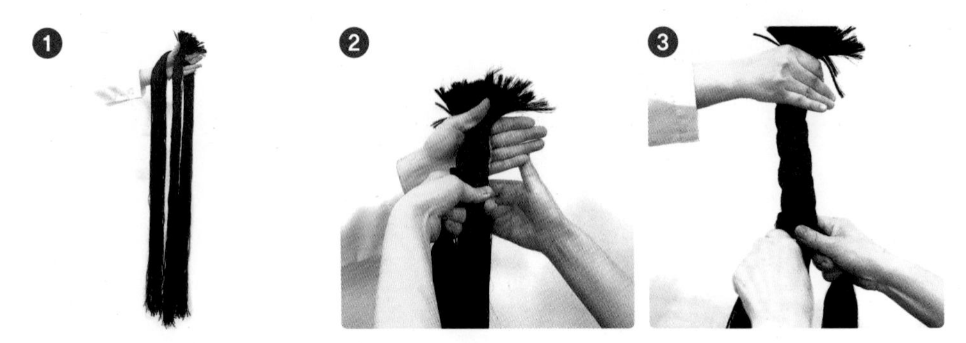

❶ ~ ❷ 윤기를 낸 가체용 원사를 한쪽에 고무줄로 묶고 세 가닥으로 나눈다.

쪽머리 가체용 원사 : 2꼭지 볼륨/ 길이 약 95~100cm

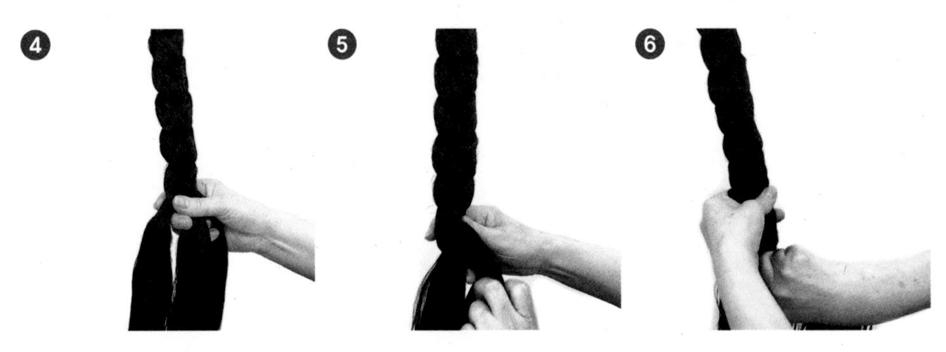

❸ ~ ❻ 오른쪽 왼쪽을 가운데로 번갈아 가며 땋는다.

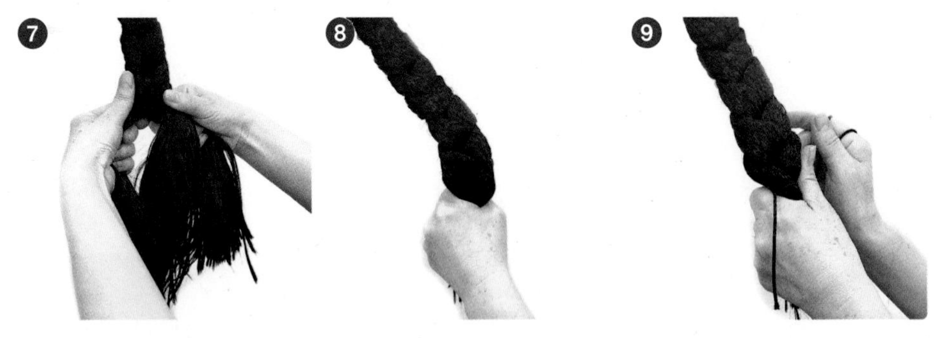

❼ ~ ❽ 원사 끝까지 땋는다.

❾ 끝부분이 풀어지지 않도록 고무줄로 묶는다.

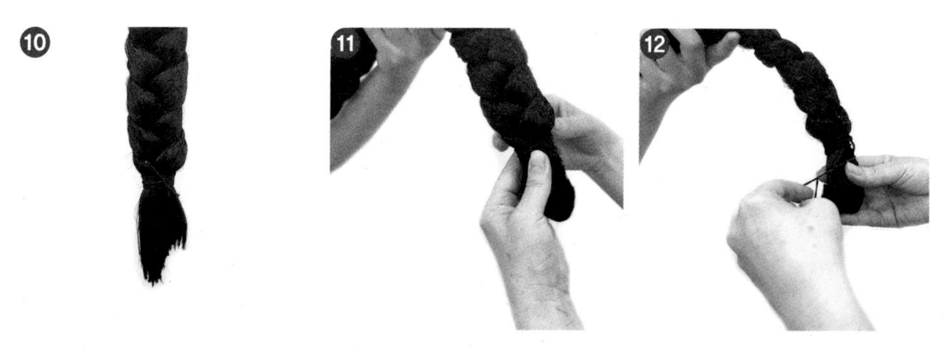

⑩ 고무줄로 묶은 모습

⑪ ~ ⑫ 망으로 씌우고 다시 한 번 고무줄로 묶는다.

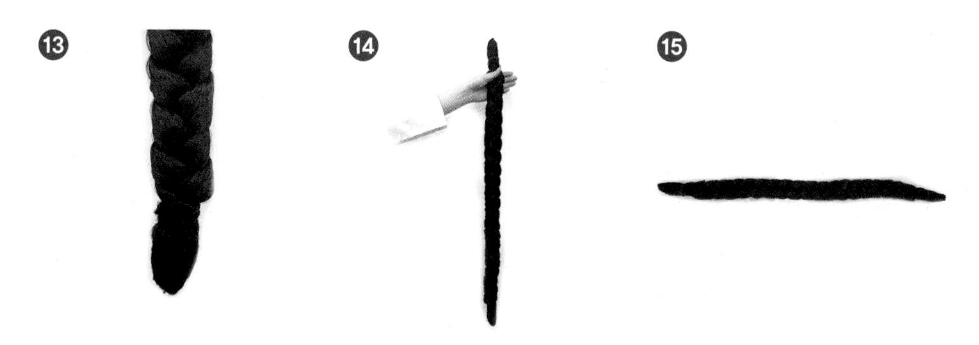

⑬ 가체 한쪽 끝부분이 완성된 모습

⑭ 반대쪽도 동일하게 진행한다.

⑮ 화관 가체가 완성된 모습

⑯ 모발을 가지런히 빗는다.

⑰ ~ ⑲ 정중선의 가르마를 타고 왼쪽 모발을 C자 형태로 빗질한다.

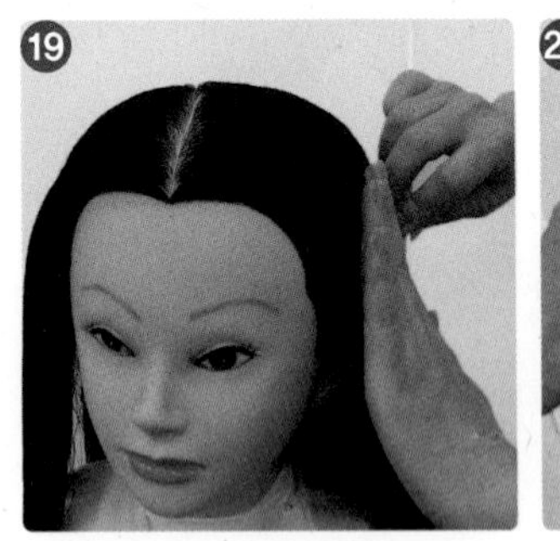

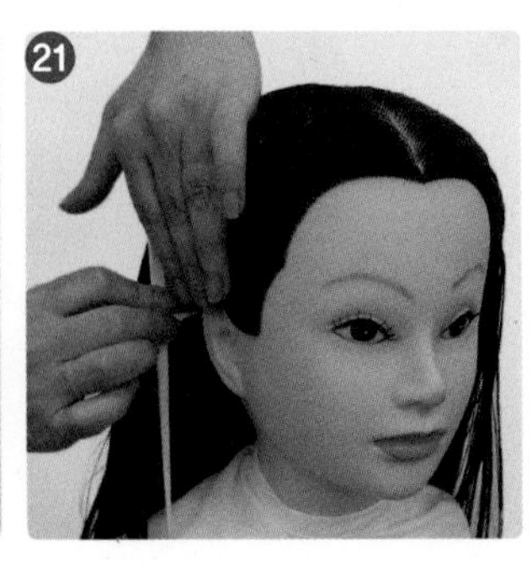

⑳ ~ ㉑ 오른쪽도 동일하게 C자 형태로 빗질하여 뒤로 넘긴다.

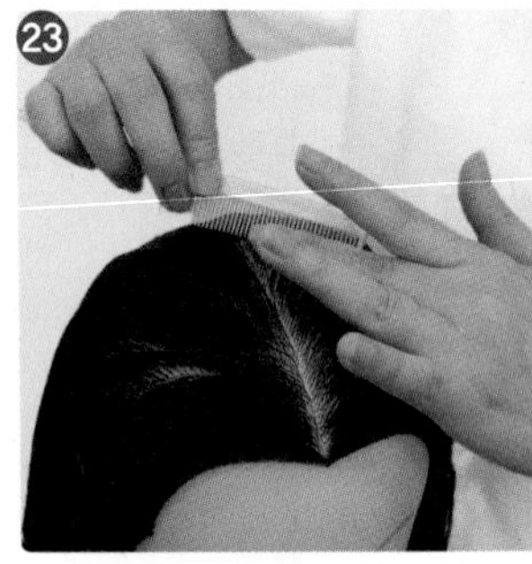

㉒ ~ ㉔ 정중선 가르마 7cm의 위치에서 방사선 빗질을 한다.

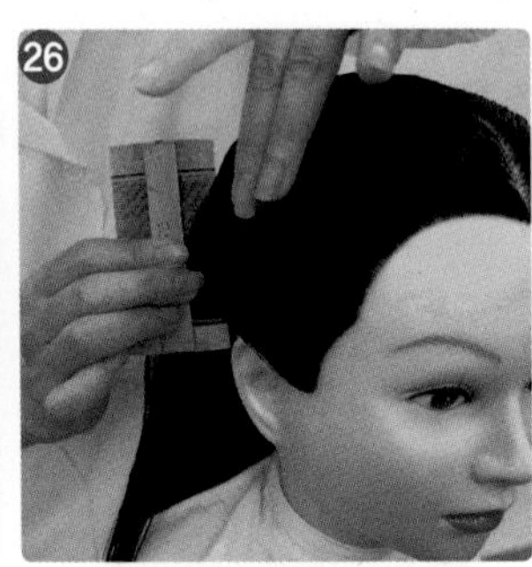

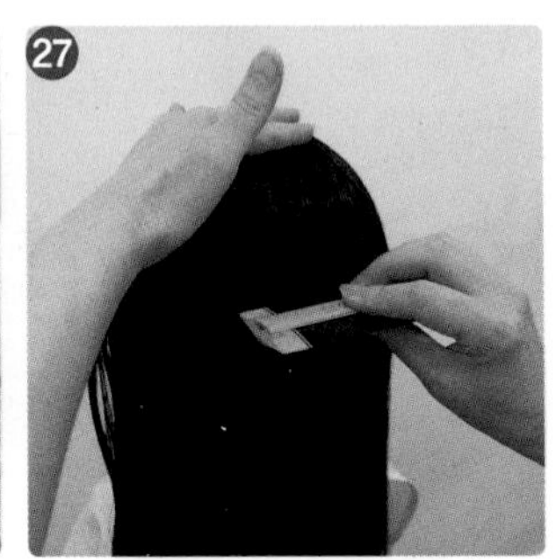

㉕ ~ ㉗ 참빗으로 다시 한 번 꼼꼼하게 빗질을 진행한다.

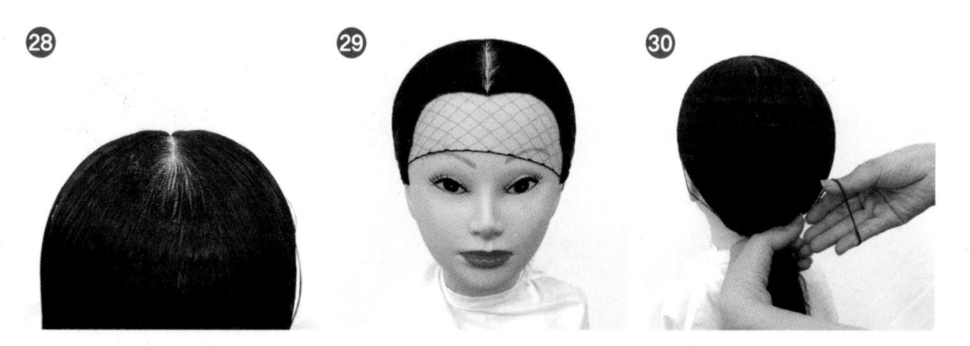

㉘ 빗질이 완성된 모습

㉙ ~ ㉚ 망을 씌우고 네이프에서 손가락 두 개 정도 사이에 공간을 두고 고무줄로 묶는다.

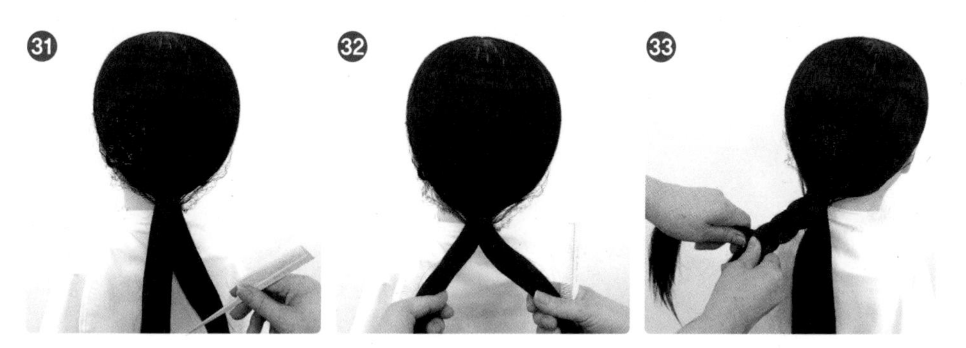

㉛ ~ ㉜ 아래 망은 위쪽에 살짝 올려놓고 묶은 모발을 두 갈래로 나눈다.

㉝ ~ ㉞ 왼쪽 모발을 세 가닥 땋기를 진행한다.

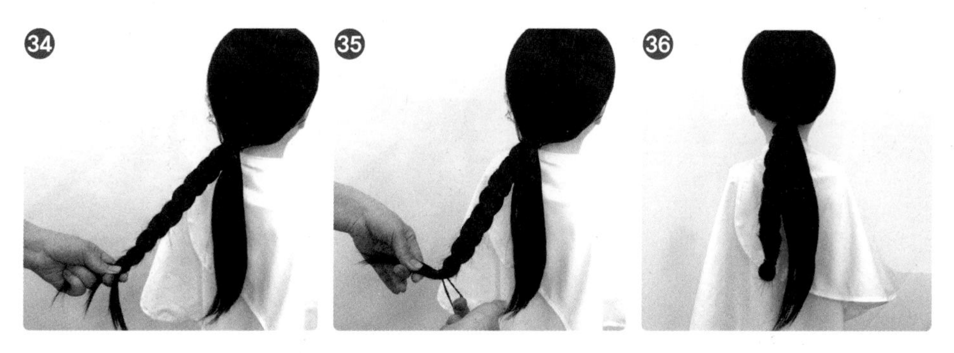

㉟ ~ ㊱ 땋은 후 모발 끝을 반으로 접어 고무줄로 묶는다.

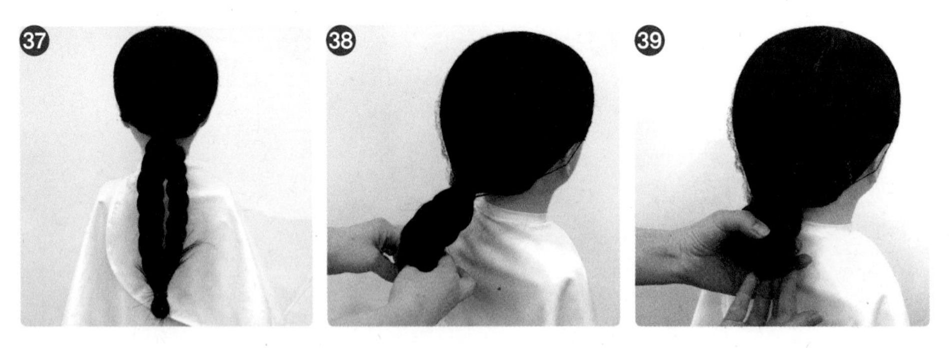

㊲ 양쪽 모발을 세 갈래 땋기로 진행한 모습
㊳ ~ ㊴ 양쪽에 땋은 두 모발을 같이 잡고 둥글게 세 번 정도 접는다.

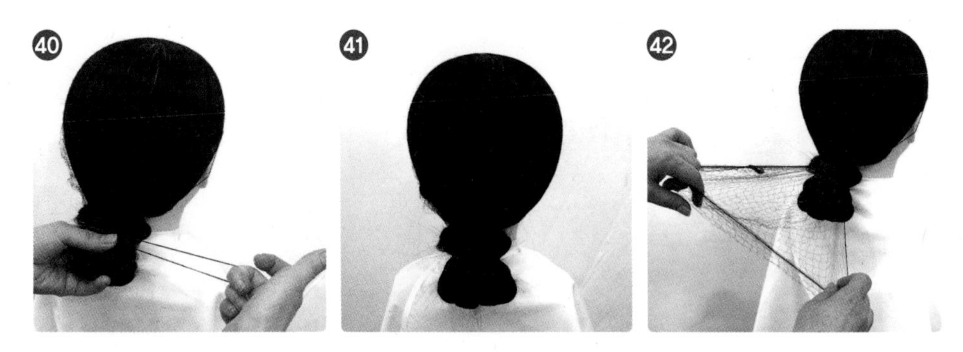

㊵ ~ ㊶ 접은 다발을 고무줄로 단단하게 묶는다.
㊷ ~ ㊸ 위쪽에 잠시 두었던 망을 묶은 다발 안으로 안보이게 만다.

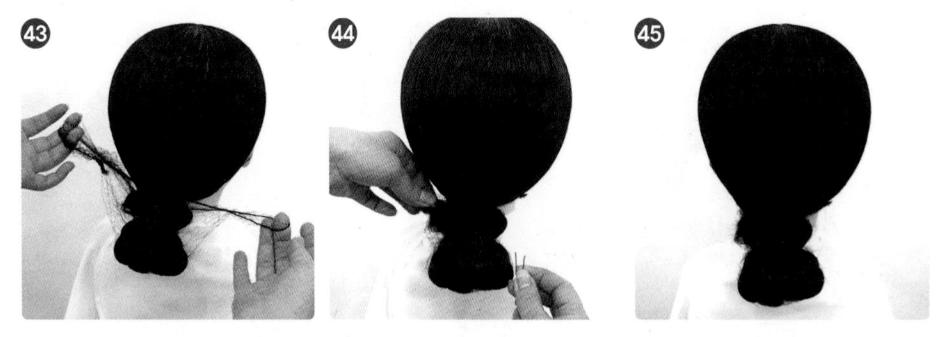

㊹ ~ ㊺ 망을 실핀으로 고정한다.

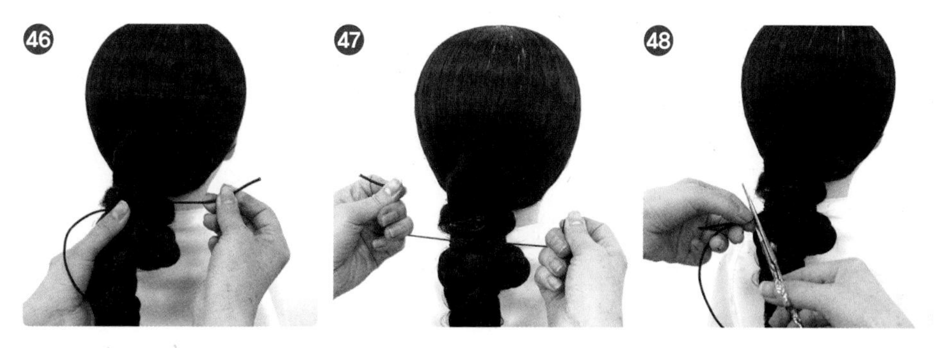

㊻ ~ ㊼ 만들어 놓은 쪽가체를 토대에 덧대어서 고무줄로 묶는다.
㊽ 긴 고무줄은 가위로 자른다.

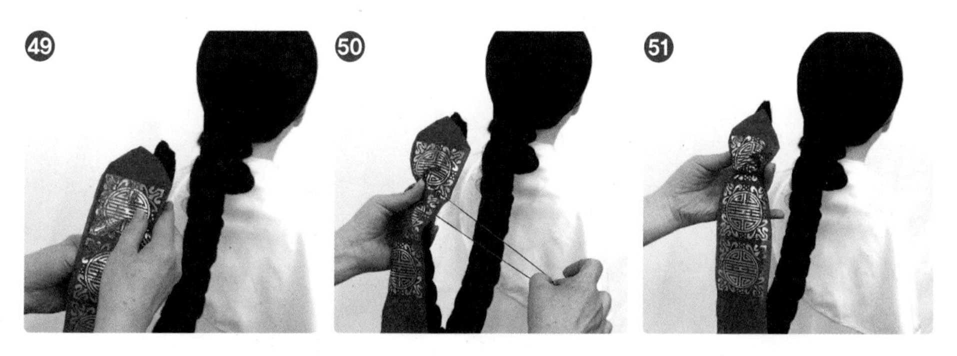

㊾ ~ ㊿ 댕기를 쪽가체 끝부분에 대고 고무줄로 묶는다.

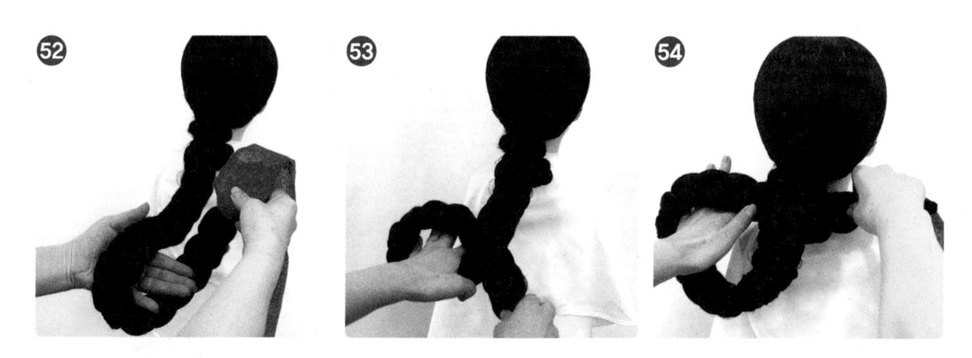

52 ~ 54 가체 끝부분을 돌려서 토대 아래로 위치한다.

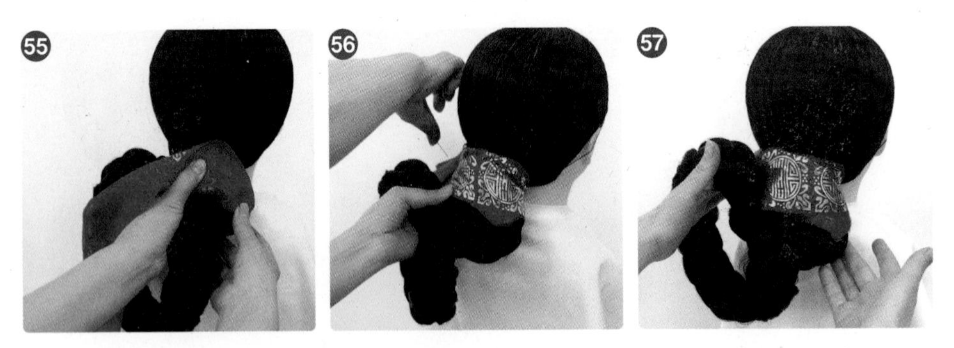

55 ~ 56 댕기를 토대에 돌려 감고 시침핀으로 고정한다.
57 왼쪽에 있는 가체를 돌려서 오른쪽으로 가져와 쪽의 형태를 만든다.

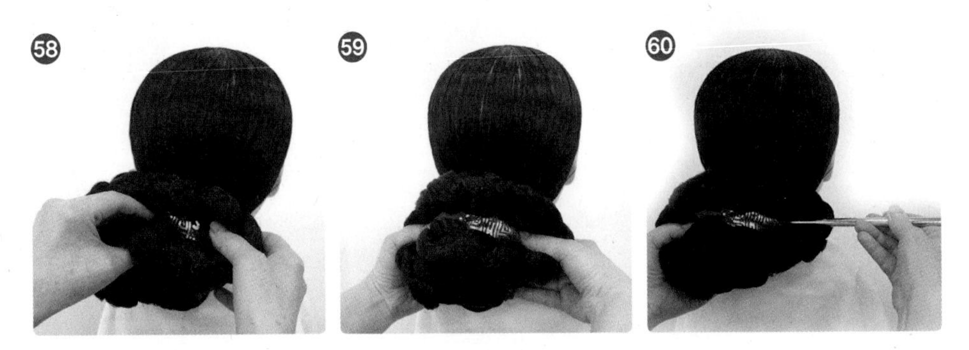

58 ~ 59 양손가락으로 균형감 있게 쪽 모양을 만든다.
60 비녀를 수평이 되게 꽂는다.

61 이마 2cm 정도에 화관을 위치한다.
62 화관 끈을 귀 뒤쪽으로 넘긴다.
63 끈을 안보이게 안으로 묶는다.

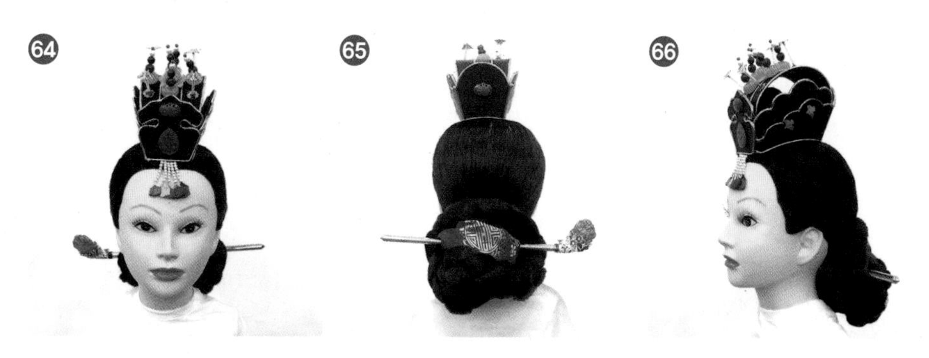

64 ~ 66 완성된 화관의 모습

화관 실행하기 완성된 작품

앞(front)

뒤(back)

우측(right side)

좌측(left side)

실습과정 사진		
사진		설명

완성 사진	
앞(front)	뒤(back)
우측(right side)	좌측(left side)

단원 평가(Review)

화관 재현에 대한 장점과 단점, 그리고 느낀 점을 쓰시오!

1. 장점

2. 단점

3. 느낀 점

Chapter 3 현대적 고전머리 스타일 실행하기(응용편)

족두리

학습 내용 단원명	수업 목표
족두리	• 쪽머리에 갖추어 쓰는 예관인 족두리를 현대적 고전머리 스타일로 재현할 수 있다. • 조선 시대 헤어스타일인 쪽머리를 완성하고 족두리를 착장할 수 있다.

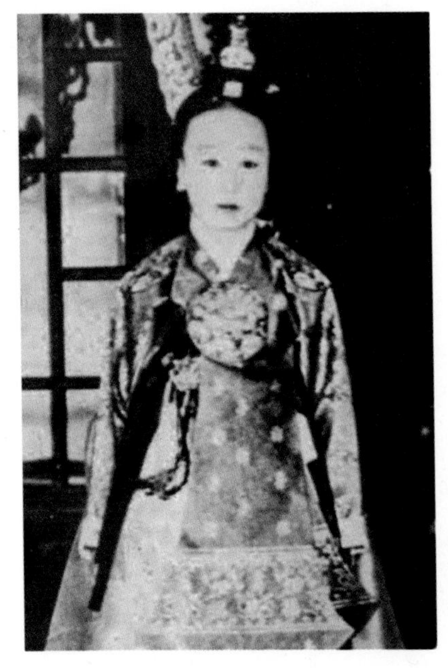

덕혜옹주_족두리[285)]

족두리[286)]

[족두리 재료]

① 고전머리 가발

② 땋은 가체

③ 고무줄

④ 꼬리빗

⑤ 망

⑥ 참빗

⑦ 뒤꽂이

⑧ 비녀

⑨ 댕기

⑩ 족두리

족두리 재현하기

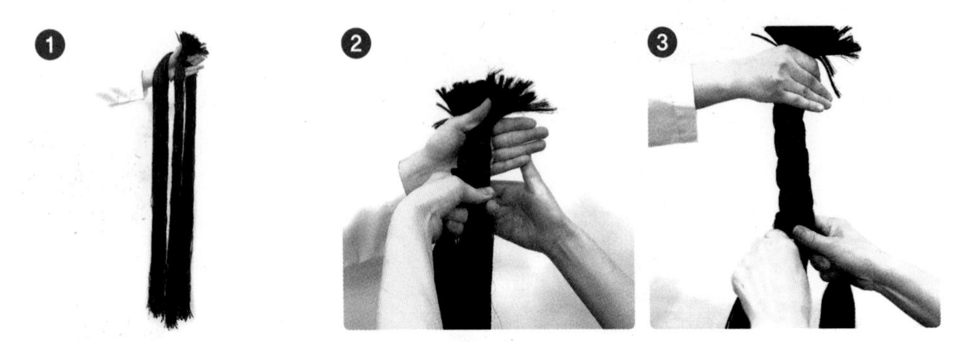

❶ ~ ❷ 윤기를 낸 가체용 원사를 한쪽에 고무줄로 묶고 세 가닥으로 나눈다.

쪽머리 가체용 원사 : 2꼭지 볼륨/ 길이 약 95~100cm

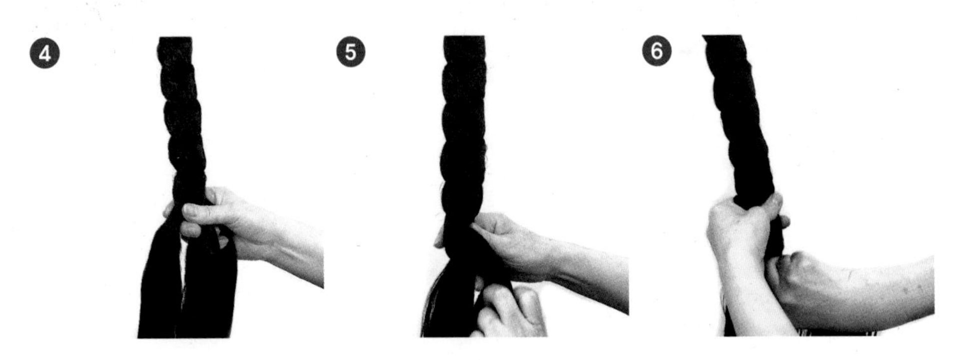

❸ ~ ❻ 오른쪽 왼쪽을 가운데로 번갈아가며 땋는다.

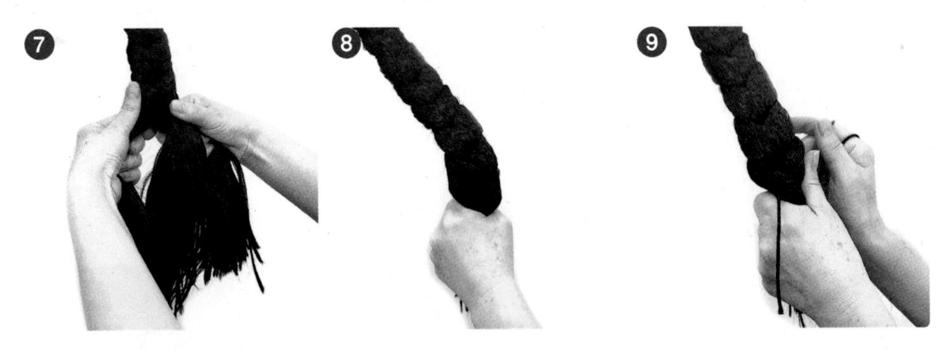

❼ ~ ❽ 원사 끝까지 땋는다.

❾ 끝부분이 풀어지지 않도록 고무줄로 묶는다.

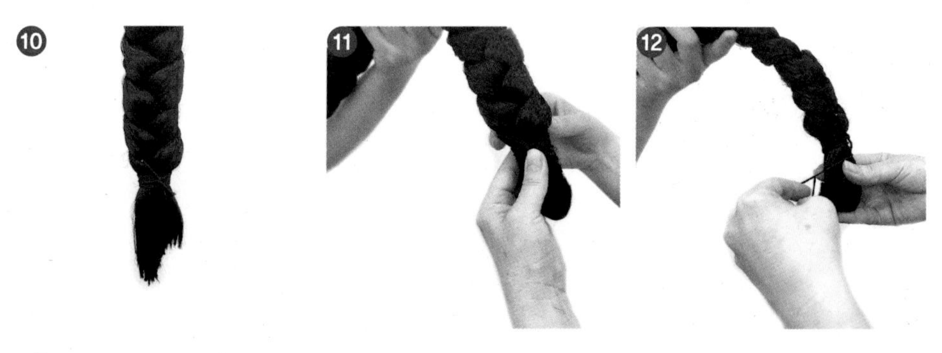

⑩ 고무줄로 묶은 모습
⑪ ~ ⑫ 망으로 씌우고 다시 한 번 고무줄로 묶는다.

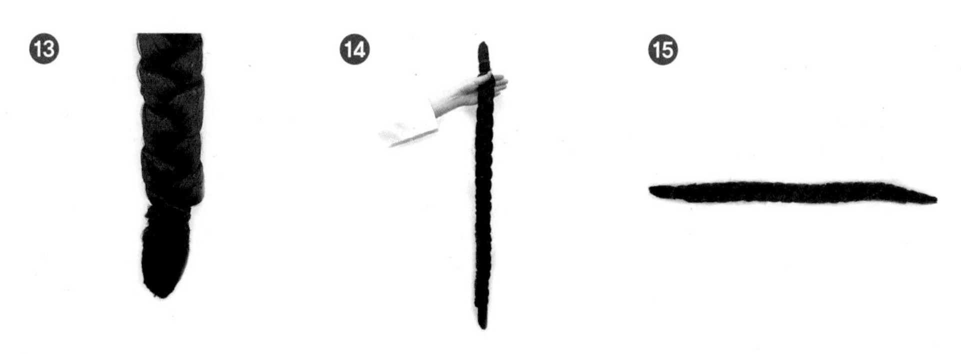

⑬ 가체 한쪽 끝부분이 완성된 모습
⑭ 반대쪽도 동일하게 진행한다.
⑮ 족두리 가체가 완성된 모습

⑯ 모발을 가지런히 빗는다.
⑰ ~ ⑲ 정중선의 가르마를 타고 왼쪽 모발을 C자 형태로 빗질한다.

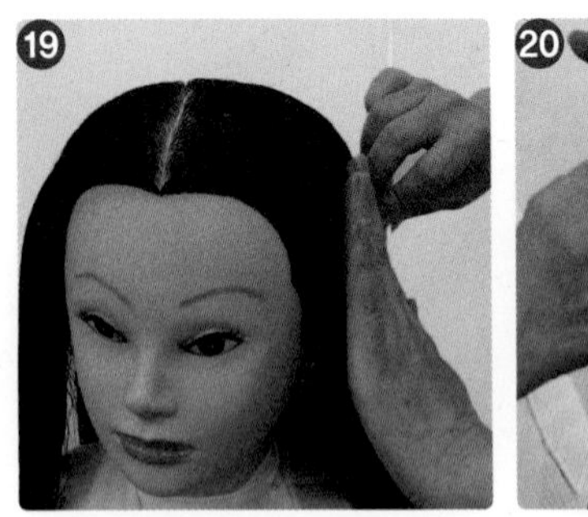
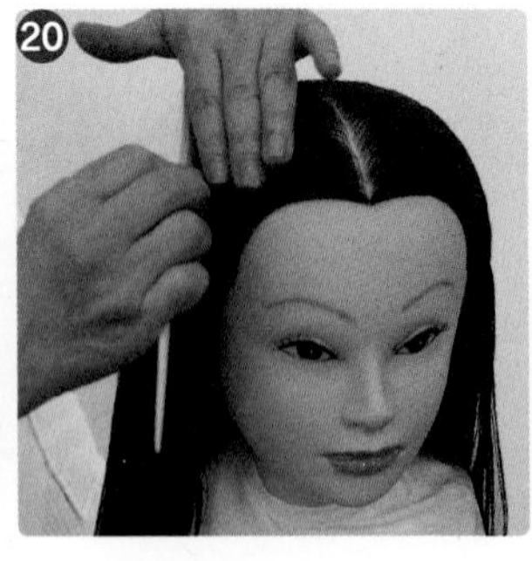
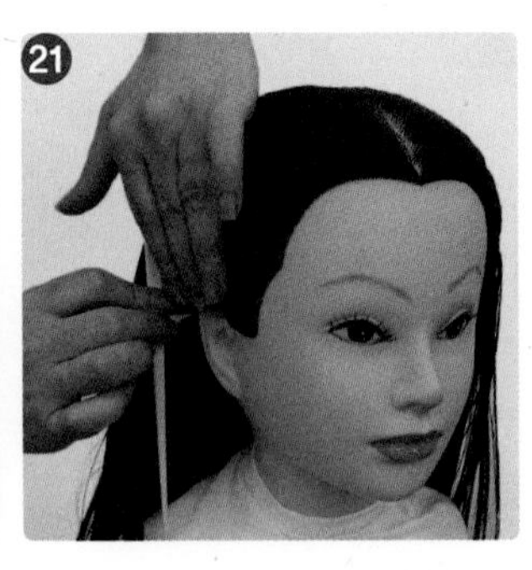

⑳ ~ ㉑ 오른쪽도 동일하게 C자 형태로 빗질하여 뒤로 넘긴다.

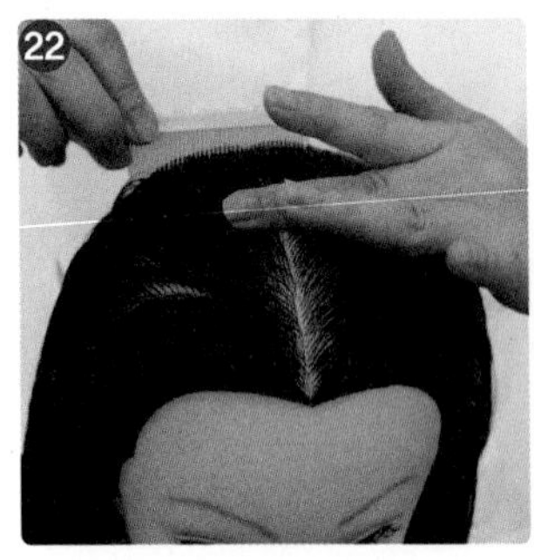
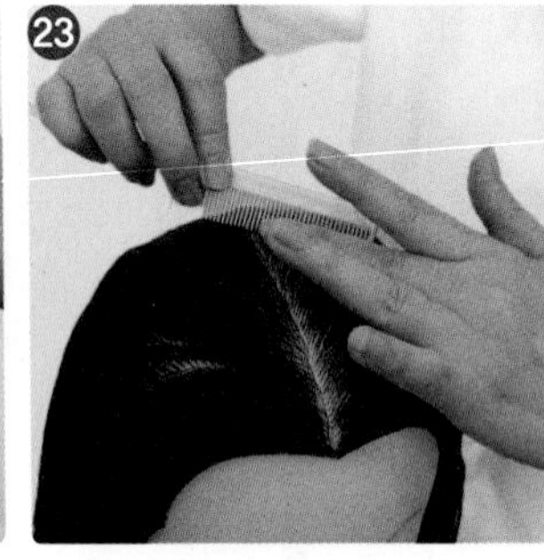

㉒ ~ ㉔ 정중선 가르마 7cm의 위치에서 방사선 빗질을 한다.

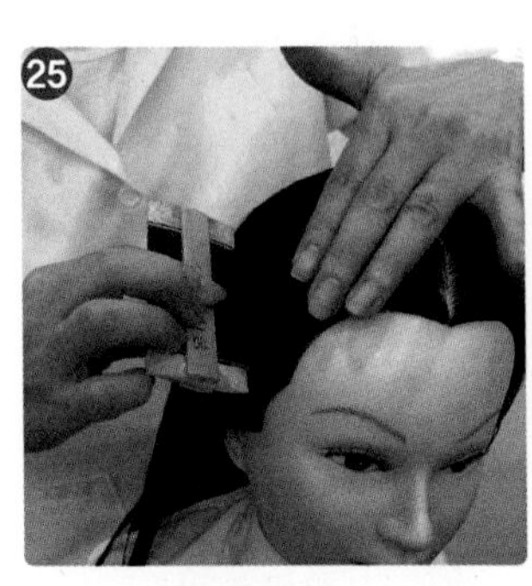

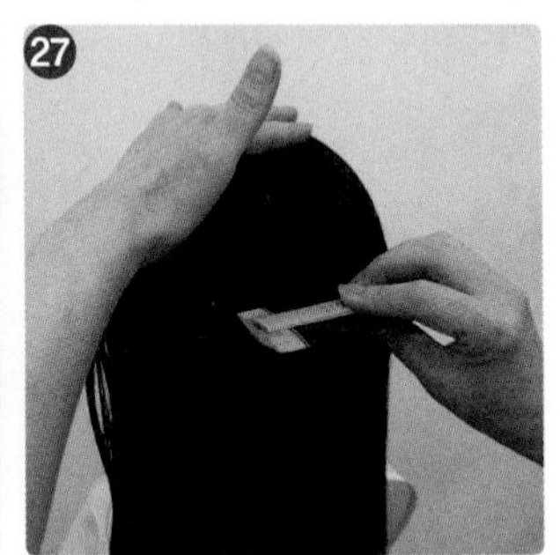

㉕ ~ ㉗ 참빗으로 다시 한 번 꼼꼼하게 빗질을 진행한다.

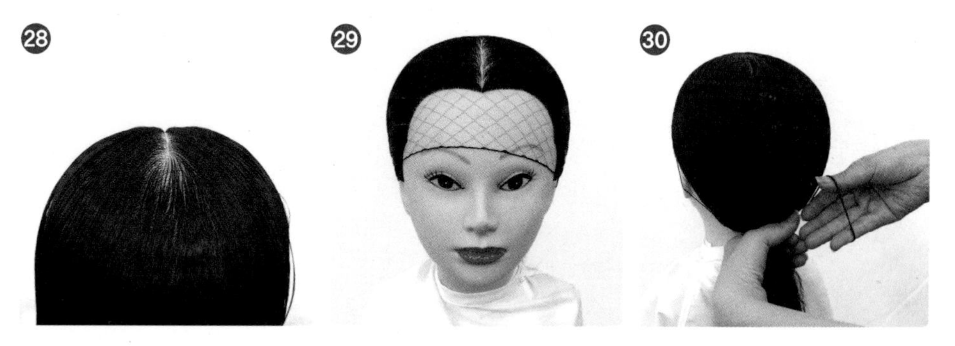

㉘ 빗질이 완성된 모습
㉙ ~ ㉚ 망을 씌우고 네이프에서 손가락 두 개 정도 사이에 공간을 두고 고무줄로 묶는다.

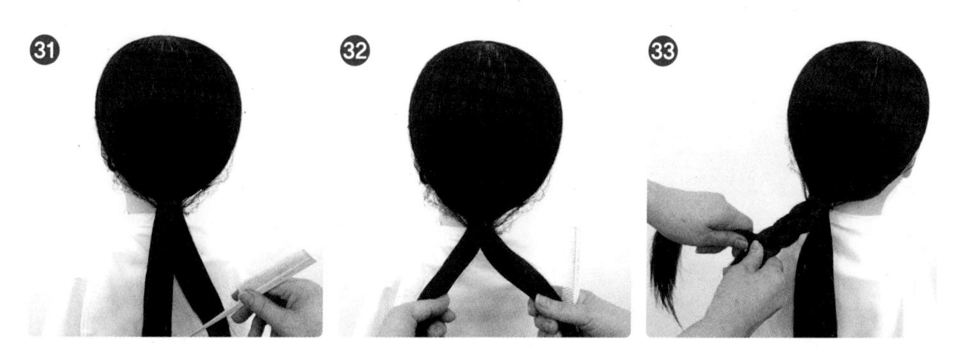

㉛ ~ ㉜ 아래 망은 위쪽에 살짝 올려놓고 묶은 모발을 두 갈래로 나눈다.
㉝ ~ ㉞ 왼쪽 모발을 세 가닥 땋기를 진행한다.

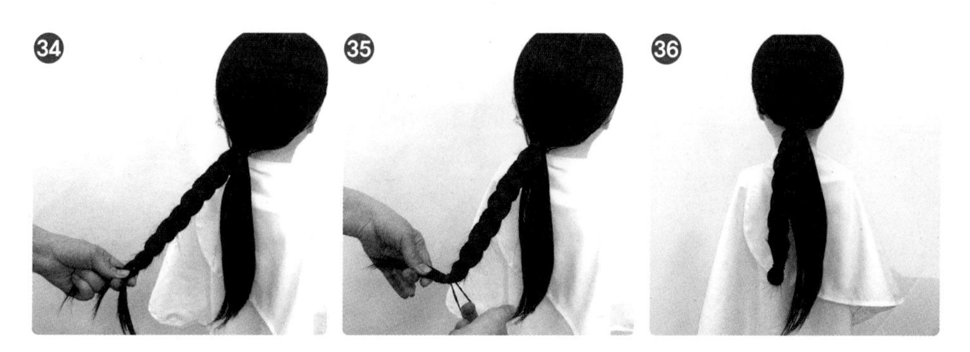

㉟ ~ ㊱ 땋은 후 모발 끝을 반으로 접어 고무줄로 묶는다.

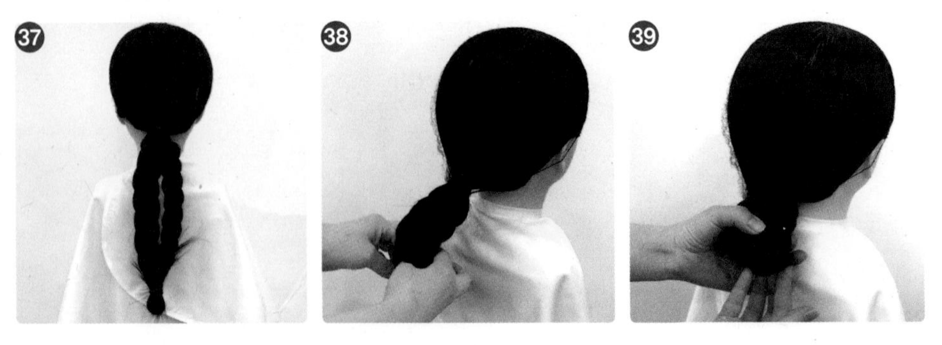

㊲ 양쪽 모발을 세 갈래 땋기로 진행한 모습
㊳ ~ ㊴ 양쪽에 땋은 두 모발을 같이 잡고 둥글게 세 번 정도 접는다.

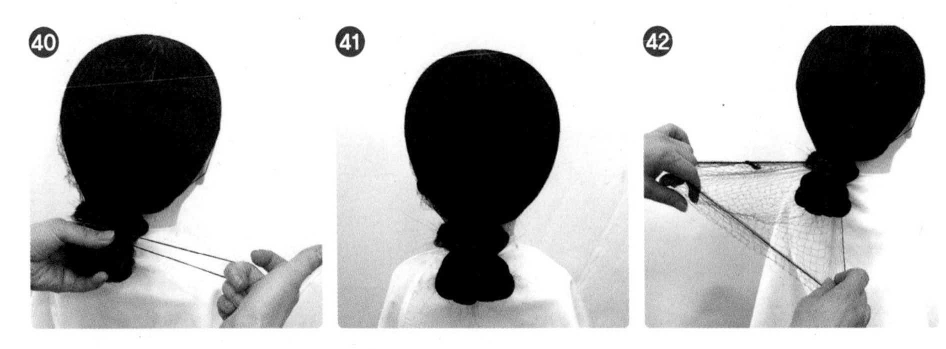

㊵ ~ ㊶ 접은 다발을 고무줄로 단단하게 묶는다.
㊷ ~ ㊸ 위쪽에 잠시 두었던 망을 묶은 다발 안으로 안보이게 만다.

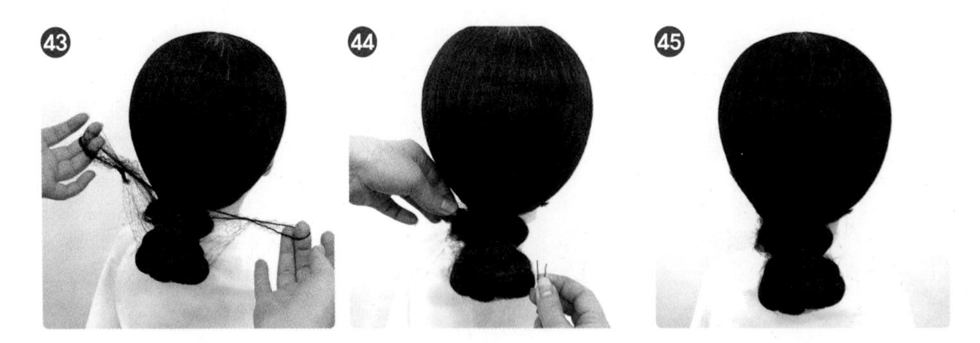

㊹ ~ ㊺ 망을 실핀으로 고정한다.

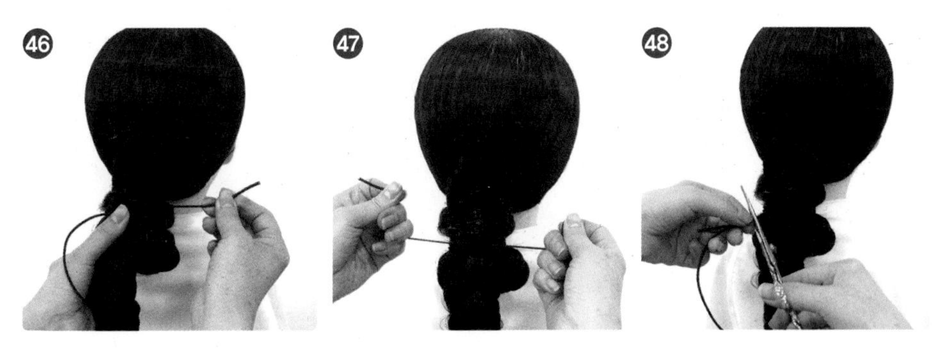

46 ~ 47 만들어 놓은 쪽가체를 토대에 덧대어서 고무줄로 묶는다.
48 긴 고무줄은 가위로 자른다.

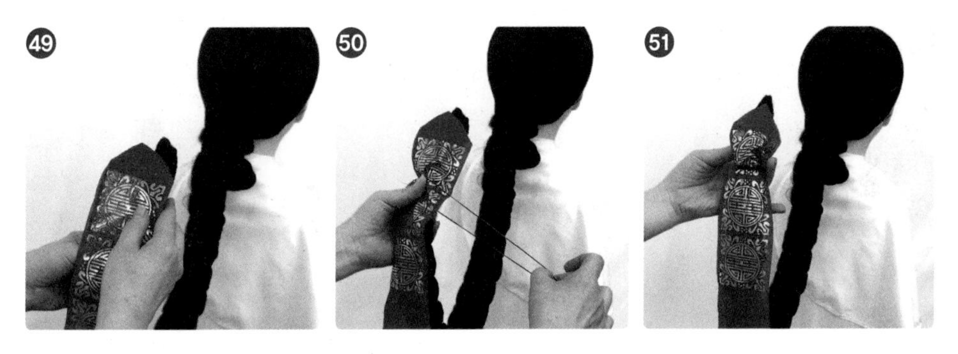

49 ~ 51 댕기를 쪽가체 끝부분에 대고 고무줄로 묶는다.

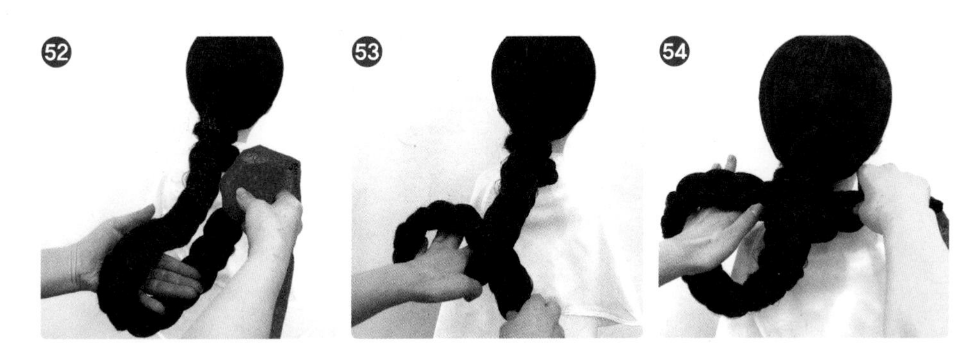

52 ~ 54 가체 끝부분을 돌려서 토대 아래로 위치한다.

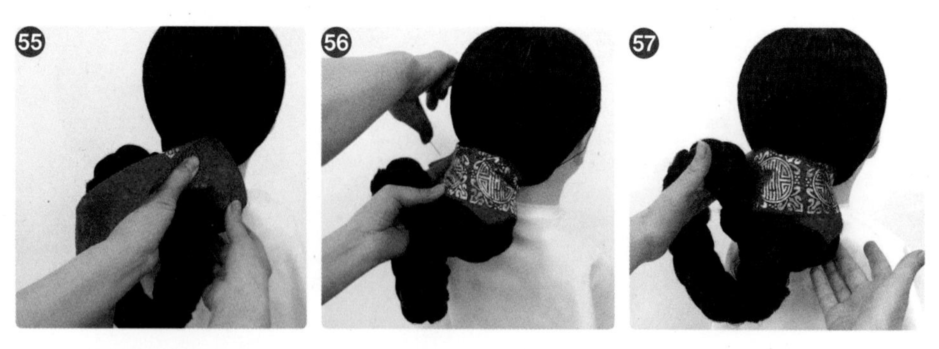

55 ~ 56 댕기를 토대에 돌려 감고 시침핀으로 고정한다.
57 왼쪽에 있는 가체를 돌려서 오른쪽으로 가져와 쪽의 형태를 만든다.

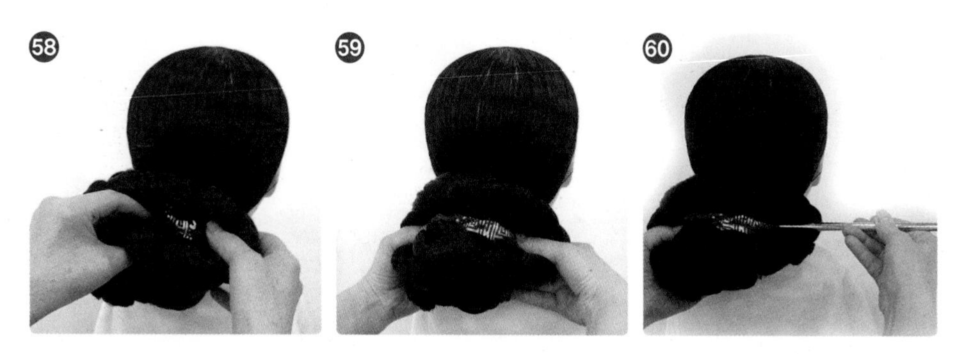

58 ~ 59 양손가락으로 균형감 있게 쪽 모양을 만든다.
60 비녀를 수평이 되게 꽂는다.

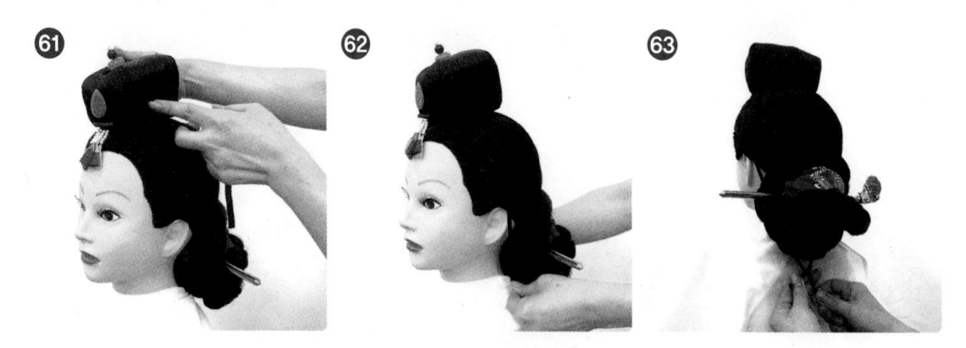

61 앞머리 2cm 정도 남겨두고 족두리 위치를 잡는다.
62 족두리 끈을 귀 뒤쪽으로 넘겨 쪽 안으로 넣는다.
63 끈을 묶는다.

64 ~ 66 완성된 족두리의 모습

족두리 실행하기 완성된 작품

앞(front)

뒤(back)

우측(right side)

좌측(left side)

실습과정 사진		
사진		설명

완성 사진	
앞(front)	뒤(back)
우측(right side)	좌측(left side)

단원 평가(Review)

족두리 재현에 대한 장점과 단점, 그리고 느낀 점을 쓰시오!

1. 장점

2. 단점

3. 느낀 점

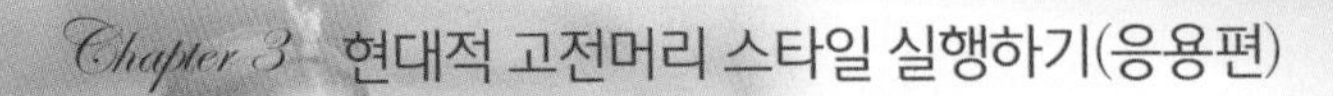

첩지머리

학습 내용 단원명	학습 목표
첩지머리	• 조선 시대 헤어스타일인 첩지머리를 현대적 고전머리 스타일로 재현할 수 있다. • 가운데 가르마를 타고 하나로 묶은 다음 묶은 다발을 두 갈래로 나누어 땋아 댕기로 모양을 만들고 첩지를 둘러 재현할 수 있다.

구한말 순종 장[287)]

[첩지머리 재료]

① 고전머리 가발

② 참빗

③ 꼬리빗

④ 고무줄

⑤ 봉첩지

⑥ 땋은 가체

⑦ 뒤꽂이

⑧ 봉잠

⑨ 댕기

첩지머리 재현하기

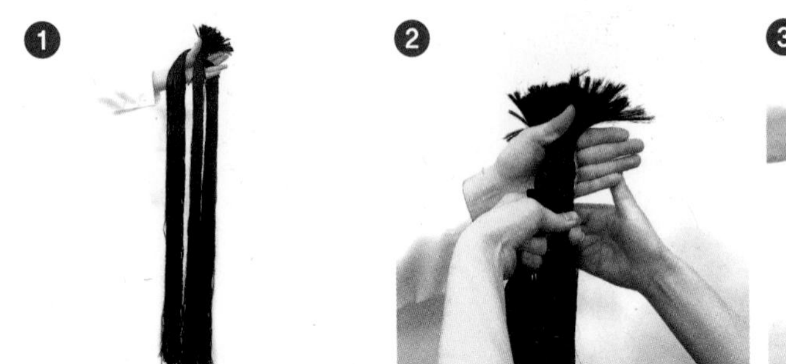

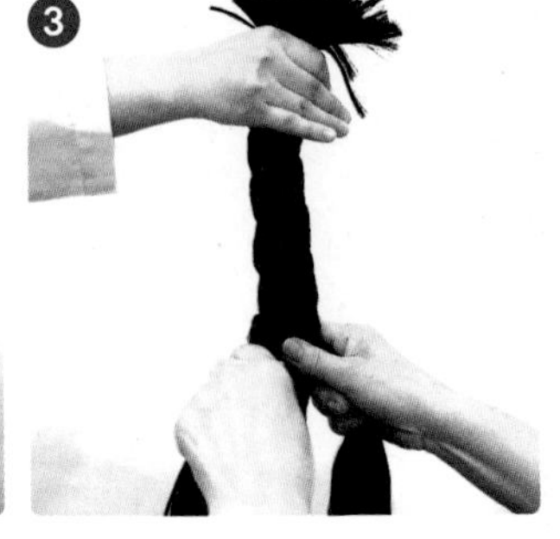

❶ ~ ❷ 윤기를 낸 가체용 원사를 한쪽에 고무줄로 묶고 세 가닥으로 나눈다.

쪽머리 가체용 원사 : 2꼭지 볼륨/ 길이 약 95~100cm

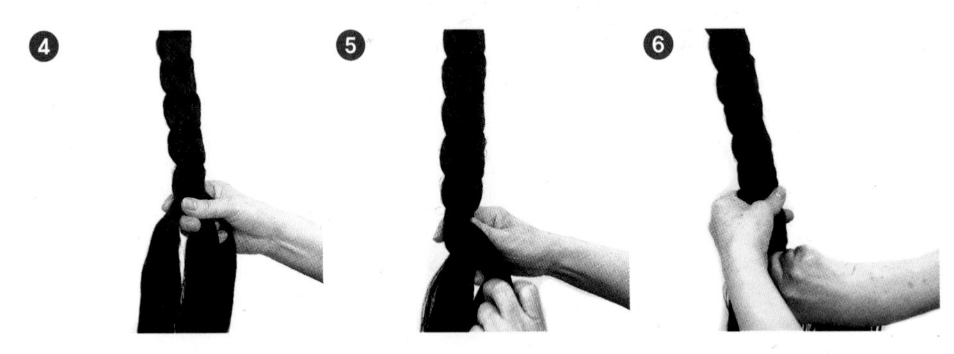

❸ ~ ❻ 오른쪽 왼쪽을 가운데로 번갈아 가며 땋는다.

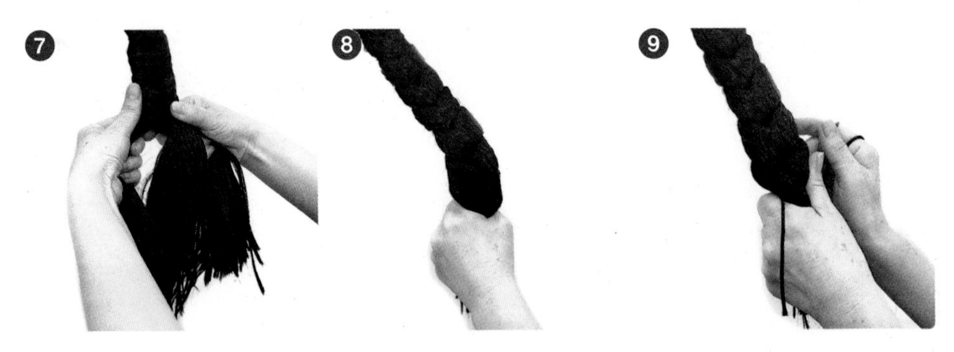

❼ ~ ❽ 원사 끝까지 땋는다.

❾ 끝부분이 풀어지지 않도록 고무줄로 묶는다.

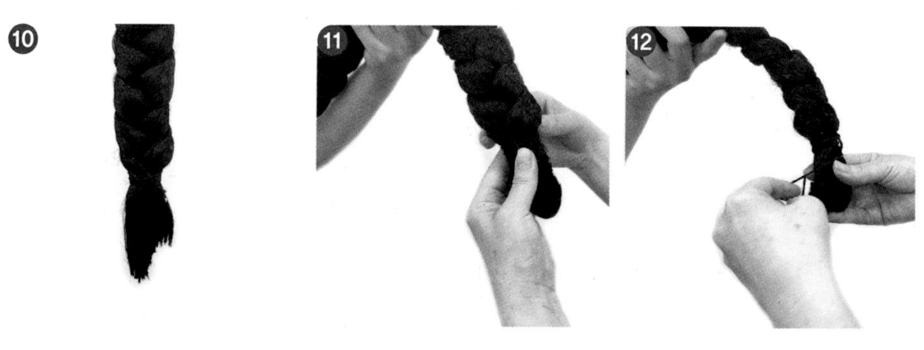

⑩ 고무줄로 묶은 모습
⑪ ~ ⑫ 망으로 씌우고 다시 한 번 고무줄로 묶는다.

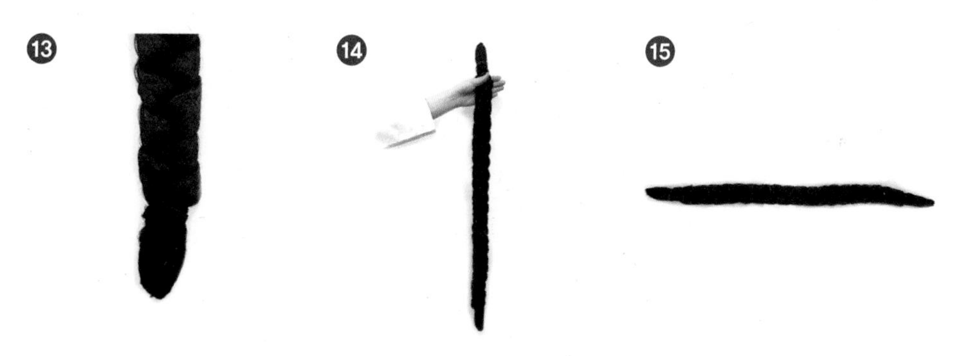

⑬ 가체 한쪽 끝부분이 완성된 모습
⑭ 반대쪽도 동일하게 진행한다.
⑮ 첩지머리 가체가 완성된 모습

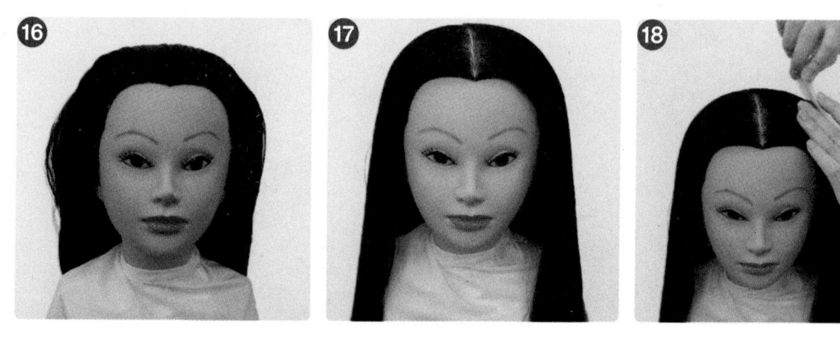

⑯ 모발을 가지런히 빗는다.
⑰ ~ ⑲ 정중선의 가르마를 타고 왼쪽 모발을 C자 형태로 빗질한다.

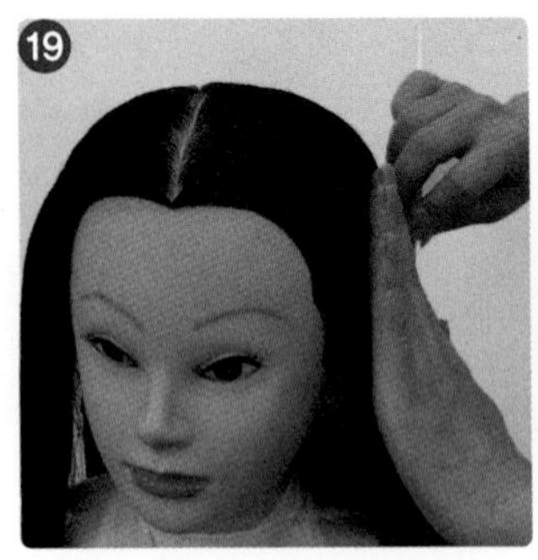

⑳ ~ ㉑ 오른쪽도 동일하게 C자 형태로 빗질하여 뒤로 넘긴다.

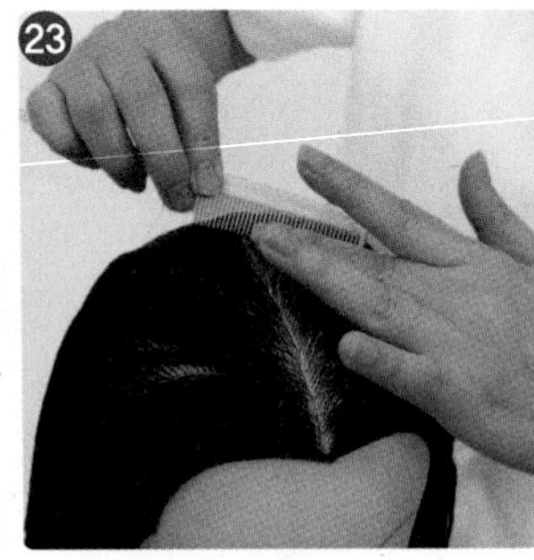

㉒ ~ ㉔ 정중선 가르마 7cm의 위치에서 방사선 빗질을 한다.

㉕ ~ ㉗ 참빗으로 다시 한 번 꼼꼼하게 빗질을 진행한다.

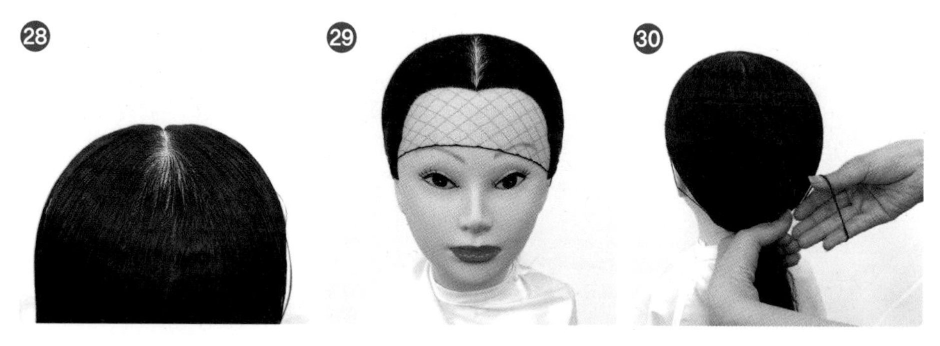

㉘ 빗질이 완성된 모습

㉙ ~ ㉚ 망을 씌우고 네이프에서 손가락 두 개 정도 사이에 공간을 두고 고무줄로 묶는다.

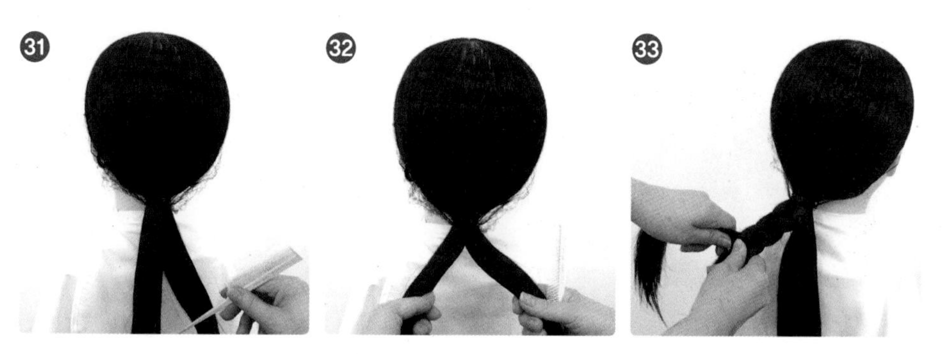

㉛ ~ ㉜ 아래 망은 위쪽에 살짝 올려놓고 묶은 모발을 두 갈래로 나눈다.

㉝ ~ ㉞ 왼쪽 모발을 세 가닥 땋기를 진행한다.

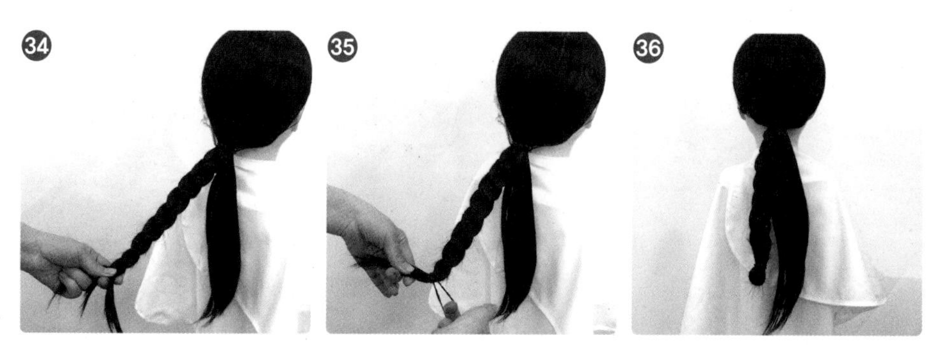

㉟ ~ ㊱ 땋은 후 모발 끝을 반으로 접어 고무줄로 묶는다.

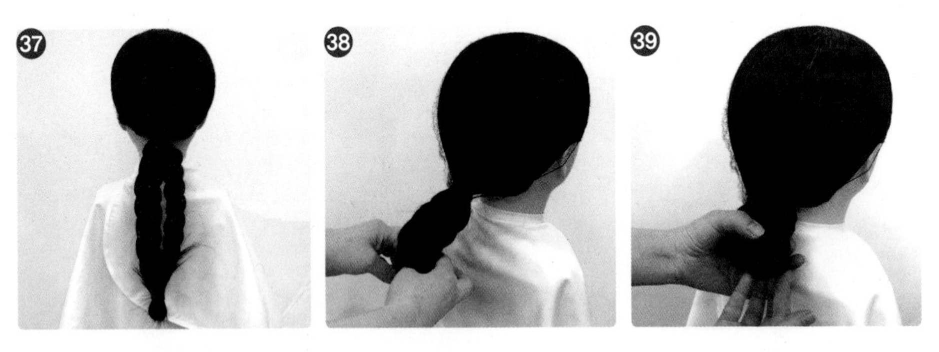

㊲ 양쪽 모발을 세 갈래 땋기로 진행한 모습
㊳ ~ ㊴ 양쪽에 땋은 두 모발을 같이 잡고 둥글게 세 번 정도 접는다.

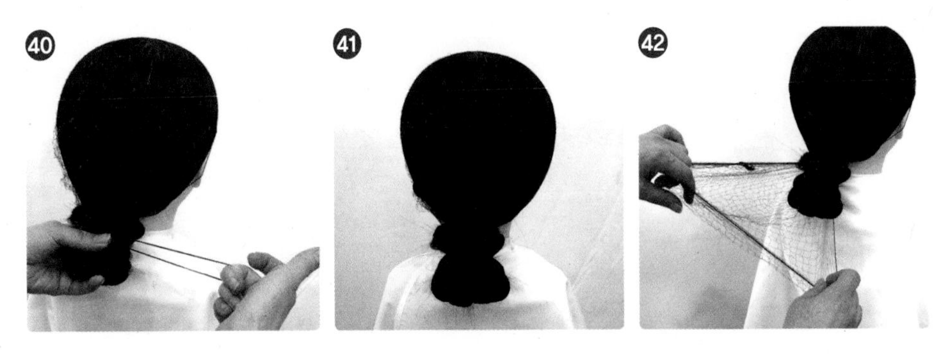

㊵ ~ ㊶ 접은 다발을 고무줄로 단단하게 묶는다.
㊷ ~ ㊸ 위쪽에 잠시 두었던 망을 묶은 다발 안으로 안 보이게 만다.

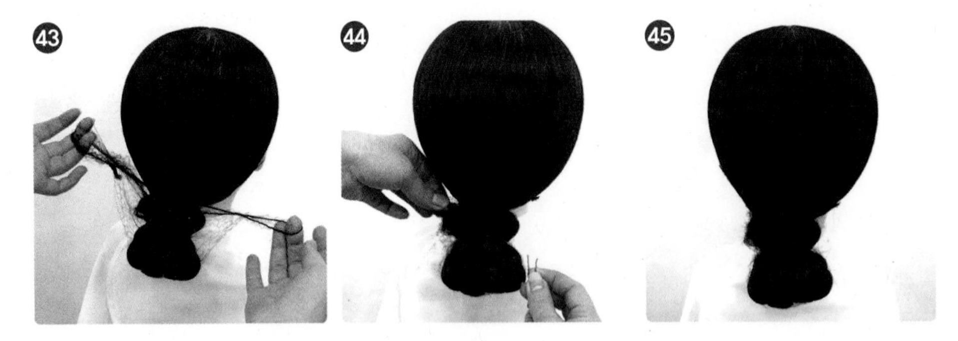

㊹ ~ ㊺ 망을 실핀으로 고정한다.

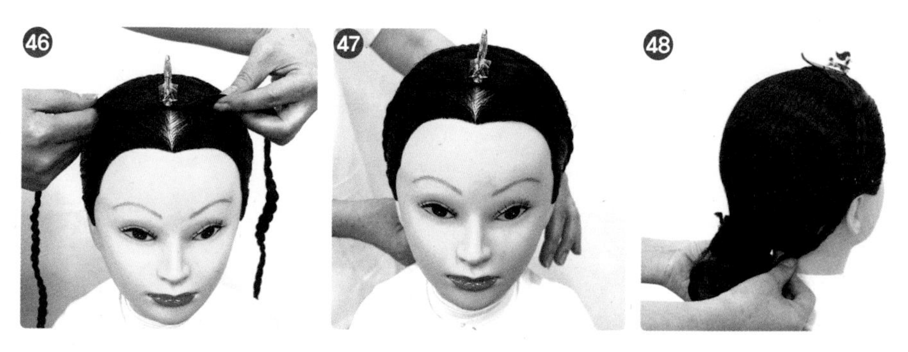

46 ~ 48 첩지를 가르마 2cm 정도 위에 놓고 귀 뒤쪽으로 넘긴다.

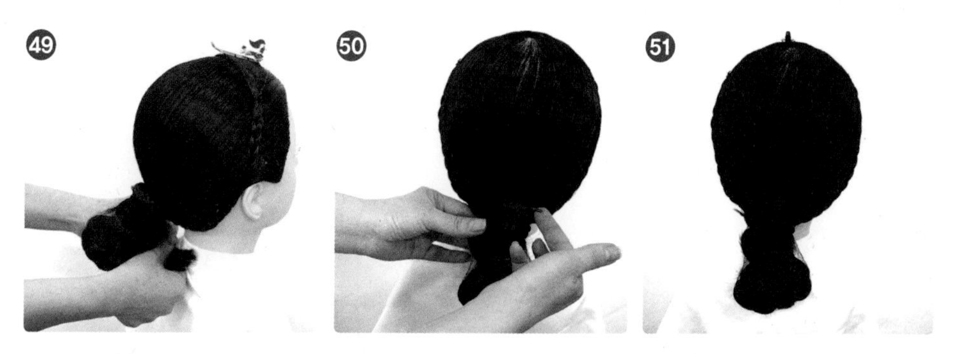

49 ~ 51 묶은 토대에 첩지를 돌려 깔끔하게 실핀으로 고정한다.

52 ~ 53 양옆 뜨는 곳은 실핀으로 고정한다.

54 첩지를 두른 앞모습

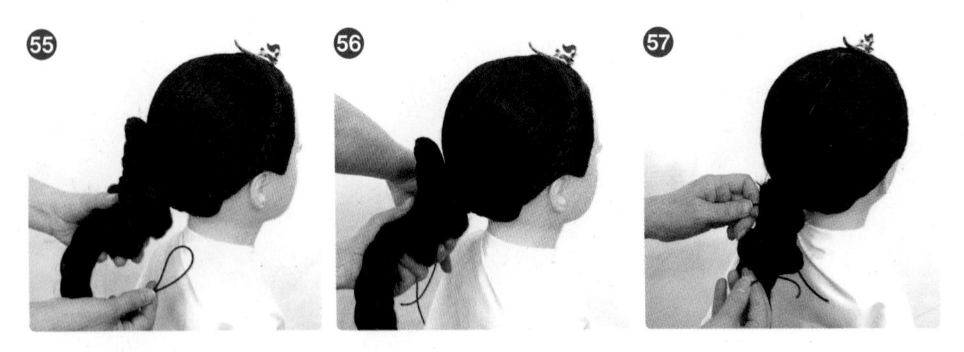

55 ~ 57 만들어 놓은 쪽가체를 토대에 덧대어서 고무줄로 묶는다.

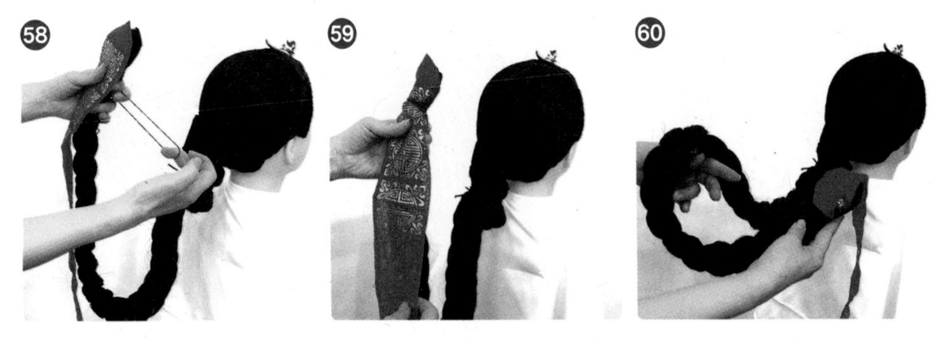

58 ~ 59 댕기를 쪽가체 끝부분에 대고 고무줄로 묶는다.

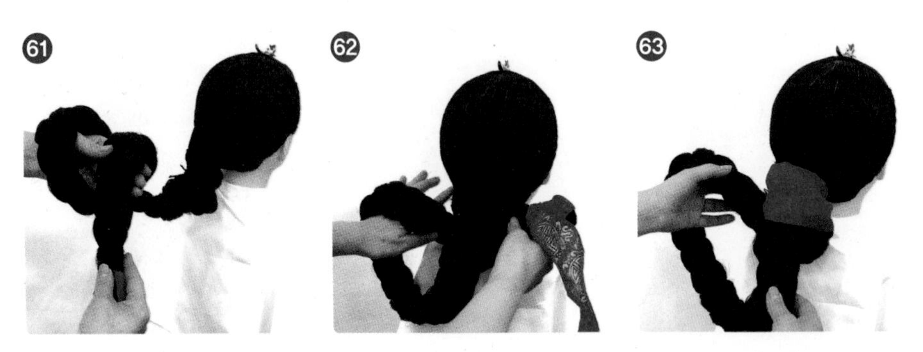

60 ~ 62 가체 끝부분을 돌려서 토대 아래로 위치한 후 댕기를 돌린다.

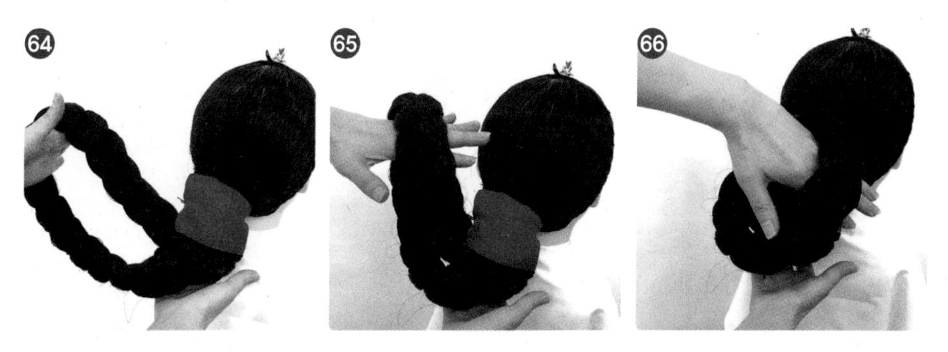

63 ~ 67 왼쪽에 있는 가체를 돌려서 오른쪽으로 가져온다.

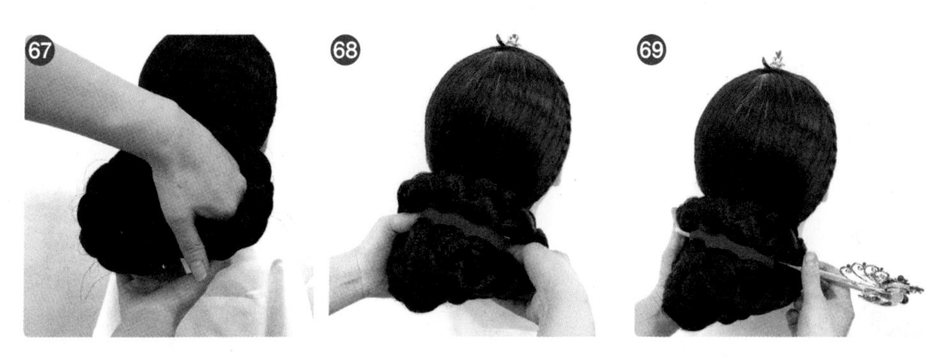

68 양손가락으로 균형감 있게 쪽 모양을 만든다.
69 비녀를 수평이 되도록 꽂는다.

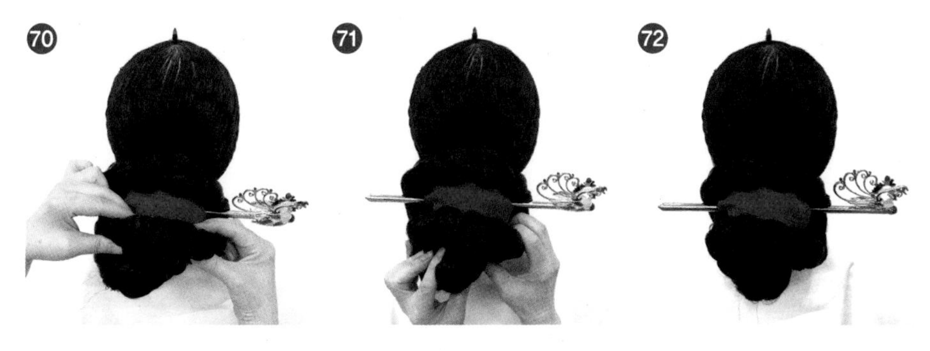

70 ~ 71 비녀를 꽂은 뒤 쪽의 형태를 다시 확인한다.
72 쪽모양이 완성된 모습

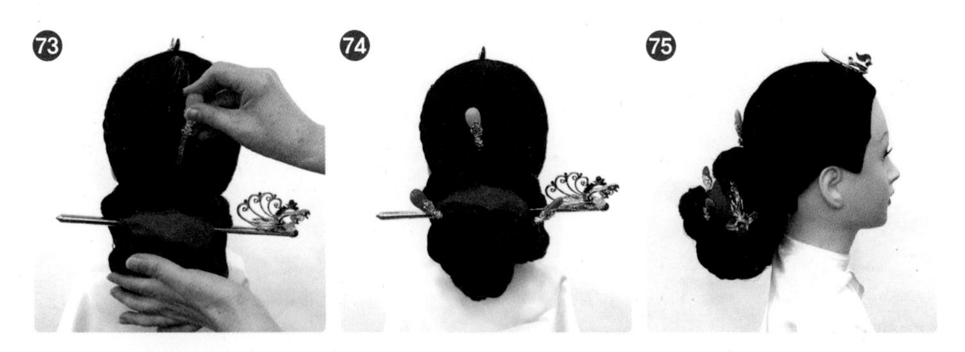

⑬ ~ ⑭ 뒤꽂이를 수직한다.

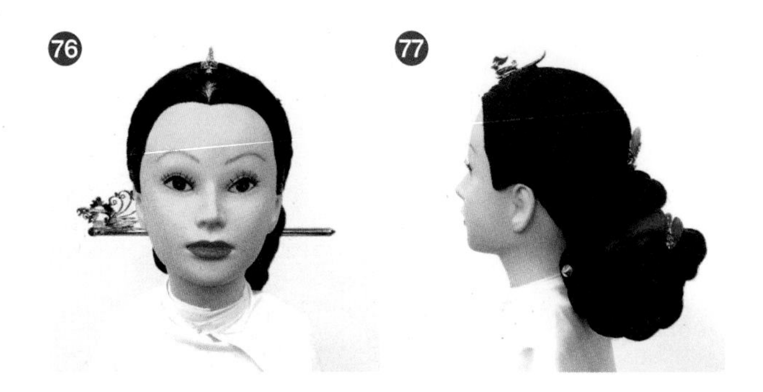

⑮ ~ ⑰ 첩지머리가 완성된 모습

첩지머리 실행하기 완성된 작품

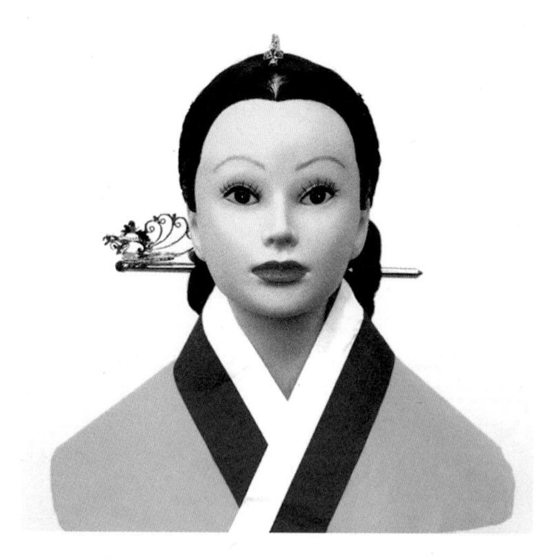

앞(front)

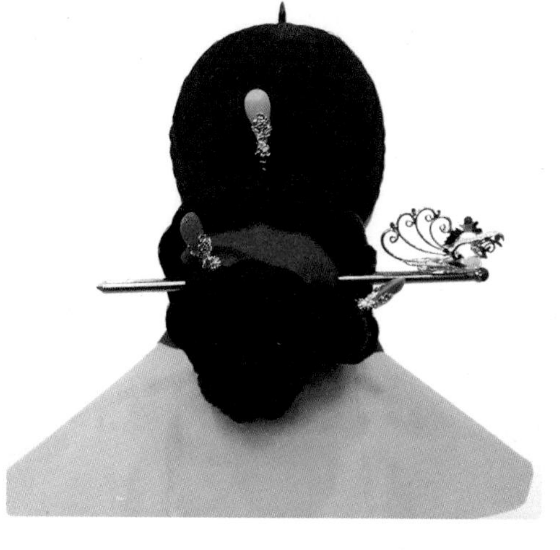

뒤(back)

우측(right side)

좌측(left side)

실습과정 사진		
사진		설명

완성 사진	
앞(front)	뒤(back)
우측(right side)	좌측(left side)

단원 평가(Review)

첩지머리 재현에 대한 장점과 단점, 그리고 느낀 점을 쓰시오!

1. 장점

2. 단점

3. 느낀 점

9. 새앙머리

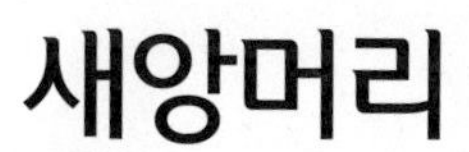

학습 내용단원명	학습 목표
새앙머리	• 조선 시대 헤어스타일인 새앙머리를 현대적 고전머리 스타일로 재현할 수 있다. • 새앙머리는 조선 시대 말 궁중 견습 나인들의 머리모양으로 머리를 길게 땋은 다음 다발을 접어 그 위에 댕기를 얹은 다음 묶어서 재현할 수 있다.

새앙머리[288)]

[새앙머리 재료]

① 고전머리 가발

② 고무줄

③ 꼬리빗

④ 댕기

⑤ 참빗

⑥ 망

⑦ 가체

새앙머리 재현하기

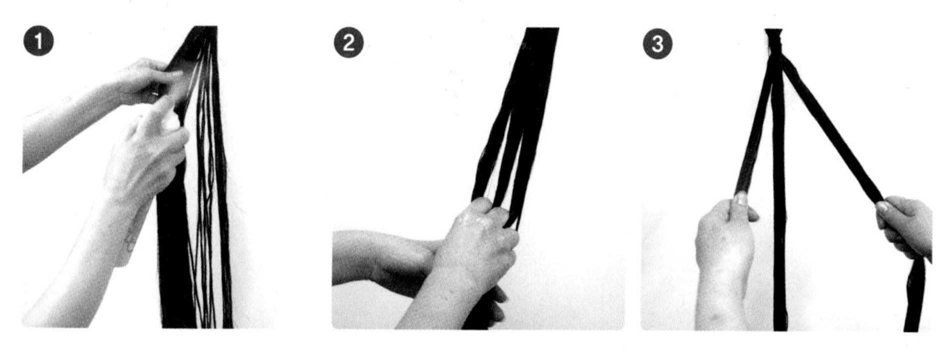

❶ ~ ❸ 윤기를 낸 가체용 원사를 한쪽에 고무줄로 묶고 세 가닥으로 나눈다.

새앙머리 가체용 원사 : 1꼭지 볼륨/ 길이 약 115~120cm

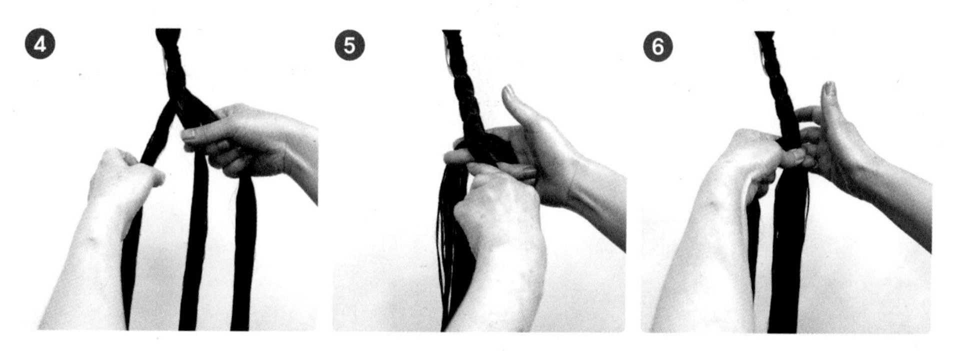

❹ ~ ❽ 오른쪽 다발과 왼쪽 다발을 가운데로 번갈아 땋아간다.

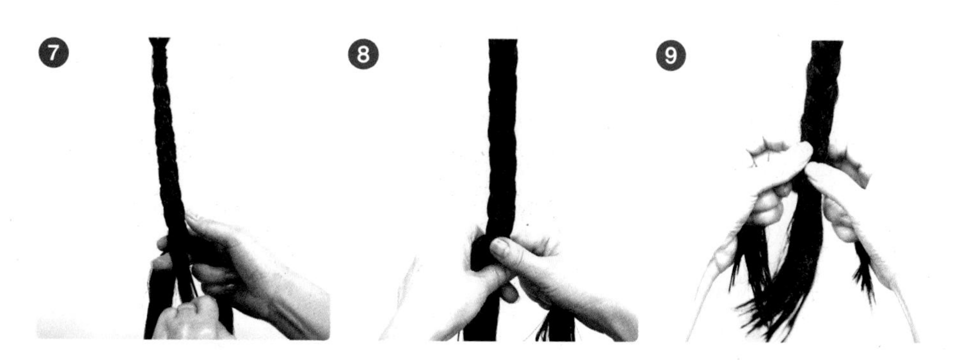

❾ 끝까지 땋는다.

⑩ 모발 끝을 잡고 고무줄로 묶는다.
⑪ 끝부분을 V모양으로 가위로 다듬는다.

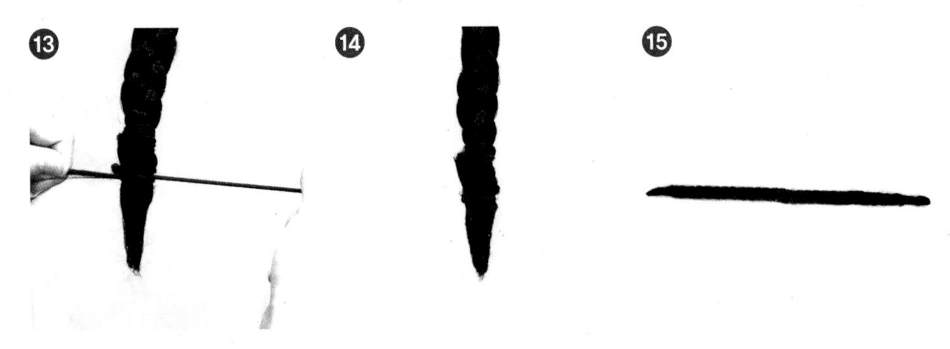

⑫ ~ ⑬ 끝부분을 망으로 돌려가며 씌운다.
⑭ 반대쪽 가체 끝부분도 동일한 방법으로 진행한다.
⑮ 완성된 새앙머리 가체의 모습

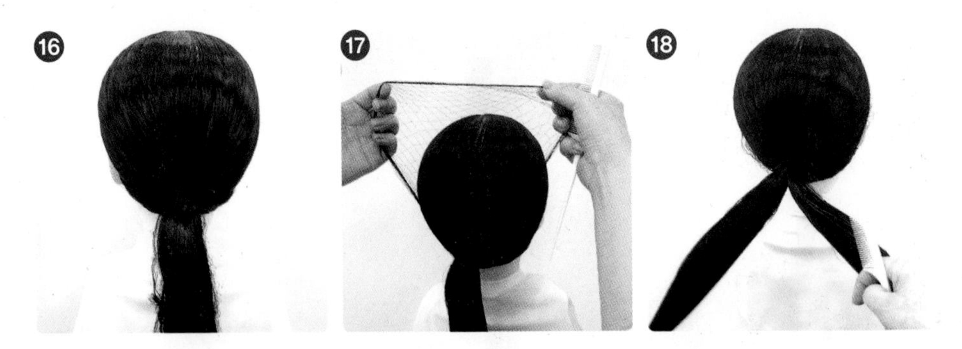

⑯ 망을 씌우고 네이프N.P에서 손가락 두 개 정도 사이에 공간을 두고 고무줄로 묶는다.
⑰ ~ ⑲ 아래 망은 위쪽에 살짝 올려놓고 묶은 모발을 두 갈래로 나눈다.

⑲ ~ ㉑ 오른쪽 모발을 세 가닥 땋기를 한다.

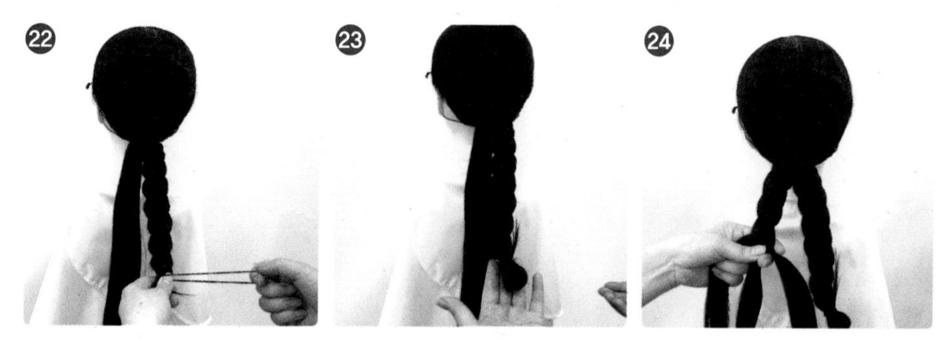

㉒ ~ ㉓ 땋은 후 모발 끝을 반으로 접어 고무줄로 묶는다.
㉔ ~ ㉕ 반대쪽도 동일하게 진행한다.

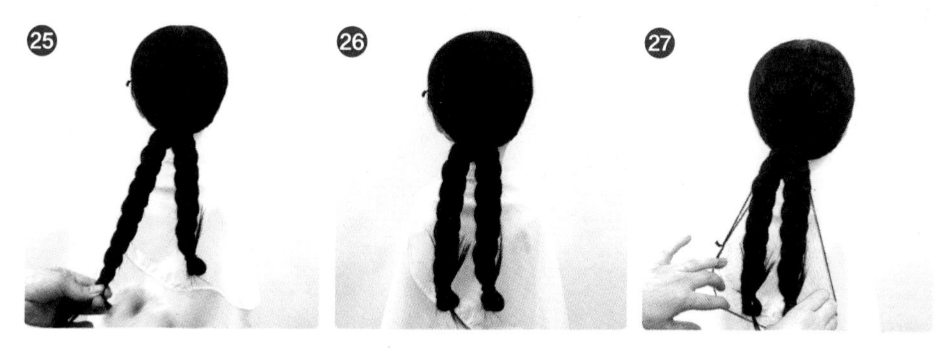

㉖ 양쪽 모발을 세 갈래 땋기로 진행한 모습
㉗ ~ ㉙ 망을 씌운다.

㉚ ~ ㉛ 양쪽에 땋은 두 모발을 같이 잡고 둥글게 세 번 정도 접는다.

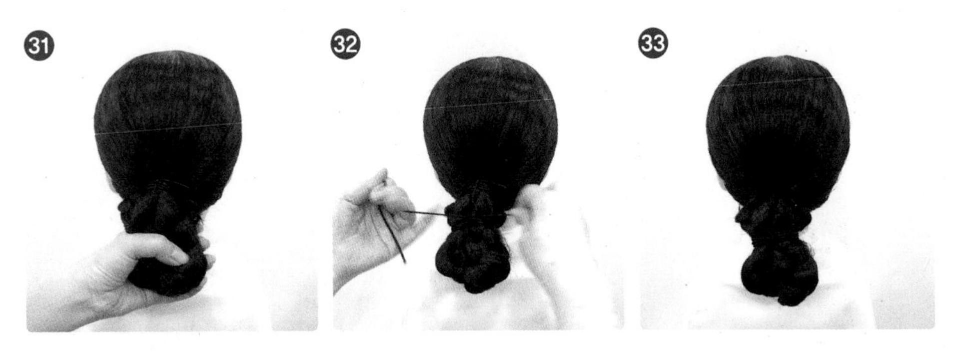

㉜ ~ ㉝ 접은 다발을 고무줄로 단단하게 묶는다.

㉞ ~ ㉟ 올려놓은 망을 내려서 안 보이게 둘러서 고정한다.
㊱ 새앙머리 가체와 고무줄을 준비한다.

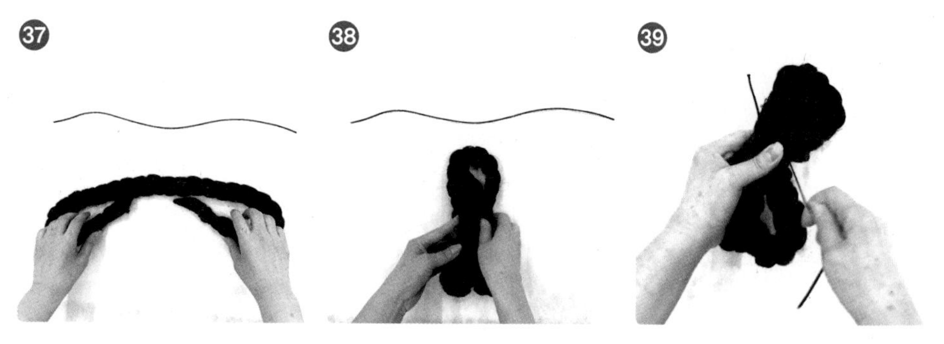

㊲ 새앙머리 가체 양쪽 끝을 중앙쪽으로 접는다.
㊳ ~ ㊵ 접은 가체를 고무줄로 묶는다.

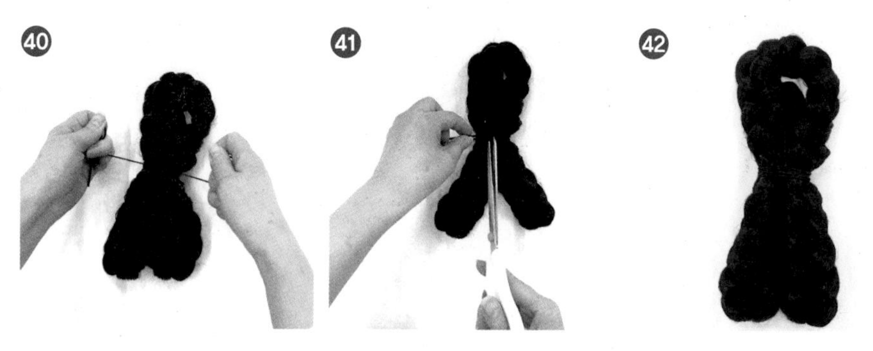

㊶ 긴 고무줄은 자른다.
㊷ 새앙머리 가체가 완성된 모습

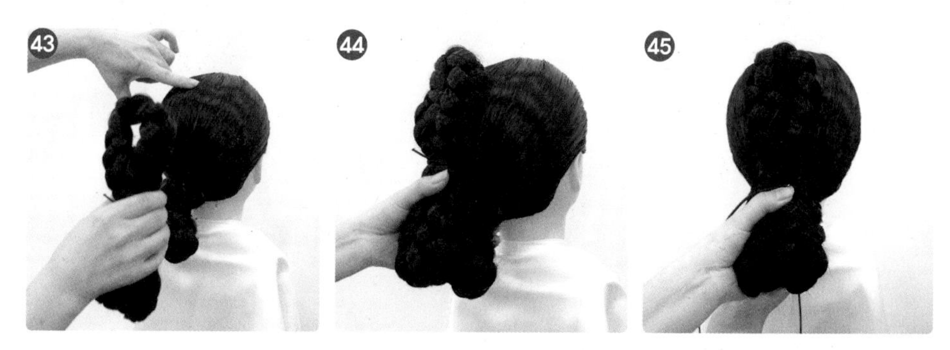

㊸ ~ ㊻ 가체를 골덴 포인트G.P 위치에 오도록 덧대어 끈으로 본머리에 고정시킨다.

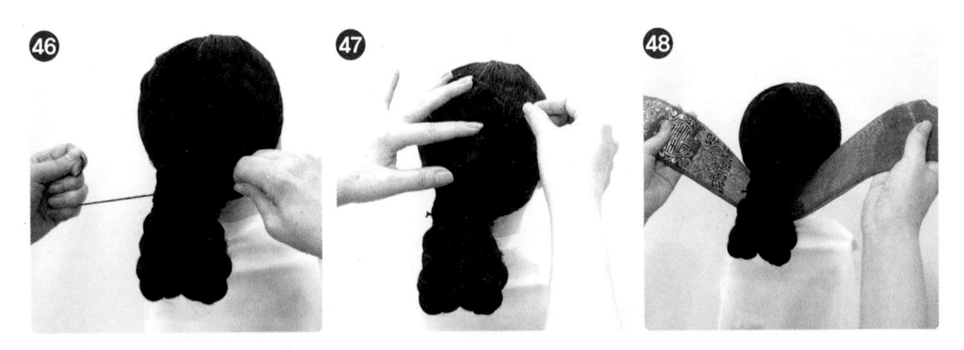

⑰ 가체를 핀으로 고정시킨다.

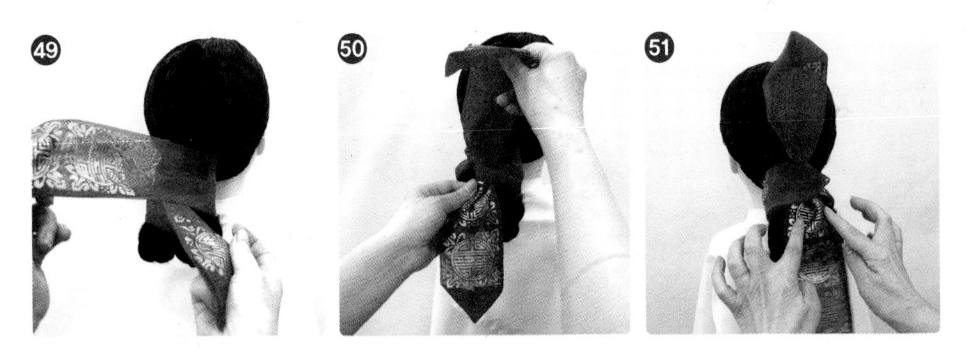

⑱ ~ ㊷ 고무줄로 묶은 부분 위에 댕기를 돌려서 묶는다.

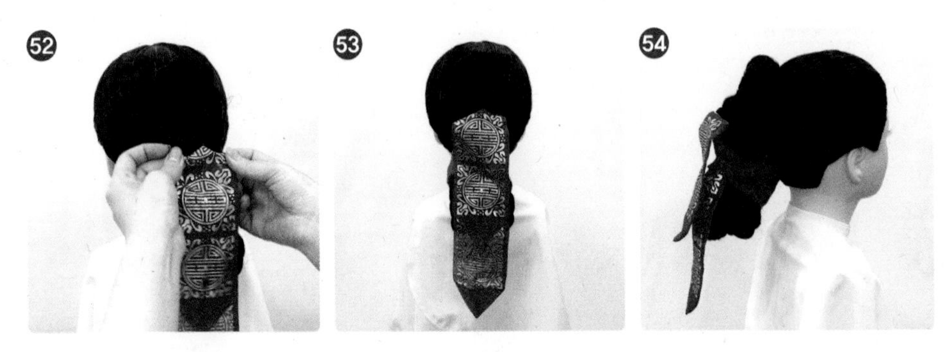

㊸ ~ ㊹ 완성된 새앙머리 뒷면과 측면의 모습

새앙머리 실행하기 완성된 작품

앞(front)

뒤(back)

우측(right side)

좌측(left side)

실습과정 사진		
사진		설명

완성 사진	
앞(front)	뒤(back)
우측(right side)	좌측(left side)

꧁ 단원 평가(Review) ꧂

새앙머리 재현에 대한 장점과 단점, 그리고 느낀 점을 쓰시오!

1. 장점

2. 단점

3. 느낀 점

둘레머리

학습 내용 단원명	학습 목표
둘레머리	• 조선 시대 헤어스타일인 둘레머리를 현대적 고전머리 스타일로 재현할 수 있다. • 둘레머리는 일반 부녀자들의 머리모양으로 본 머리만을 이용해 두 갈래로 땋은 다음 머리를 둘러 이마 위에 비스듬히 귀 뒤로 마무리하여 재현할 수 있다.

신사임당 초상화_김은호[289]

신사임당 상_강릉 오죽헌[290]

[둘레머리 재료]

① 고전머리 가발
② 망
③ U핀
④ 나무 비녀
⑤ 댕기
⑥ 돈모 브러시
⑦ 땋은 가체

둘레머리 재현하기

❶

❷

❸
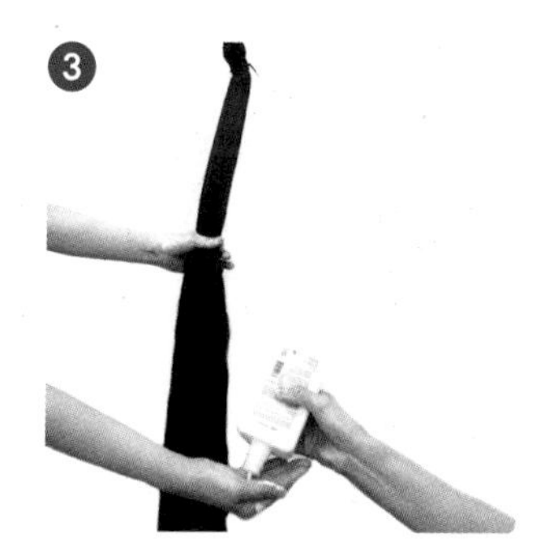

❶ 가체용 원사를 원하는 두께만큼 잡고 위쪽을 묶는다.

가체용 원사 : 4꼭지 볼륨/ 길이 약 120~130cm

❷ ~ ❹ 원사에 분무를 하고 로션을 바른다.

❹

❺

❻

❺ ~ ❻ 원사에 광택스프레이를 뿌리고 돈모 브러시로 빗질을 한다.

❼

❽

❾
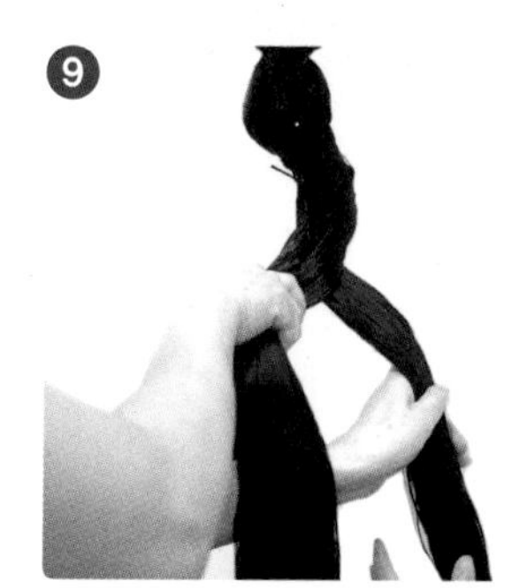

❼ 원사가 엉키지 않도록 손으로 결을 만든다.

❽ ~ ❾ 원사를 세 가닥으로 나눈 뒤 오른쪽 다발을 가운데로 이동한다.

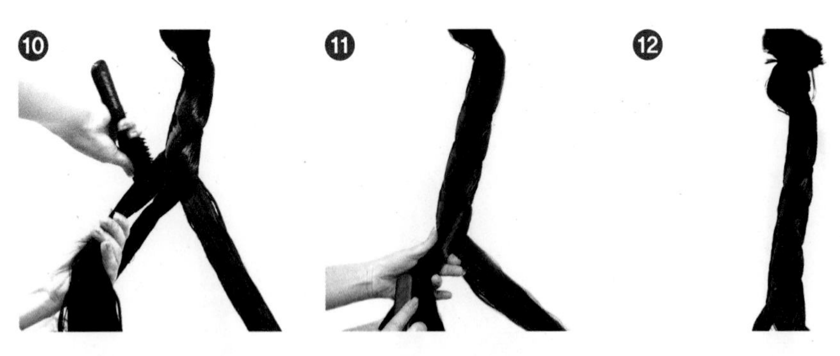

⑩ ~ ⑬ 왼쪽 다발도 가운데로 이동하며 계속 땋아간다.

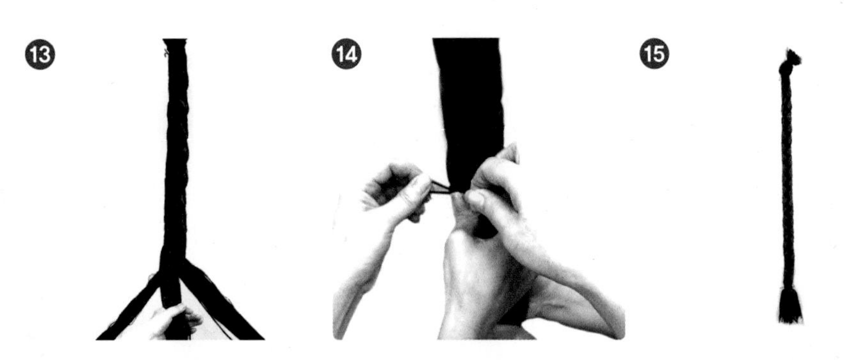

⑭ 다발을 끝까지 땋은 후 고무줄로 묶는다.

⑮ 세 가닥으로 땋은 모습

⑯ ~ ⑰ 끝자락은 붓 끝처럼 v자로 자른다.

⑱ ~ ⑳ 망이 빠지지 않도록 여러 겹 접어서 감싼다.

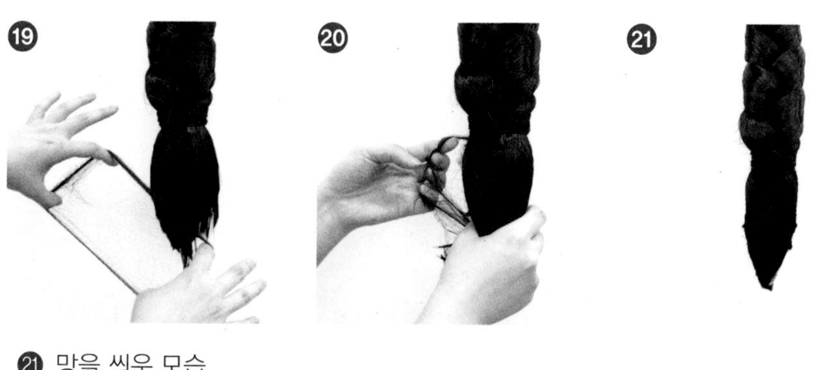

㉑ 망을 씌운 모습

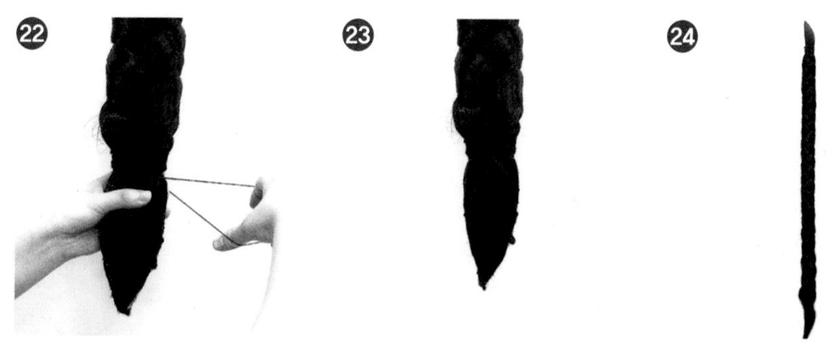

㉒ ~ ㉓ 망을 씌우고 그 위에 고무줄로 묶는다.

㉔ 양끝은 붓처럼 v자의 형태가 되도록 마무리한다.

㉕ 가운데 정중선 가르마를 나눈 후 7cm의 위치에서 방사선 빗질을 한다.

㉖ ~ ㉗ 사이드 왼쪽과 오른쪽 모발은 C자 형태로 빗질하여 뒤로 넘긴 후 묶는다.

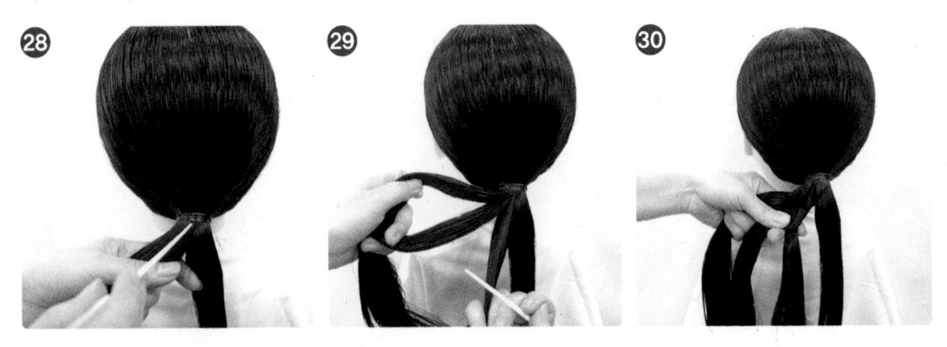

㉘ 묶은 모발은 두 개로 나눈다.
㉙ 왼쪽 모발을 다시 세 가닥으로 나눈다.
㉚ ~ ㉜ 나눈 세 가닥의 모발을 땋는다.

㉝ ~ ㉞ 모발 끝은 반으로 접어 고무줄로 묶는다.

㉟ 반대쪽도 동일하게 진행한다.
㊱ 양쪽 모발을 세 갈래 땋기로 진행한 모습

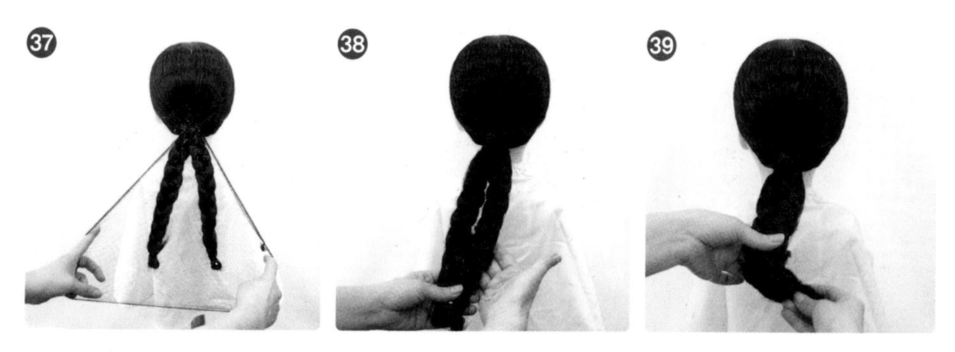

㊲ ~ ㊵ 땋은 모발에 망을 씌우고 모발을 세 번 정도 접는다.

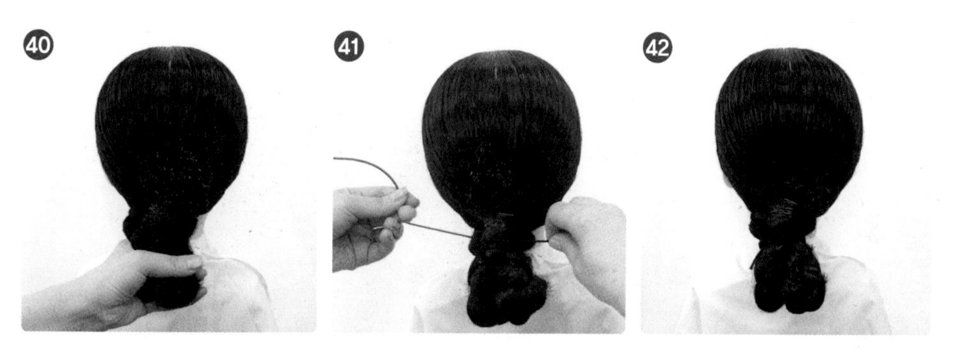

㊶ ~ ㊷ 접은 다발을 고무줄로 단단하게 묶는다.

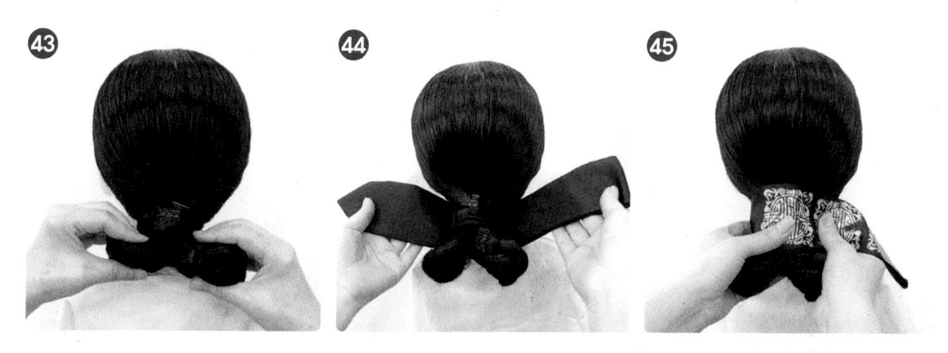

㊸ 묶은 다발 아래 모발을 살짝 벌린다.
㊹ ~ ㊻ 댕기를 두른다.

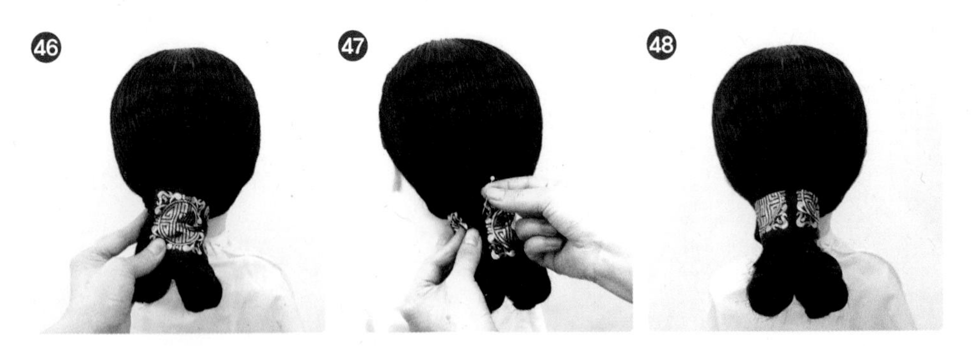

㊼ 댕기를 핀으로 고정한다.
㊽ 댕기를 고정한 모습

㊾ 댕기 아래 모발을 양갈래로 벌려서 모양을 잡는다.
㊿ ~ 51 왼쪽과 오른쪽을 핀으로 고정한다.

52 ~ 53 가체를 얹기 전 본머리 토대의 모습
54 가체의 한쪽 끝을 오른쪽 사이드에 고정한다.

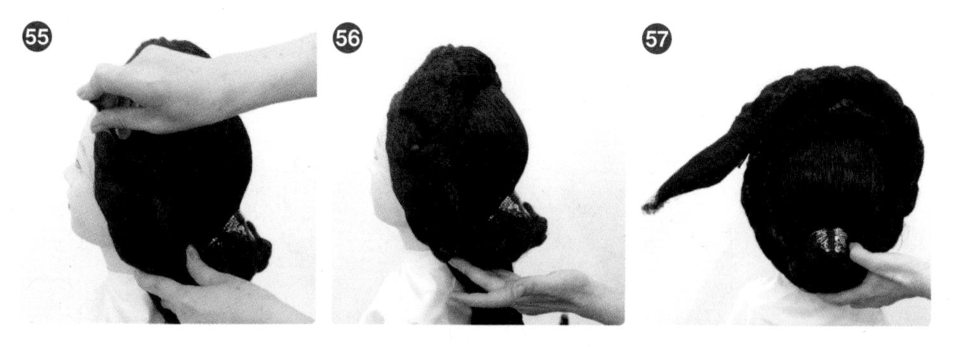

⑮ ~ ⑲ 정중선 가르마가 3cm 정도 보이도록 하고 그 위로 가체를 나무비녀로 고정하여 두른다.

⑳ 정중선 위치에서 가체를 뒤쪽으로 돌려 모양을 잡는다.

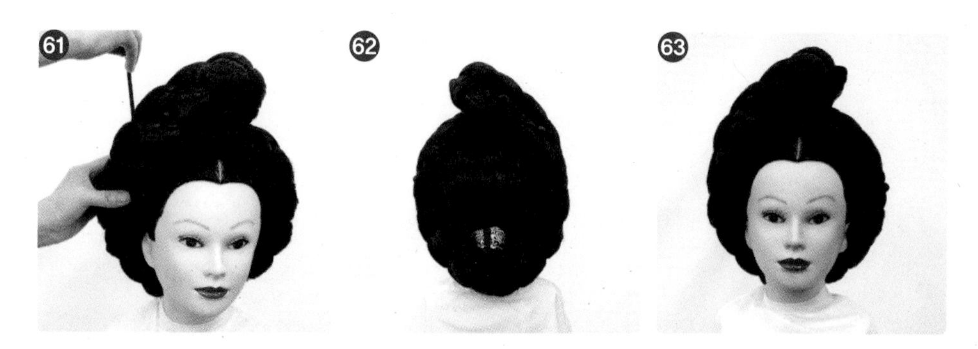

㉑ 모양을 잡은 가체를 나무비녀로 고정한다.

62 ~ 65 둘레머리가 완성된 모습

둘레머리 실행하기 완성된 작품

앞(front)

뒤(back)

우측(right side)

좌측(left side)

<table>
<tr><th colspan="3">실습과정 사진</th></tr>
<tr><th colspan="2">사진</th><th>설명</th></tr>
<tr><td></td><td></td><td></td></tr>
<tr><td></td><td></td><td></td></tr>
<tr><td></td><td></td><td></td></tr>
<tr><td></td><td></td><td></td></tr>
<tr><td></td><td></td><td></td></tr>
</table>

완성 사진	
앞(front)	뒤(back)
우측(right side)	좌측(left side)

단원 평가(Review)

둘레머리 재현에 대한 장점과 단점, 그리고 느낀 점을 쓰시오!

1. 장점

2. 단점

3. 느낀 점

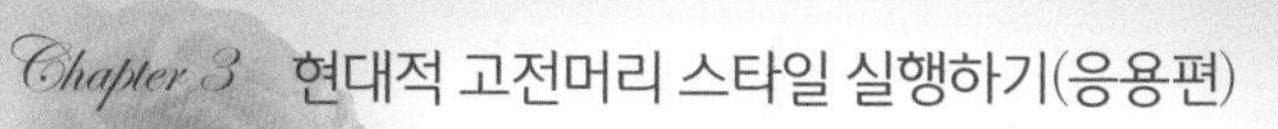

얹은머리

학습 내용 단원명	학습 목표
얹은머리	• 조선 시대 헤어스타일인 얹은머리를 현대적 고전머리 스타일로 재현할 수 있다. • 정수리에 또아리처럼 틀어 올려 뭉개구름이 피어오르듯 멋을 한껏 내고 댕기를 치레한 기녀들의 조선 시대 두발양식인 얹은머리를 재현할 수 있다.

신윤복_미인도[291)]

[얹은머리 재료]

① 고전머리 가발

② 나무 비녀

③ 액세서리

④ 고무줄

⑤ 돈모 브러시

⑥ 꼬리빗

⑦ 망

⑧ U핀

⑨ 댕기

⑩ 땋은 가체

1. 얹은머리 재현하기

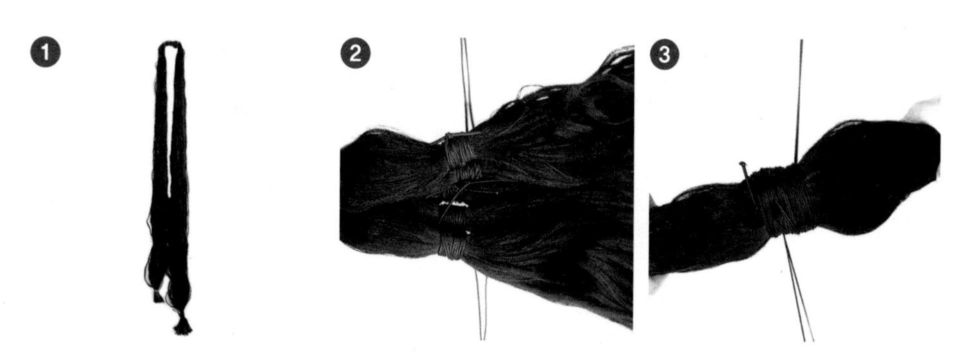

❶ 길이 360cm의 가체용 원사 1꼭지를 잘라서 중앙을 묶는다.

❷ ~ ❹ 총 6꼭지 다발을 묶어서 다시 하나로 잡고 풀리지 않도록 묶는다.

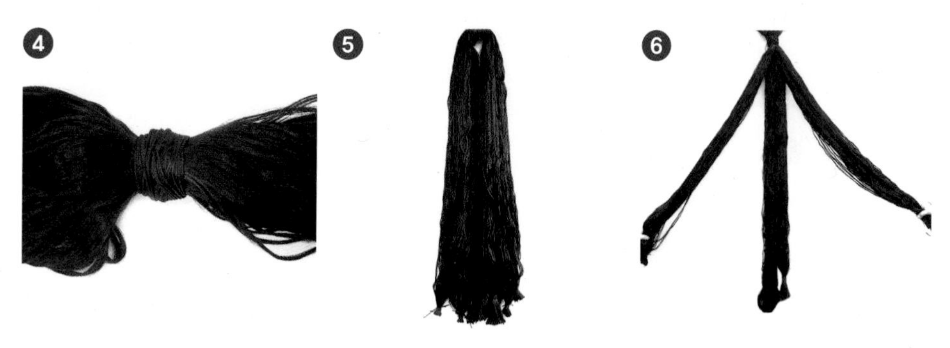

❺ 반으로 묶은 원사 다발을 고리에 걸어둔다.

❻ 한쪽 원사를 세 가닥으로 나눈다.

❼ ~ ❾ 가체에 물을 뿌리고 로션과 광택제를 발라 윤기를 낸다.

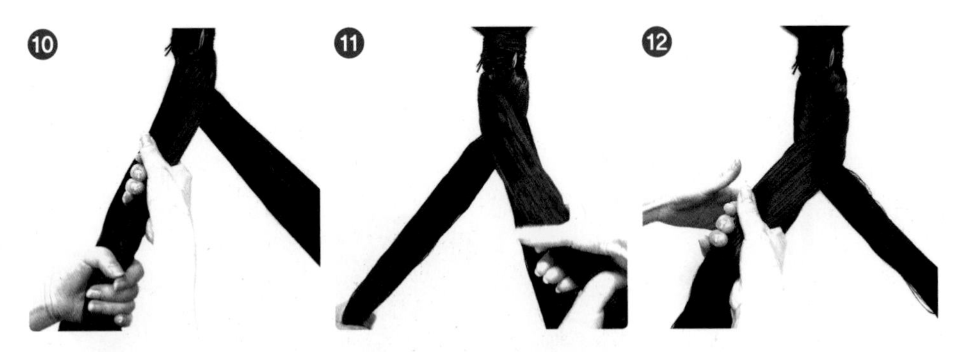

⑩ ~ ⑬ 오른쪽과 왼쪽을 가운데로 이동하면서 땋는다.

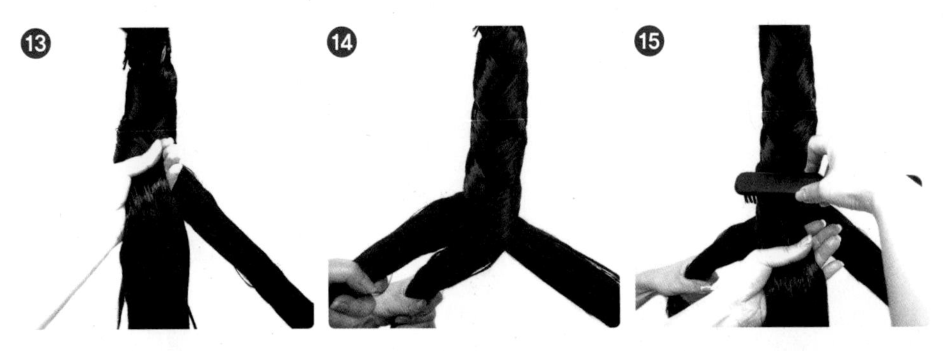

⑭ 계속 진행하며 땋아내려 간다.

⑮ ~ ⑰ 중간 중간 돈모 브러시로 원사가 엉키지 않도록 빗어 가며 땋아 내려간다.

⑱ ~ ⑲ 끝까지 땋고 잡은 뒤 땋은 다발이 풀리지 않도록 강하게 고무줄로 묶는다.

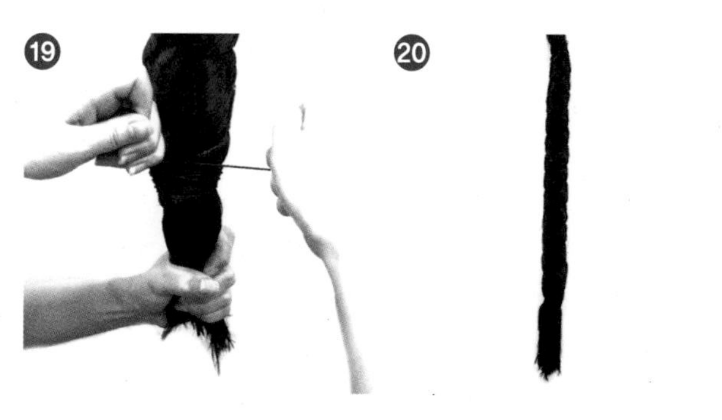

⑳ 한쪽 부분을 끝까지 땋은 모습
㉑ 끝부분이 v자 형태가 되도록 자른다.

㉒ ~ ㉕ 망을 반으로 접어 끝부분에 감아 돌린다.

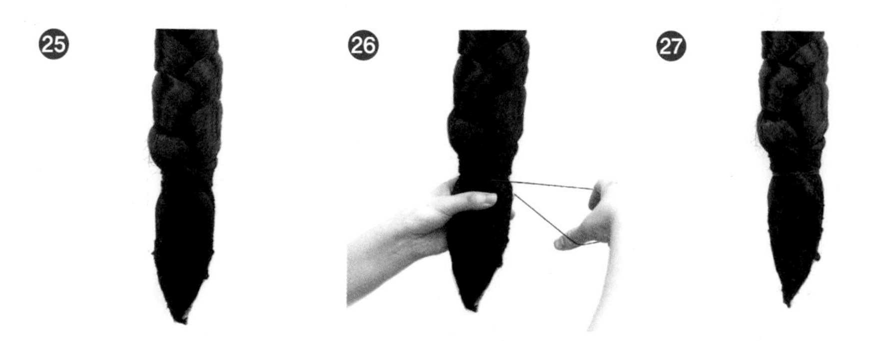

㉖ ~ ㉗ 망을 씌운 뒤 고무줄로 묶는다.

㉘ 한쪽 부분의 가체가 완성된 모습

㉙ 반대쪽 원사도 물을 뿌리고 로션과 광택스프레이를 뿌려 윤기를 내준 다음 엉키지 않도록 곱게 빗는다.

㉚ ~ ㉝ 오른쪽 왼쪽 다발을 가운데로 이동하면서 땋아 내려간다.

㉞ ~ ㉟ 끝부분을 풀리지 않도록 강하게 묶는다.

㊱ 얹은머리 가체가 완성된 모습

㊲ ~ ㊳ 모발을 뒤로 빗질한 후 정중선 가르마를 가른다.

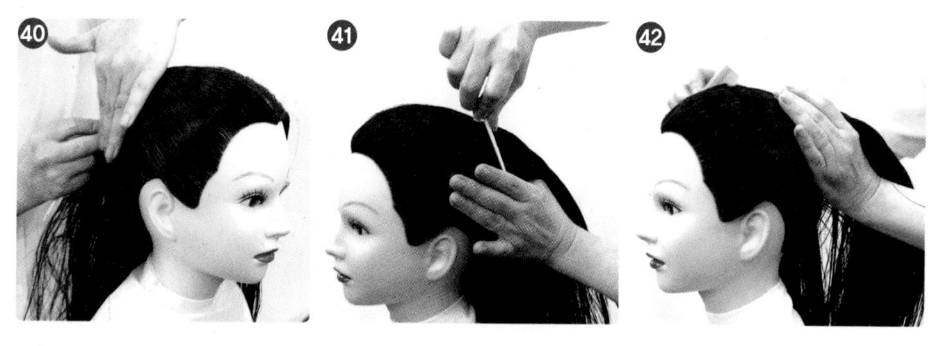

㊴ ~ ㊵ 사이드는 골덴 포인트G.P 쪽으로 빗어 올린다.

㊶ ~ ㊸ 반대쪽도 동일하게 골덴 포인트G.P쪽으로 모발을 빗어 올린다.

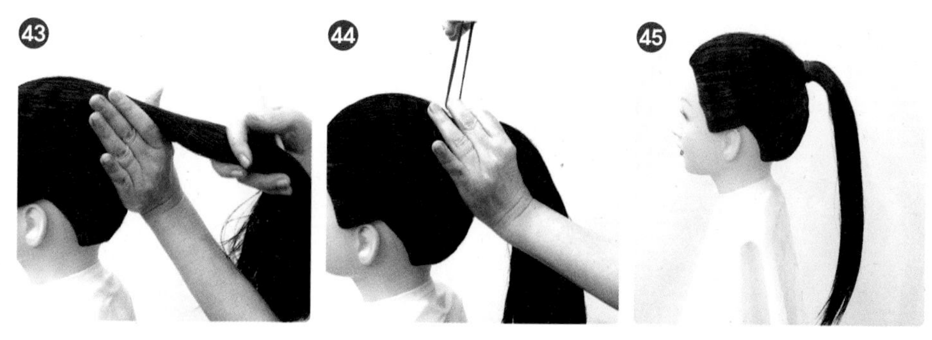

㊹ 고무줄로 묶는다.

㊺ 골덴 포인트G.P 위치에 모발을 하나로 묶은 모습

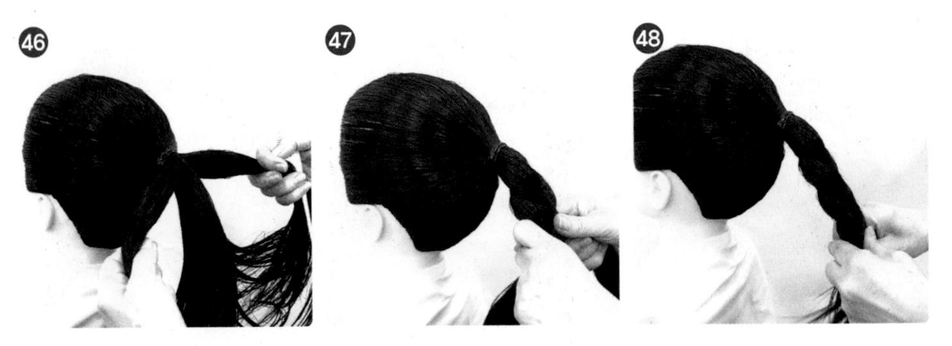

㊻ ~ ㊽ 묶은 모발을 세 가닥으로 나눈 후 끝까지 땋는다.

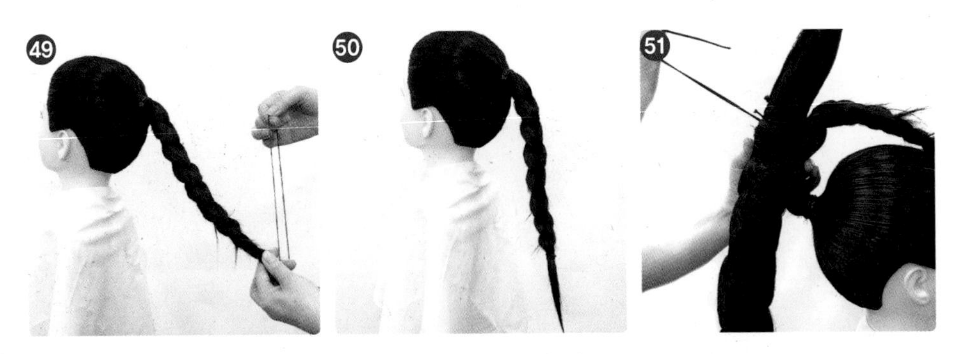

㊾ ~ ㊿ 모발 끝은 고무줄로 묶는다.
51 ~ 52 만들어 놓은 가체의 끝부분과 본머리에 묶인 모발을 함께 묶는다.

53 ~ 55 오른쪽 눈썹 위치에 본머리 가체가 오도록 핀으로 고정시킨다.

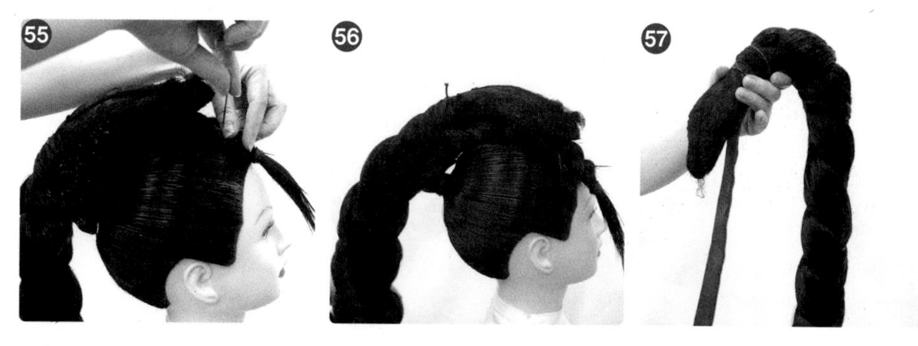

⑯ 가체 한쪽 부분이 본 머리에 고정된 모습
⑰ 반대쪽 가체 끝부분에 댕기를 매단다.

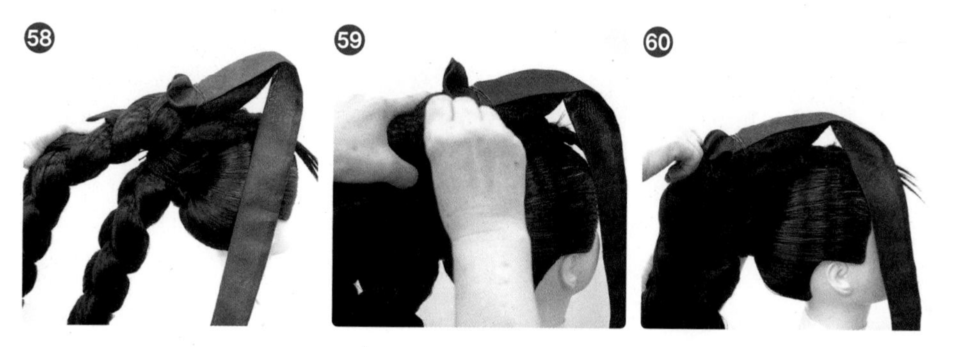

⑱ ~ ⑳ 가체의 한쪽 끝부분과 반대 쪽 끝부분의 가체가 포개지도록 본머리에 고정을 한다.

61 본 머리에 양쪽 끝부분의 가체가 고정된 모습
62 가체를 반으로 접는다.
63 반으로 접은 가체를 양손으로 잡고 ∞로 틀어서 머리 위에 올려놓은 후 나무 비녀와 핀으로 단단하게 고정시킨다.

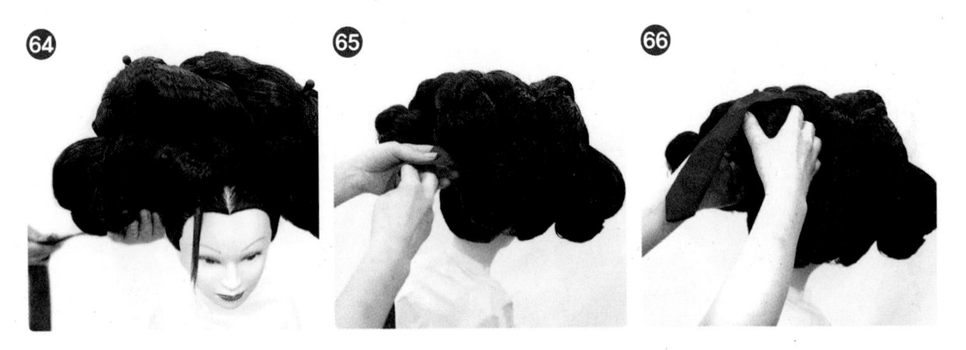

64 ~ 65 가체 중심을 잡은 후 댕기를 뒤쪽으로 이동시킨다.

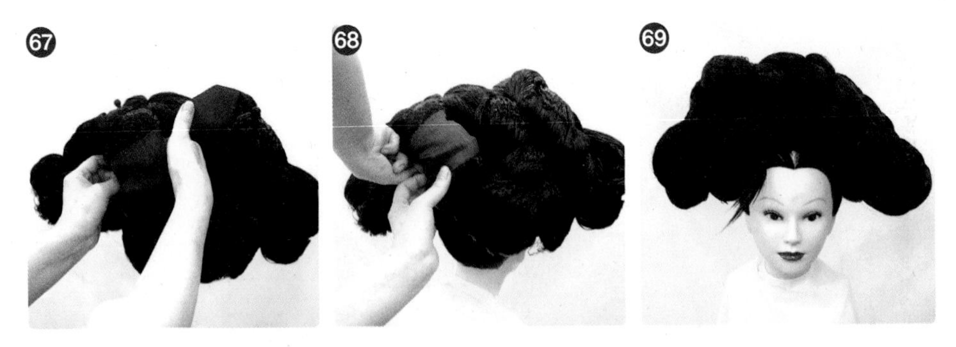

66 ~ 68 댕기를 백 부분에 위치하여 돌려 감는다.

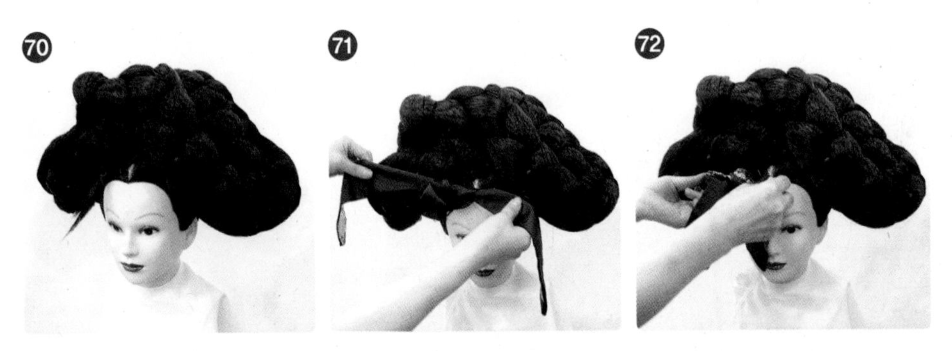

69 ~ 72 앞쪽으로 빼둔 본 머리 끝부분에 댕기를 묶어서 모양을 만든다.

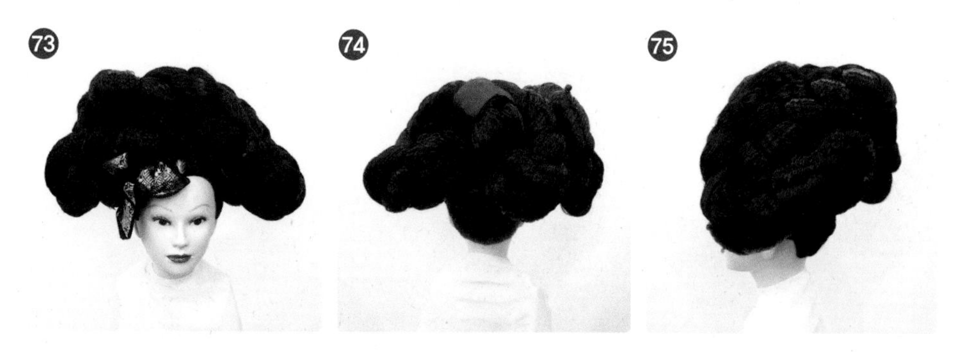

73 ~ 75 얹은머리가 완성된 모습

얹은머리 실행하기 완성된 작품

앞(front)

뒤(back)

우측(right side)

좌측(left side)

실습과정 사진		
사진		설명

완성 사진	
앞(front)	뒤(back)
우측(right side)	좌측(left side)

단원 평가(Review)

얹은머리 재현에 대한 장점과 단점, 그리고 느낀 점을 쓰시오!

1. 장점

2. 단점

3. 느낀 점

가체머리

학습 내용 단원명	학습 목표
가체머리	• 조선 시대 헤어스타일인 가체머리를 현대적 고전머리 스타일로 재현할 수 있다. • 궁중에서 일반 서민 부녀자들까지 모두 가체로 꾸민 머리스타일을 즐겼으며, 가체를 이용하여 머리에 높이 올린 다음 장신구를 이용하여 재현할 수 있다.

신윤복_정변야화[292)]

[가체머리 재료]

① 고전머리 가발

② 액세서리

③ 댕기

④ U핀, 실핀

⑤ 꼬리빗

⑥ 돈모 브러시

⑦ 망

⑧ 고무줄

⑨ 나무 비녀

⑩ 가체 꼬기

가체머리 재현하기

❶

❷

❸

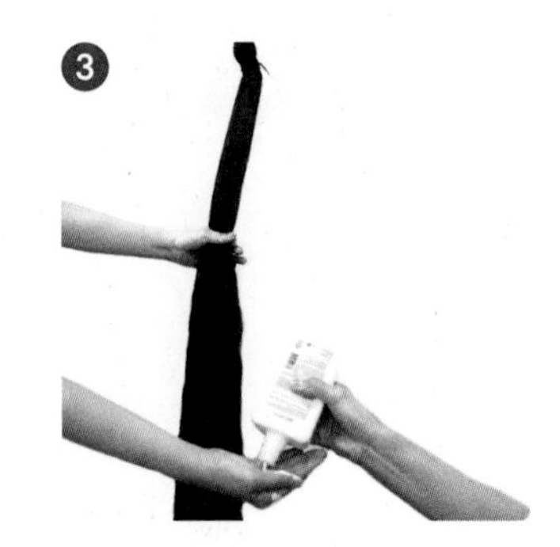

속가체 : 2꼭지 볼륨/ 길이 약 180cm   겉가체 : 3꼭지 볼륨/ 길이 300cm

❶ 가체용 원사를 원하는 두께만큼 잡고 위쪽을 묶는다.

겉가체는 150cm씩 중간에 묶어서 같은 방법으로 땋음

❷ ~ ❹ 원사에 분무를 하고 로션을 바른다.

❹

❺

❻

❺ ~ ❻ 원사에 광택스프레이를 뿌리고 돈모 브러시로 빗질을 한다.

❼

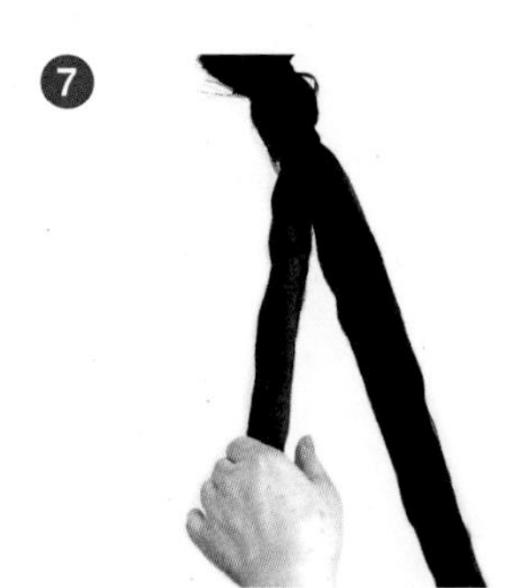

❽

❾

❼ 다발을 두 개로 나눈다.

❽ 두 개의 다발을 왼쪽 방향으로 돌린다.

❾ 두 개의 다발을 교차되도록 꼰다.

⑩ ~ ⑪ 끝까지 같은 방향으로 돌리고 두 개의 다발을 꼰다.
⑫ 모발을 끝까지 꼰다.

⑬ ~ ⑭ 끝자락은 붓 끝처럼 v자로 자른다.
⑮ 망이 빠지지 않도록 여러 겹 접어서 감싼다.

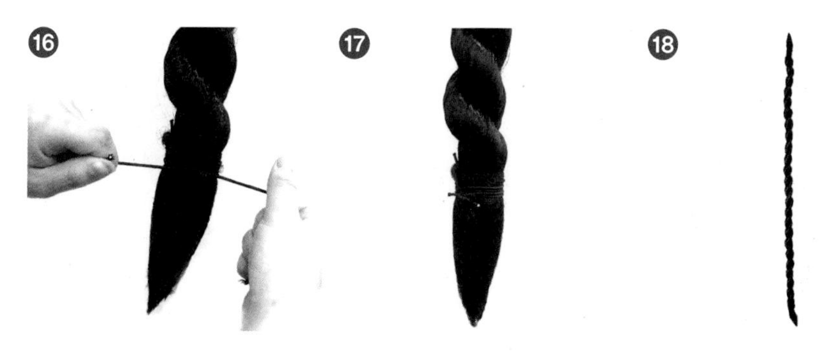

⑯ ~ ⑰ 망이 빠지지 않도록 고무줄로 묶는다.
⑱ 양끝은 붓처럼 v자의 형태가 되도록 마무리한다.
속가체가 완성된 모습

⑲ 속가체와 겉가체가 완성된 모습

⑳ ~ ㉑ 정중선 가르마를 탄다.

㉒ 정중선 가르마 7cm의 위치에서 방사선 빗질을 한다.

㉓ ~ ㉔ 참빗으로 다시 한 번 꼼꼼하게 빗질을 진행한다.

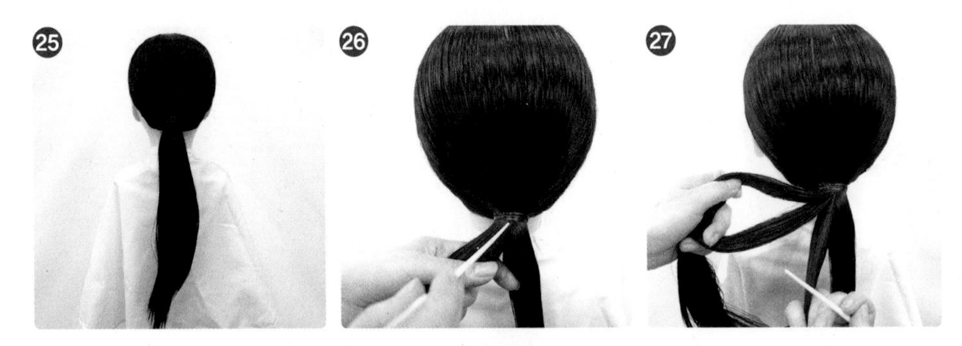

㉕ 망을 씌운 후 손가락 두 개 정도의 공간을 두고 모발을 모아 잡고 묶는다.

㉖ ~ ㉗ 아래쪽 망은 위로 살짝 올려 놓고 묶은 모발은 두 개로 나눈 후 왼쪽 모발을 다시 세 가닥으로 나눈다.

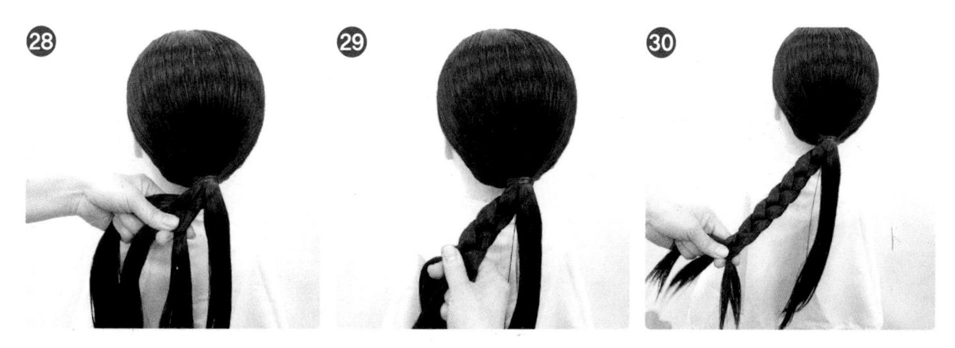

㉘ ~ ㉚ 나눈 세 가닥의 모발을 땋는다.

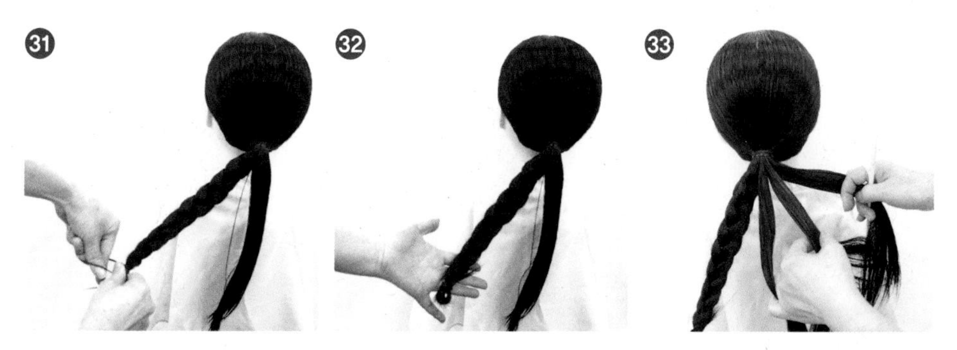

㉛ ~ ㉜ 모발 끝은 반으로 접어 고무줄로 묶는다.
㉝ ~ ㉞ 반대쪽도 동일하게 땋아서 진행한다.

㉟ 양쪽 모발을 세 갈래 땋기로 진행한 모습

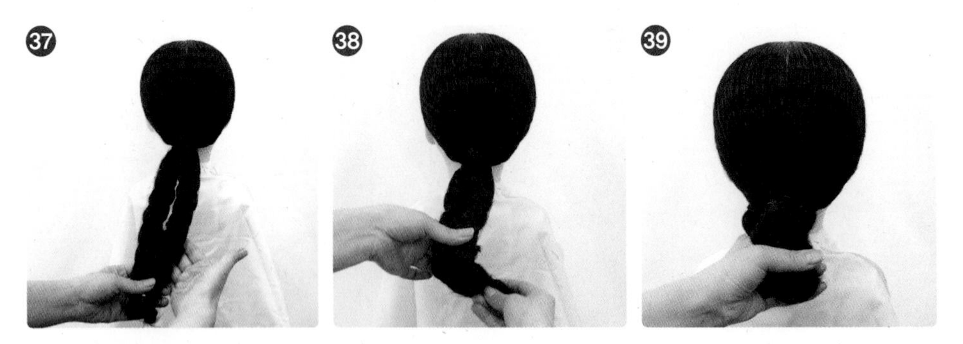

㊱ ~ ㊴ 올려 놓았던 망을 내려서 땋은 모발에 망을 씌우고 모발을 세 번 정도 접는다.

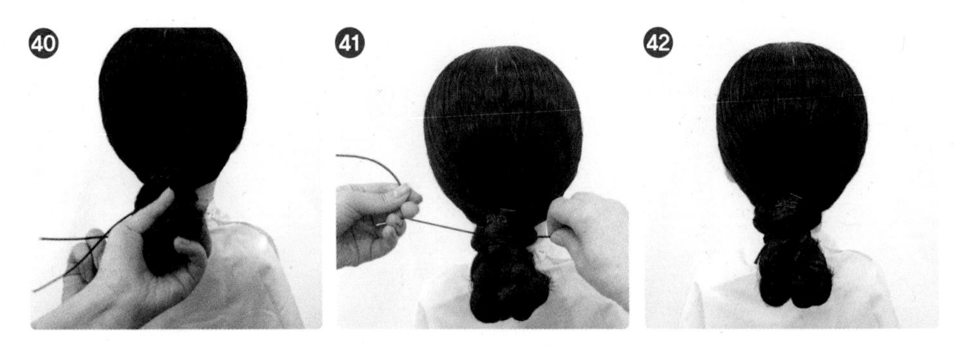

㊵ ~ ㊷ 접은 다발을 고무줄로 단단하게 묶는다.

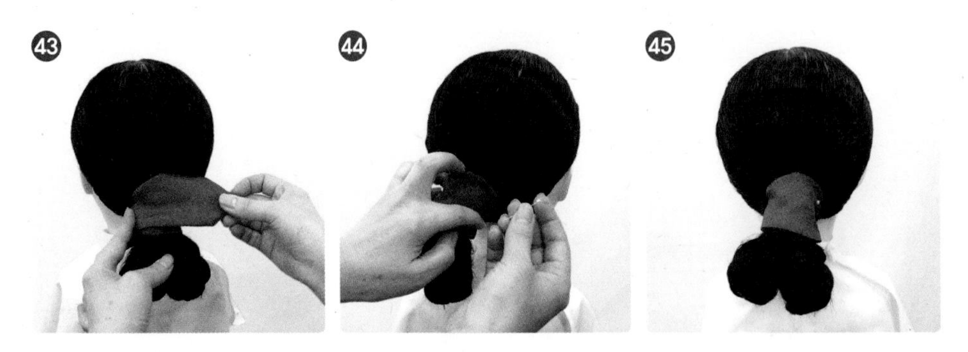

㊸ ~ ㊺ 댕기를 둘러준 후 시침핀으로 고정한다.

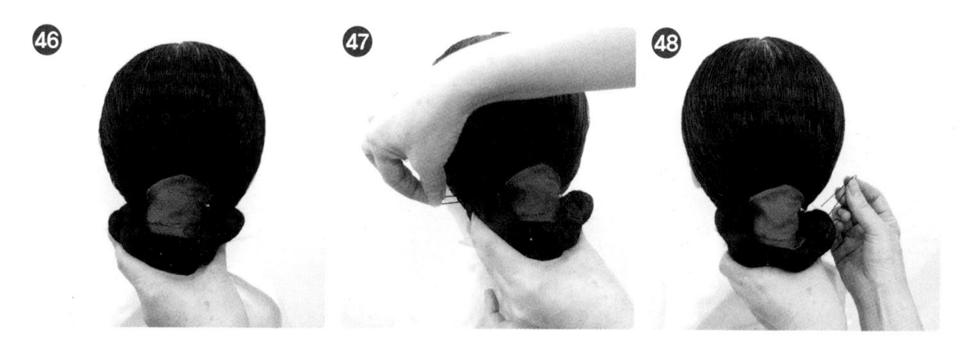

46 ~ 48 묶은 다발 아래 모발을 살짝 벌려 주고 양쪽을 본 머리에 U핀으로 고정시킨다.

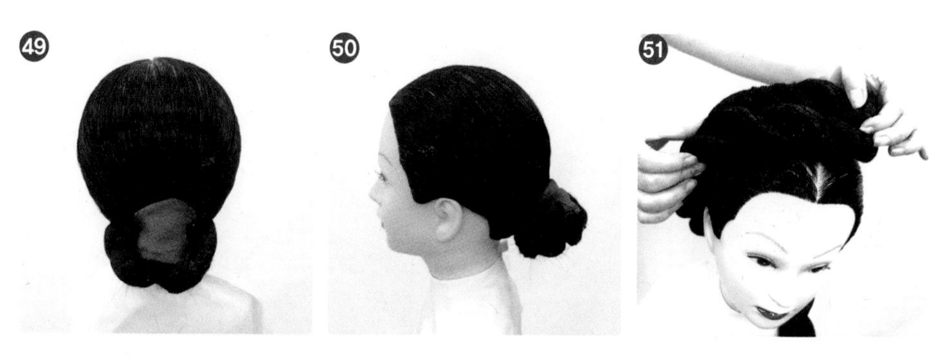

49 ~ 50 본 머리에 토대가 완성된 모습

51 ~ 52 속가체를 가르마 3cm 정도 위치에 한쪽 가체 끝부분을 살짝 접어 고정시킨다.

53 ~ 56 나머지 가체도 본 머리에 둘러준 후 나무 비녀와 핀으로 고정시킨다.

57 속가체를 고정시킨 뒷모습

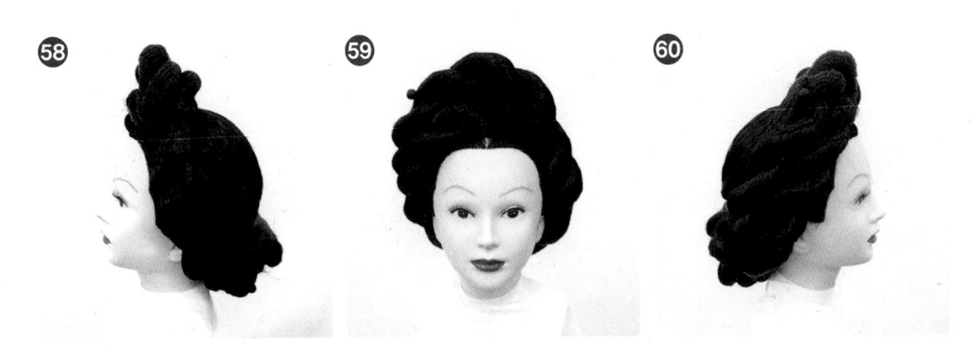

58 ~ 60 속가체를 고정한 정면과 측면의 모습

61 겉가체의 중앙에 묶은 다발이 네이프에 놓이도록 위치한다.

62 ~ 64 한쪽 겉가체를 접어서 돌린 후 속가체 위에 덧댄다.

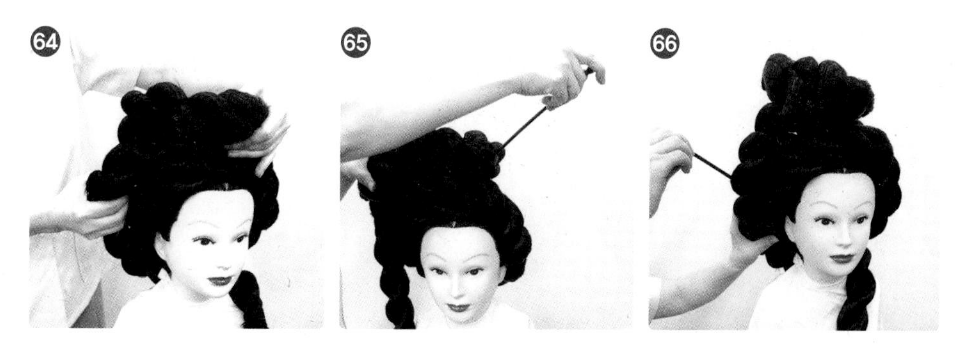

⑥⑤ ~ ⑥⑥ 겉가체가 속가체와 본 머리에 고정이 될 수 있도록 나무 비녀로 고정시킨다.

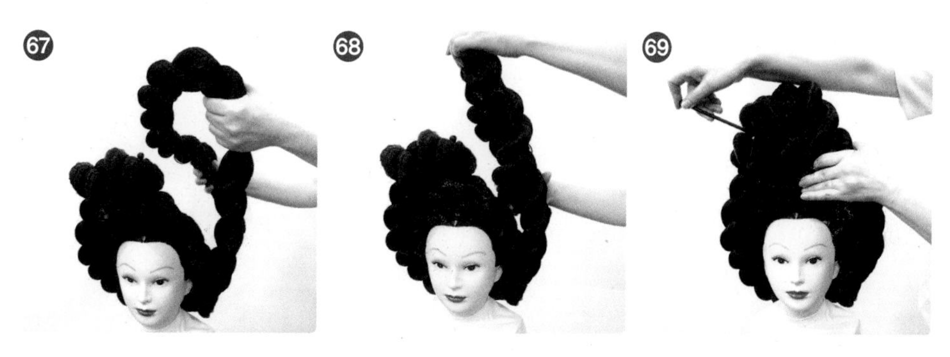

⑥⑦ ~ ⑥⑧ 반대쪽 겉가체도 동일하게 접어서 돌린다.

⑥⑨ ~ ⑦③ 속가체와 본 머리에 겉가체가 흔들리지 않도록 나무비녀로 단단하게 고정시킨다.

74 ~ 75 완성된 가체머리의 정면과 뒷모습

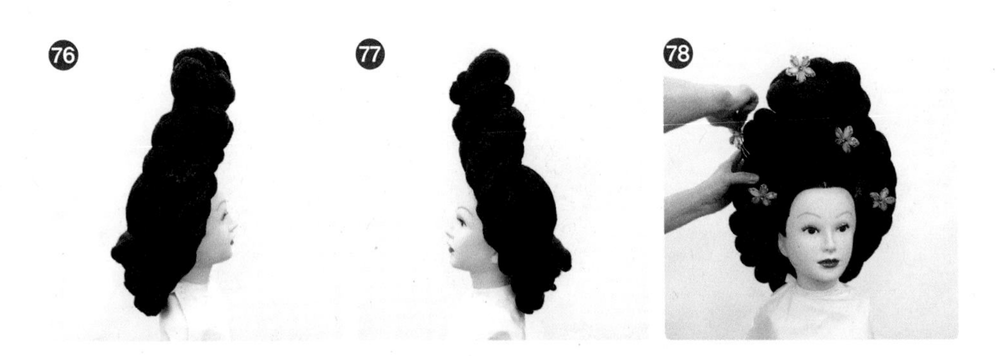

76 ~ 77 완성된 가체머리의 측면의 모습

78 ~ 79 완성된 가체머리에 액세서리를 매단다.

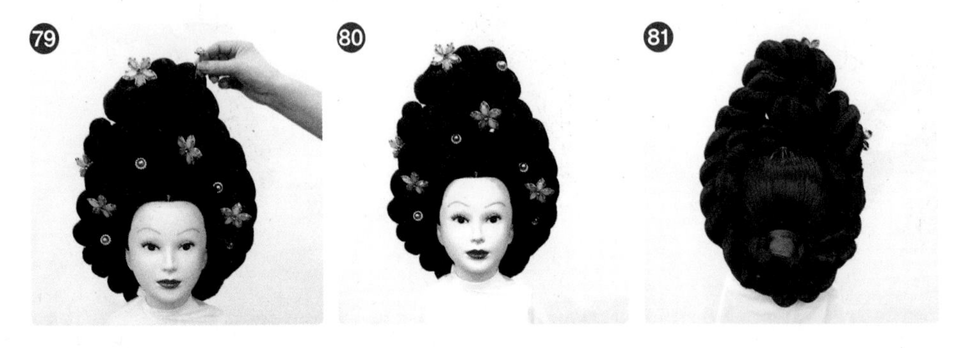

80 ~ 81 장신구를 착장하여 완성된 가체머리 정면과 뒷모습

82 ~ 83 장신구를 착장하여 완성된 가체머리 측면의 모습

가체머리 실행하기 완성된 작품

앞(front)

뒤(back)

우측(right side)

좌측(left side)

실습과정 사진		
사진		설명

완성 사진	
앞(front)	뒤(back)
우측(right side)	좌측(left side)

단원 평가(Review)

가체머리 재현에 대한 장점과 단점, 그리고 느낀 점을 쓰시오!

1. 장점

2. 단점

3. 느낀 점

트레머리

학습 내용 단원명	학습 목표
트레머리	• 조선 시대 헤어스타일인 트레머리를 현대적 고전머리 스타일로 재현할 수 있다. • 트레머리는 기생들이 주로 했던 헤어스타일로 가르마를 타서 뒤로 넘긴 두발을 본 머리로 하여 묶고, 그 위에 꼬거나 엮은 가체 여러 개를 얹어서 재현할 수 있다.

신윤복_연소답청[293]

신윤복_청금상련[293]

[트레머리 재료]

① 고전머리 가발

② 댕기

③ 뒤꽂이

④ 비녀

⑤ 돈모 브러시

⑥ 꼬리빗

⑦ 망

⑧ U핀, 실핀

⑨ 나무 비녀

⑩ 고무줄

⑪ 가체 꼬기

트레머리 재현하기

❶ 

❷ ❸ 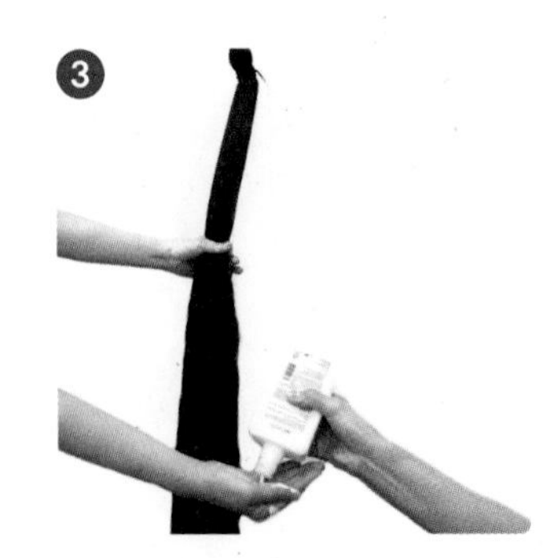

속가체 : 3꼭지 볼륨/ 길이 약 120~130cm　겉가체 : 3꼭지 볼륨/ 길이 170~180m

❶ 가체용 원사를 원하는 두께만큼 잡고 위쪽을 묶는다.

❷ ~ ❹ 원사에 분무를 하고 로션을 바른다.

❹ 

❺ 

❻ 

❺ ~ ❻ 원사에 광택스프레이를 뿌리고 돈모 브러시로 빗질을 한다.

❼ 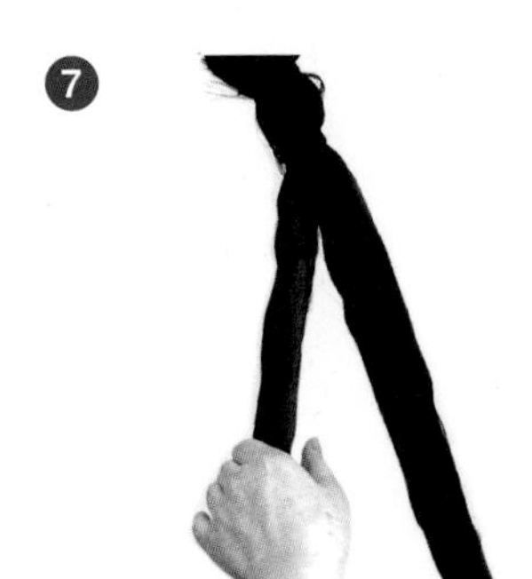

❽ 

❾ 

❼ 다발을 두 개로 나눈다.

❽ 두 개의 다발을 왼쪽 방향으로 돌린다.

❾ 두 개의 다발을 교차되도록 꼰다.

⑩ ~ ⑪ 끝까지 같은 방향으로 돌리고 두 개의 다발을 꼰다.
⑫ 모발을 끝까지 꼰다.

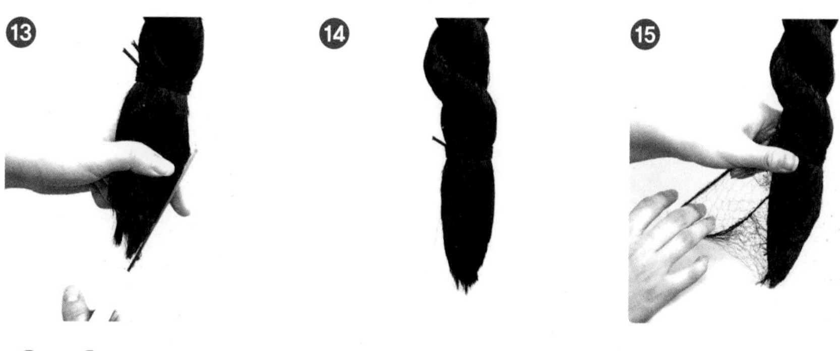

⑬ ~ ⑭ 끝자락은 붓 끝처럼 v자로 자른다.
⑮ 망이 빠지지 않도록 여러 겹 접어서 감싼다.

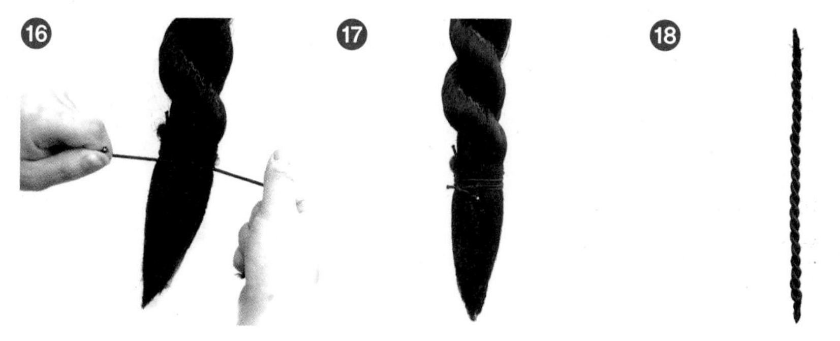

⑯ ~ ⑰ 망이 빠지지 않도록 고무줄로 묶는다.
⑱ 양끝은 붓처럼 v자의 형태가 되도록 마무리한다.
겉가체가 완성된 모습 속가체도 동일한 방법으로 진행함

⑲ 가체머리 겉가체와 속가체가 완성된 모습
⑳ ~ ㉑ 정중선 가르마를 탄다.

㉒ 정중선 가르마 7cm의 위치에서 방사선 빗질을 한다.
㉓ ~ ㉔ 참빗으로 다시 한 번 꼼꼼하게 빗질을 진행한다.

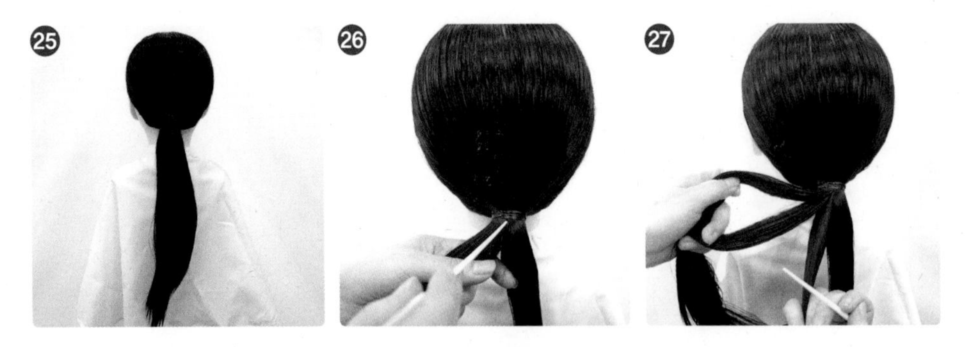

㉕ 망을 씌운 후 손가락 두 개 정도의 공간을 두고 모발을 모아 잡고 묶는다.
㉖ ~ ㉗ 아래쪽 망은 위쪽으로 살짝 올려 놓고 묶은 모발은 두 개로 나눈 후 왼쪽 모발을 다시 세 가닥으로 나눈다.

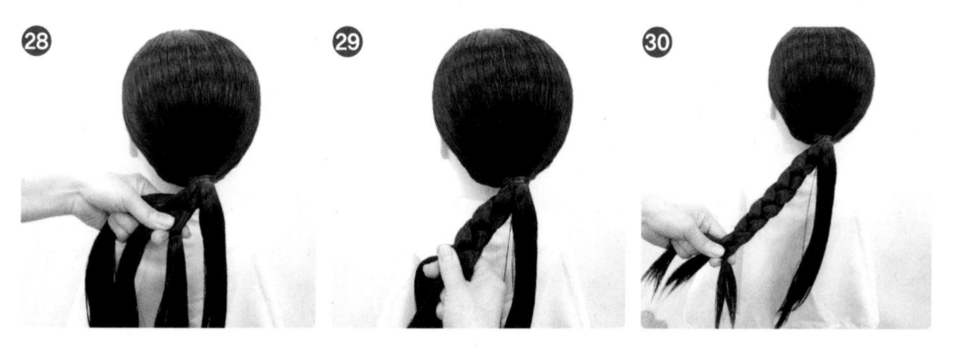

㉘ ~ ㉚ 나눈 세 가닥의 모발을 땋는다.

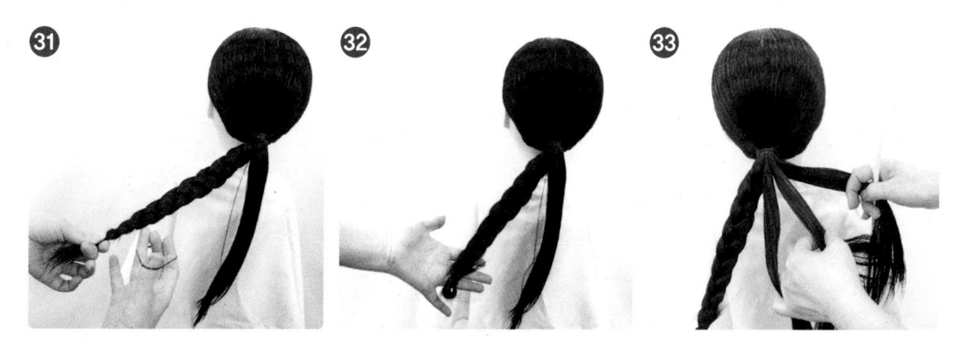

㉛ ~ ㉜ 모발 끝은 반으로 접어 고무줄로 묶는다.
㉝ ~ ㉞ 반대쪽도 동일하게 땋아서 진행한다.

㉟ 양쪽 모발을 세 갈래 땋기로 진행한 모습

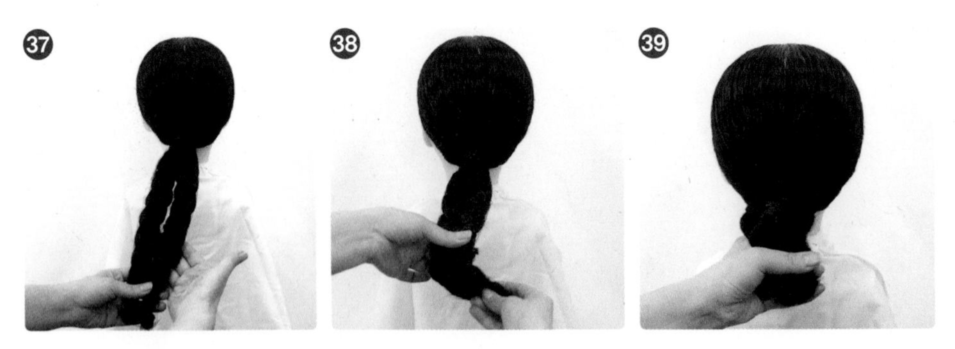

㊱ ~ ㊴ 위로 올려 놓았던 망을 땋은 모발에 씌우고 모발을 세 번 정도 접는다.

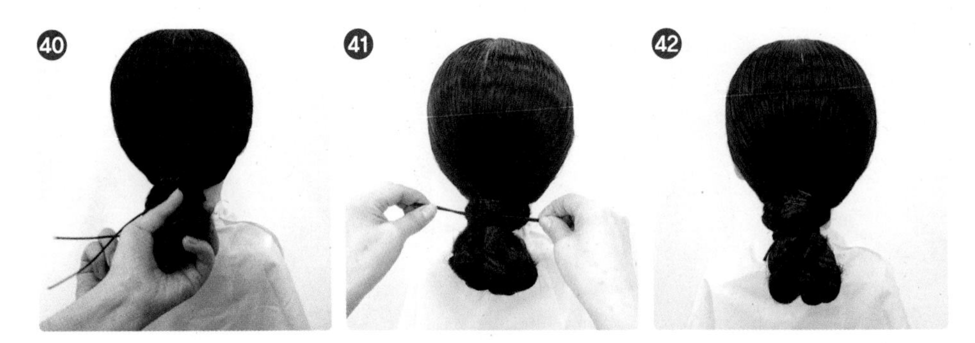

㊵ ~ ㊷ 접은 다발을 고무줄로 단단하게 묶는다.

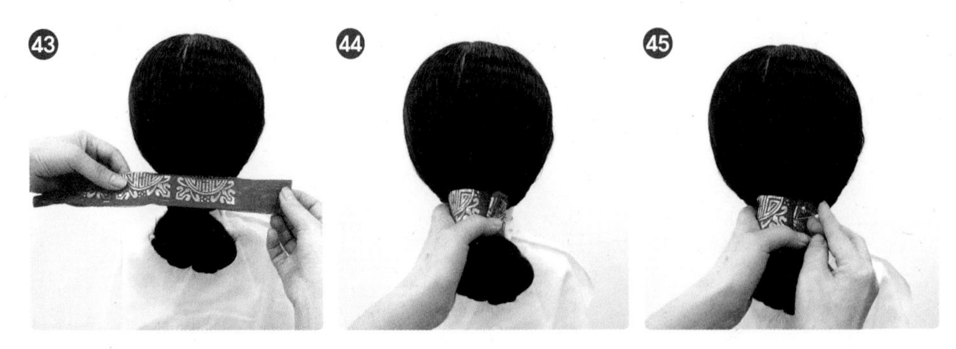

㊸ ~ ㊺ 댕기를 둘러준 후 시침핀으로 고정한다.

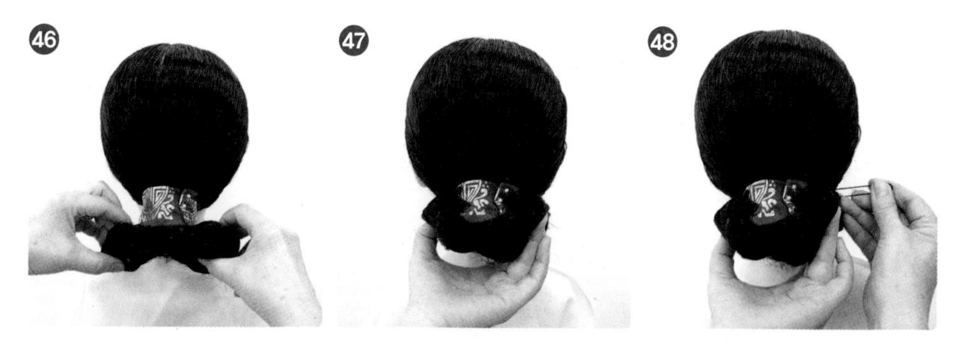

46 ~ 49 묶은 다발 아래 모발을 살짝 벌리고 양쪽을 본머리에 U핀으로 고정시킨다.

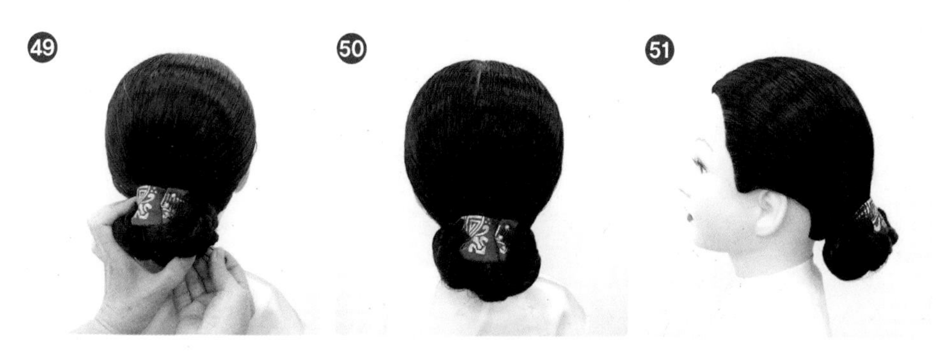

50 ~ 51 본머리 토대가 완성된 모습

52 ~ 53 속가체를 본머리에 올려 위치를 잡는다.
54 탑 포인트T.P에 가체를 접어 올려 고정시킨다.

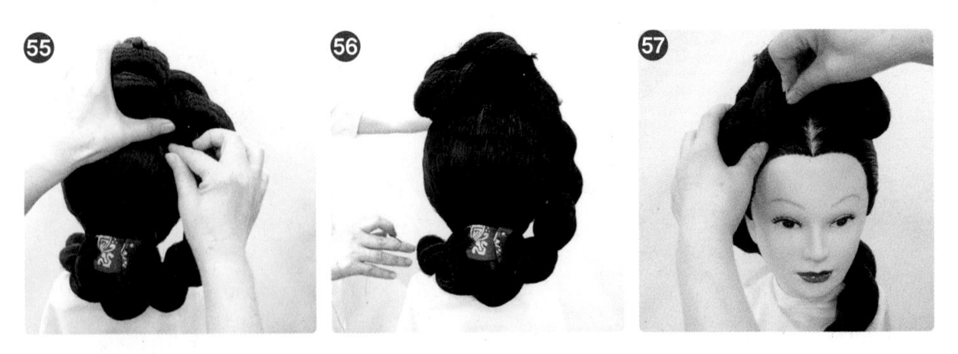

⑮ ~ ⑲ 속가체가 흔들리지 않도록 본머리에 핀으로 고정시킨다.

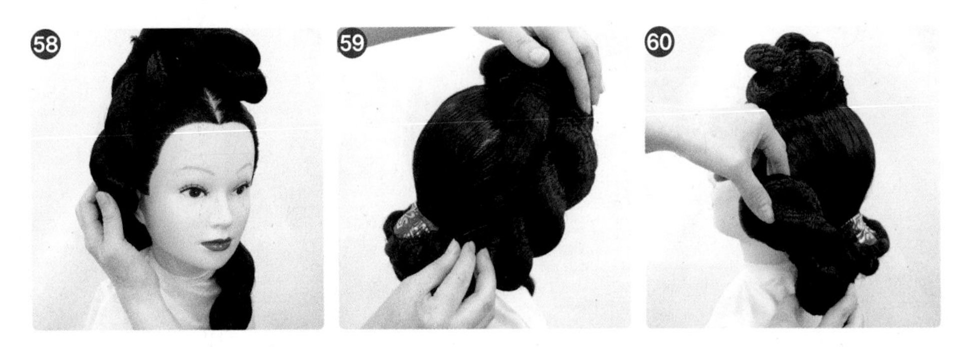

⑳ ~ ㉑ 반대쪽은 왼쪽 이어 백 포인트E.B.P 부분에 가체가 위치하도록 균형을 잡고 고정시킨다.

㉒ ~ ㉕ 속가체가 본 머리에 고정된 모습

⑯ ~ ⑱ 겉가체를 속가체 위에 덧대어 구도를 잡는다.

⑲ ~ ㉑ 구도를 잡은 가체를 나무비녀로 단단하게 고정시킨다.

㉒ ~ ㉔ 반대쪽도 동일하게 속가체 위에 겉가체를 덧대어 나무 비녀로 고정시킨다.

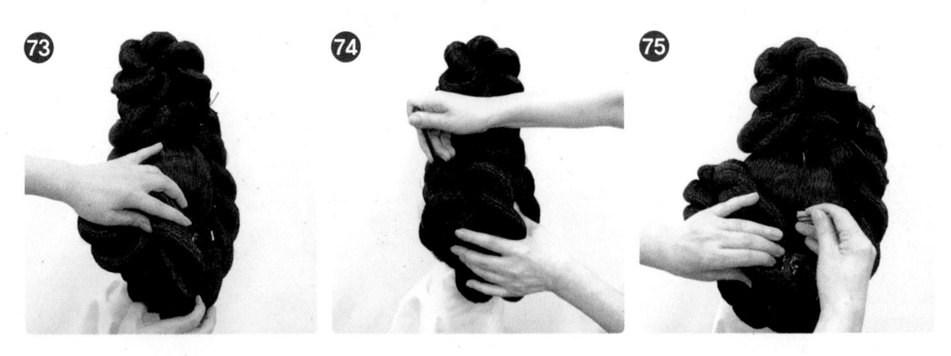

75 ~ 76 중간 중간 가체를 U핀으로 고정시킨다.

77 ~ 80 본 머리에 속가체와 겉가체가 고정된 모습

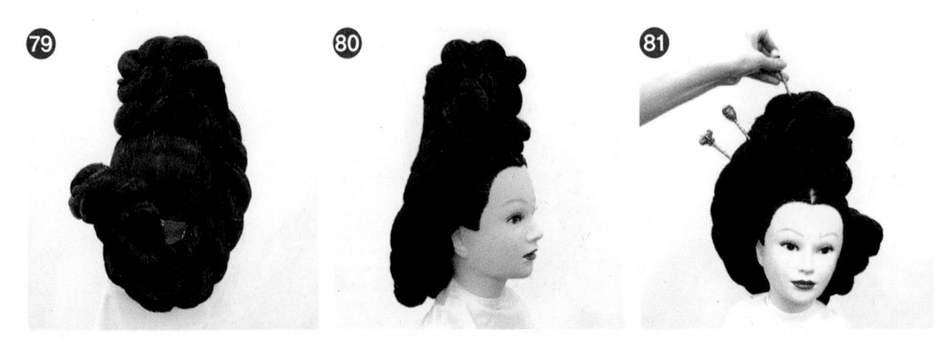

81 ~ 82 완성된 트레머리에 장신구 비녀를 구도에 맞게 착장한다.

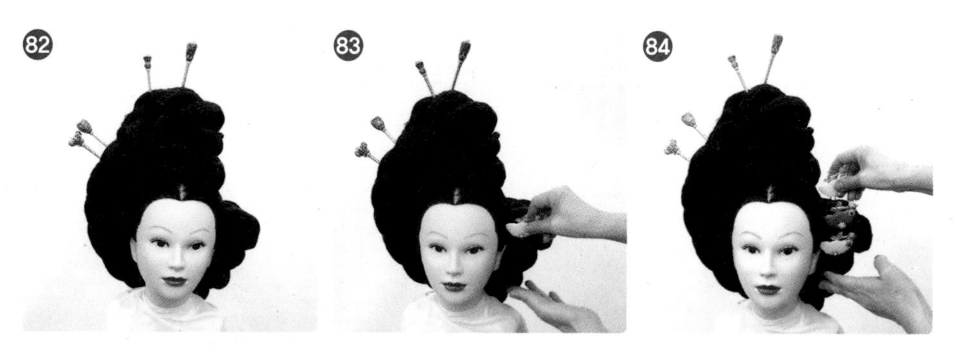

83 ~ 85 반대쪽도 동일하게 장신구를 착장한다.

86 ~ 87 완성된 트레머리의 정면과 뒷모습

88 ~ 89 완성된 트레머리 측면의 모습

트레머리 실행하기 완성된 작품

앞(front)

뒤(back)

우측(right side)

좌측(left side)

실습과정 사진		
사진		설명

완성 사진	
앞(front)	뒤(back)
우측(right side)	좌측(left side)

단원 평가(Review)

트레머리 재현에 대한 장점과 단점, 그리고 느낀 점을 쓰시오!

1. 장점

2. 단점

3. 느낀 점

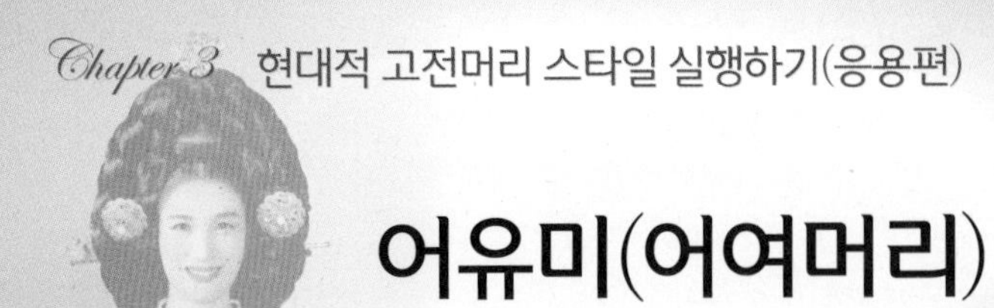

Chapter 3 현대적 고전머리 스타일 실행하기(응용편)

어유미(어여머리)

학습 내용 단원명	학습 목표
어유미 어여머리	• 조선 시대 헤어스타일인 어유미를 현대적 고전머리 스타일로 재현할 수 있다. • 어염족두리를 쓰고 가체를 땋아서 크게 말아 올린 예장용禮裝用 머리모양을 재현할 수 있다.

순정왕후 윤씨[294]

명성황후[295]

[어유미 어여머리 재료]

① 고전머리 가발

② 어염족두리

③ 댕기

④ 나무 비녀

⑤ 나비잠, 떨잠

⑥ 뒤꽂이

⑦ 참빗

⑧ 고무줄

⑨ 망

⑩ 돈모 브러시

⑪ 꼬리빗

⑫ 봉잠

⑬ 땋은 가체

어유미어여머리 재현하기

❶ 가체용 원사를 원하는 두께만큼 잡고 위쪽을 묶는다. 겉가체는 105cm 와 115cm 중앙에 묶어서 땋음

겉가체 원사 : 3꼭지 볼륨/ 길이 약 220cm　속가체 원사 : 1꼭지 볼륨/ 길이 약 100cm

쪽가체 원사 : 2꼭지 볼륨/ 길이 약 95~100cm

❷ ~ ❹ 원사에 분무를 하고 로션을 바른다.

❺ ~ ❻ 원사에 광택스프레이를 뿌리고 돈모 브러시로 빗질을 한다.

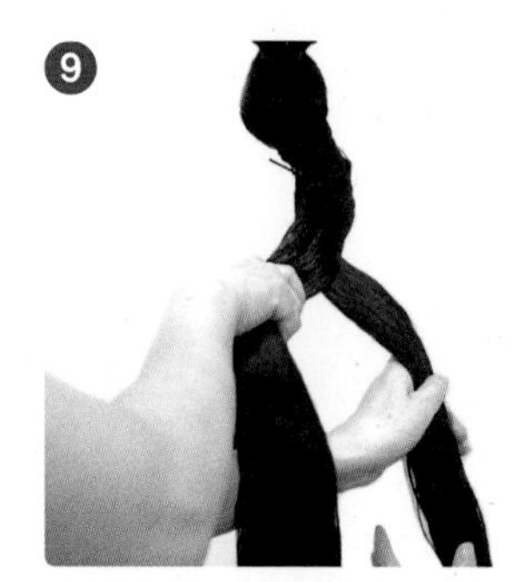

❼ 원사가 엉키지 않도록 손으로 결을 만든다.

❽ ~ ❾ 원사를 세 가닥으로 나눈 뒤 오른쪽 다발을 가운데로 이동한다.

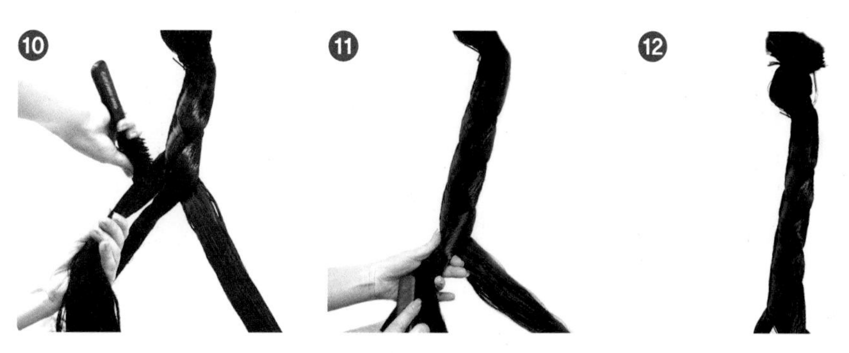

⑩ ~ ⑬ 왼쪽 다발도 가운데로 이동하며 계속 땋아간다.

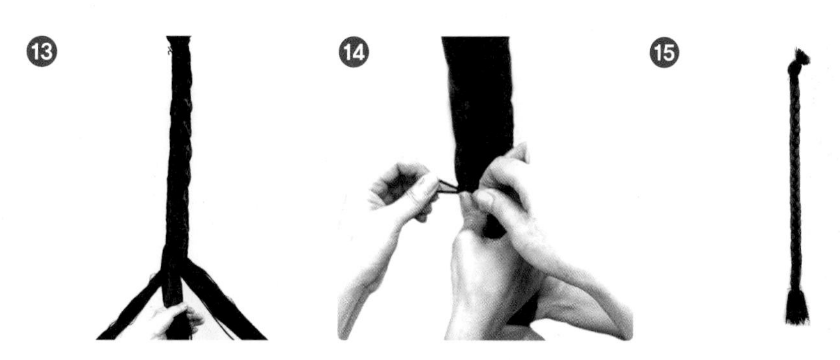

⑭ 다발을 끝까지 땋은 후 고무줄로 묶는다.

⑮ 세 가닥으로 땋은 모습

⑯ ~ ⑰ 끝자락은 붓 끝처럼 v자로 자른다.

⑱ ~ ⑳ 망이 빠지지 않도록 여러 겹 접어서 감싼다.

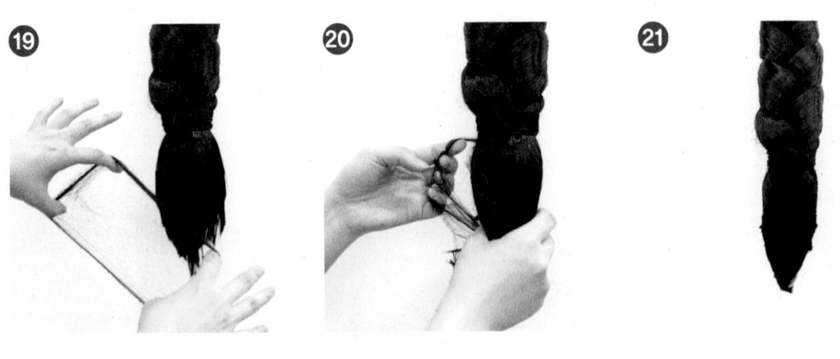

㉑ 망을 씌운 모습

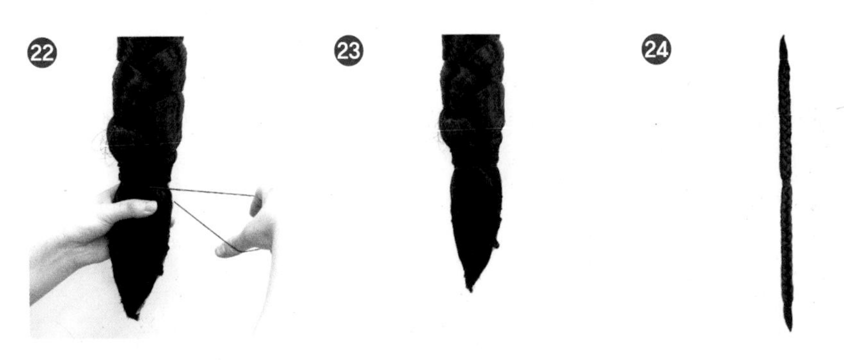

㉒ ~ ㉓ 망을 씌우고 그 위에 고무줄로 묶는다.

㉔ 양끝은 붓처럼 v자의 형태가 되도록 마무리한다.

㉕ ~ ㉖ 겉가체, 속가체, 쪽가체가 완성된 모습

㉗ ~ ㉘ 정중선 가르마를 탄다.

㉙ 정중선 7cm의 위치에서 방사선 빗질을 한다.

㉚ ~ ㉛ 참빗으로 다시 한 번 꼼꼼하게 빗질을 진행한다.

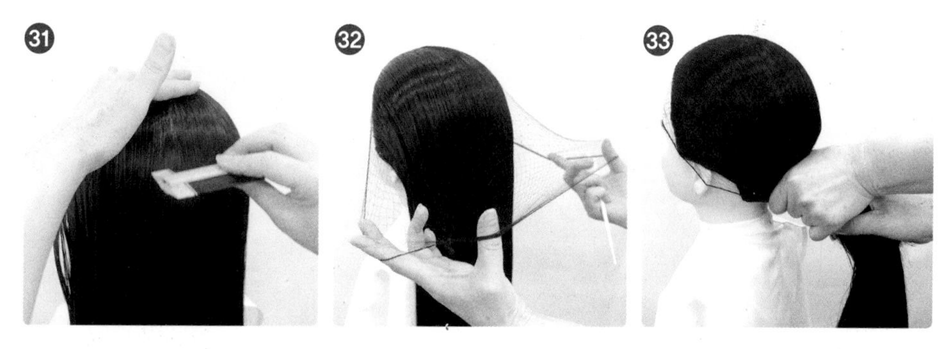

㉜ 빗질이 완성 된 모발에 망을 씌운다.

㉝ ~ ㉞ 손가락 두 개 정도의 공간을 두고 모발을 모아 잡는다.

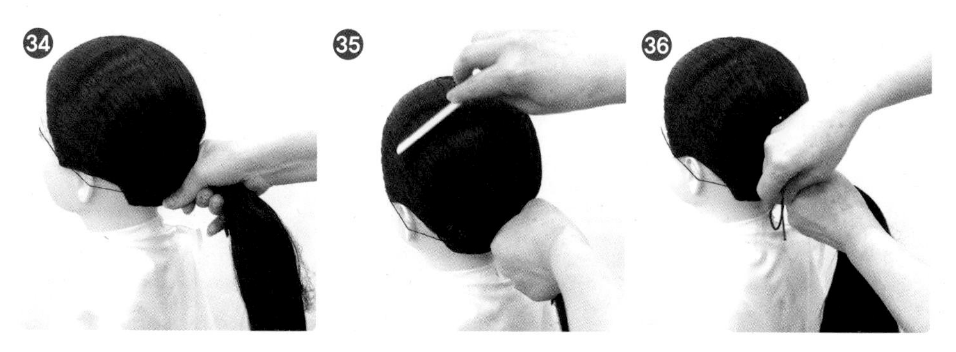

㉟ 머리결을 매끄럽게 빗질한다.

㊱ ~ ㊲ 잡은 모발을 고무줄로 묶은 후 망을 위쪽으로 살짝 올려놓는다.

㊳ ~ ㊴ 모발을 두 갈래로 나눈 후 끝까지 땋는다.

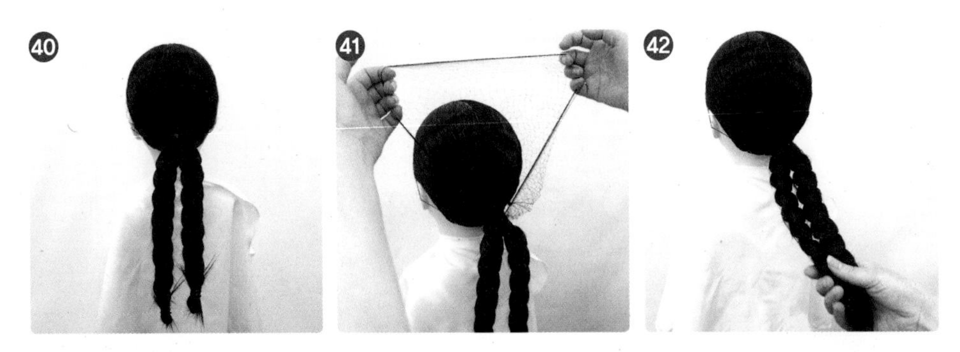

㊵ 양쪽 모발을 땋은 모습
㊶ ~ ㊷ 올려 놓았던 망을 땋은 모발을 감싸 묶는다.

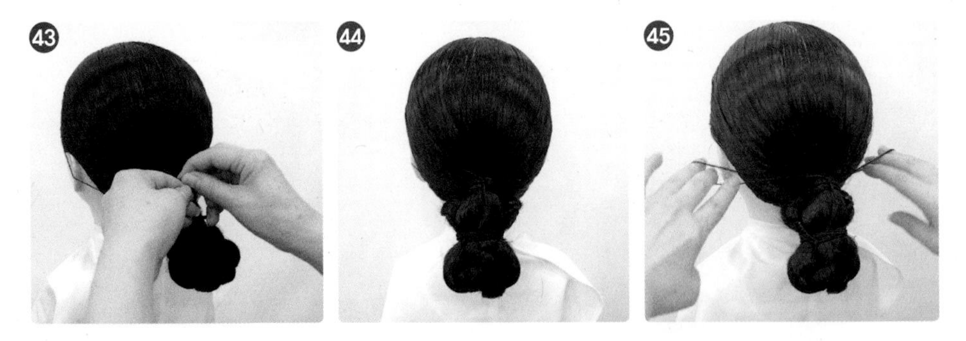

㊸ ~ ㊹ 양쪽에 땋은 두 모발을 같이 잡고 둥글게 세 번 정도 접어 준 뒤 접은 모발을 묶는다.

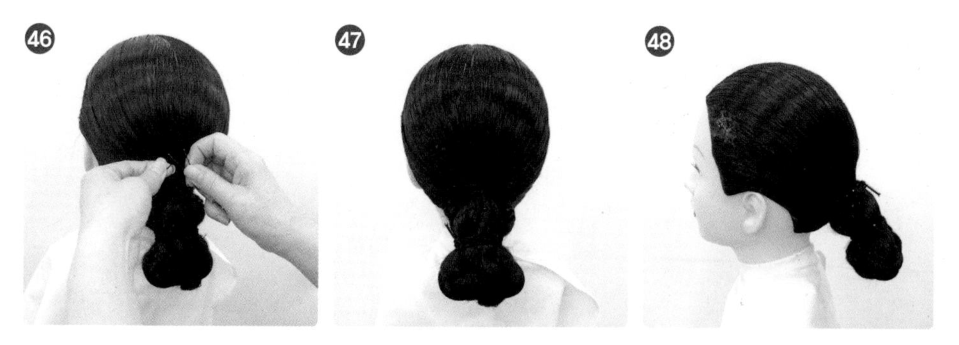

㊺ ~ ㊻ 남은 망은 본머리에 묶은 곳에 안 보이게 핀으로 고정시킨다.
㊼ ~ ㊽ 본머리 토대가 완성된 모습

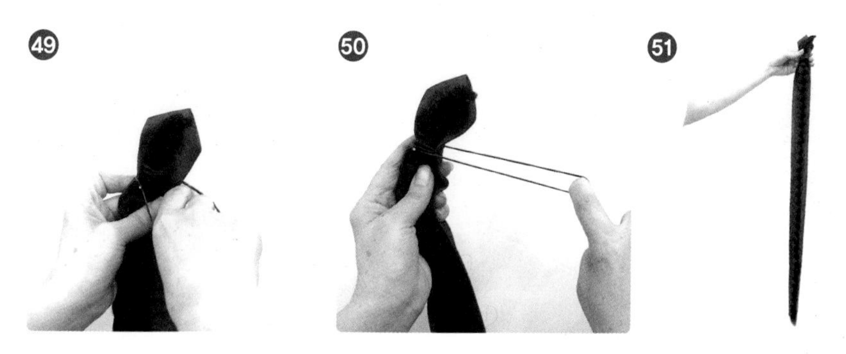

㊾ ~ 51 쪽가체 한쪽 끝은 댕기를 매단다.

52 ~ 54 쪽가체 한쪽 끝은 본머리 토대에 덧대어서 고무줄로 묶는다.

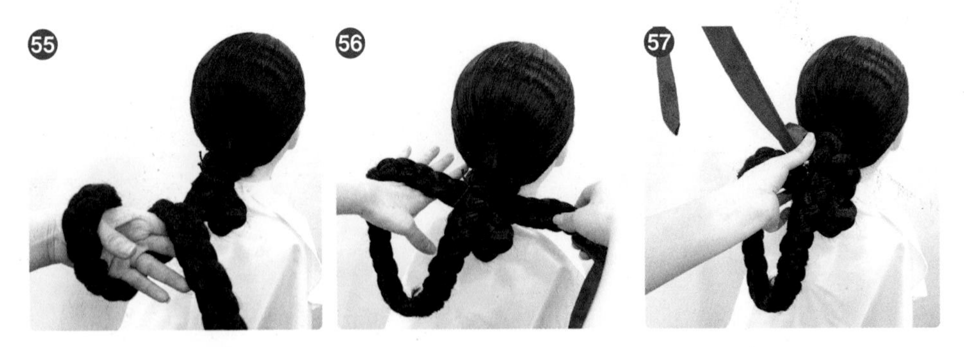

55 ~ 58 가체 끝부분을 돌려서 토대 아래로 위치한 후 댕기를 돌린다.

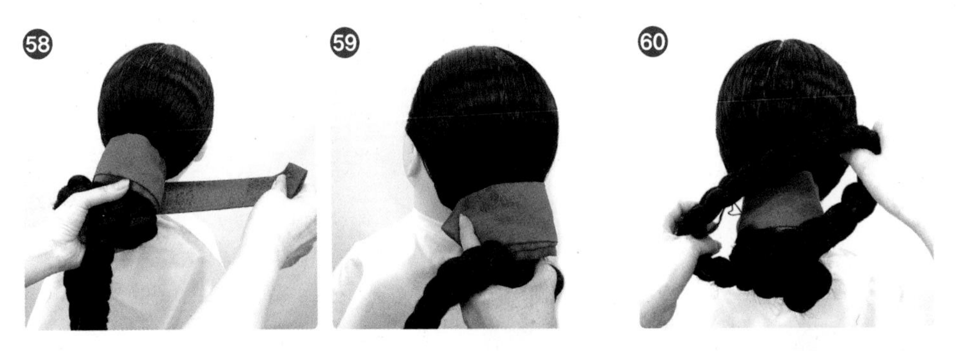

59 댕기를 두르고 시침핀으로 고정한다.

60 ~ 62 왼쪽에 있는 가체를 돌려서 오른쪽으로 가져온 후 양손으로 균형감 있게 쪽 모양을 만든다.

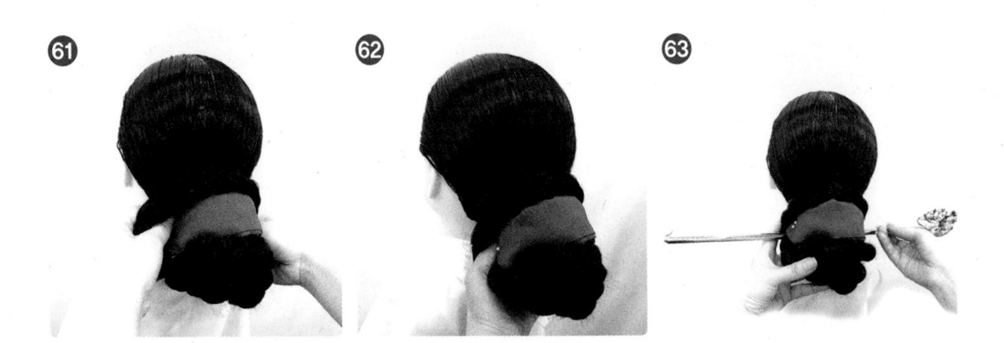

63 ~ 64 비녀를 수평으로 꽂는다.

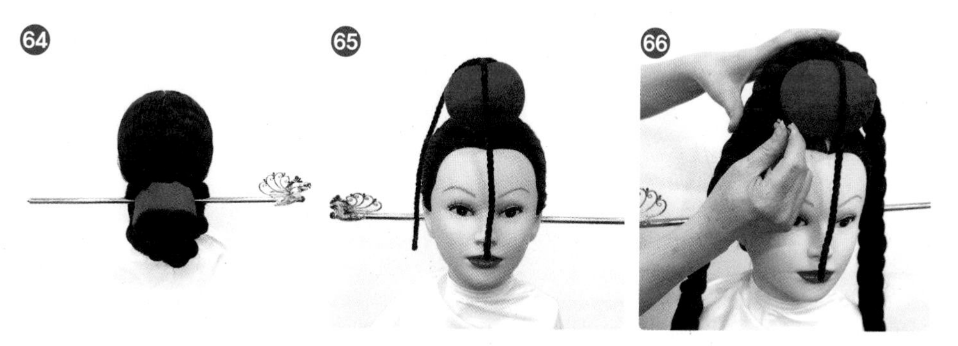

65 앞가르마 3cm 위치에 어염족두리를 얹어서 고정한다.

66 속가체를 어염족두리 위에 얹어서 고정한다.

67 ~ 71 속가체를 머리에 두르고 본 머리와 고정시킨다.

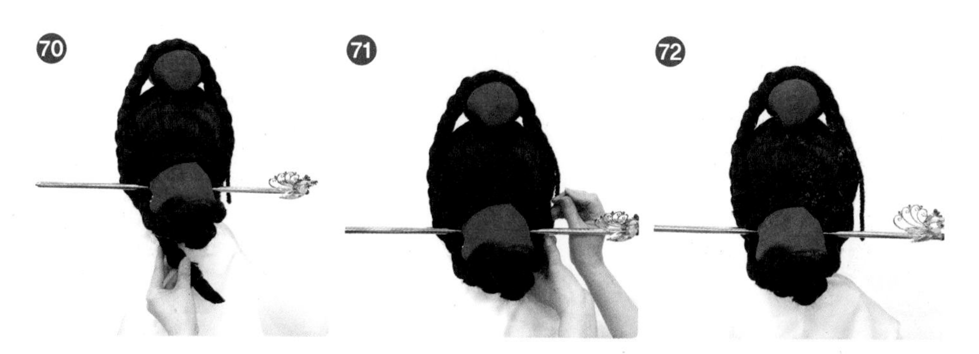

72 ~ 73 본 머리에 속가체를 고정시킨 모습

⑭ 겉가체 중앙에 묶은 위치를 뒤쪽으로 위치하고 한쪽을 어염족두리 위에 올린다.

⑮ ~ ⑰ 나무 비녀로 겉가체를 속가체와 고정시킨다.

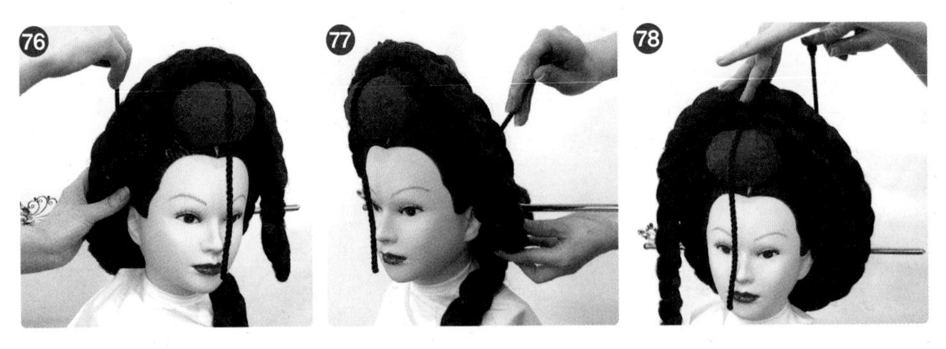

⑱ ~ ⑳ 반대쪽 가체도 속가체 위에 덧대어 올린 후 나무 비녀로 고정시킨다.

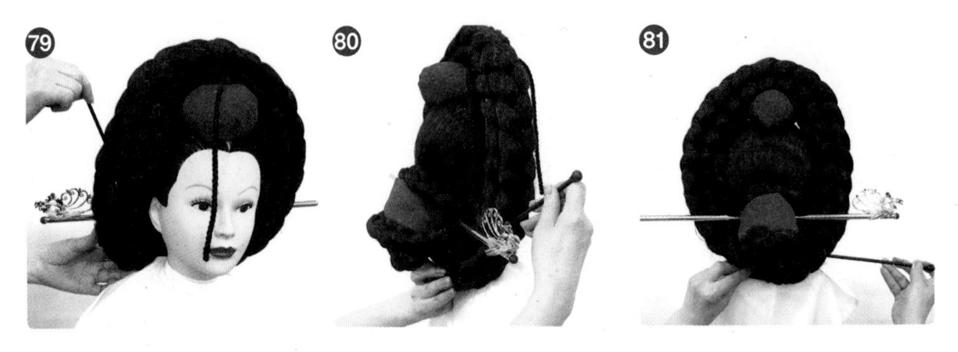

㉑ 네이프도 단단하게 고정시킨다.

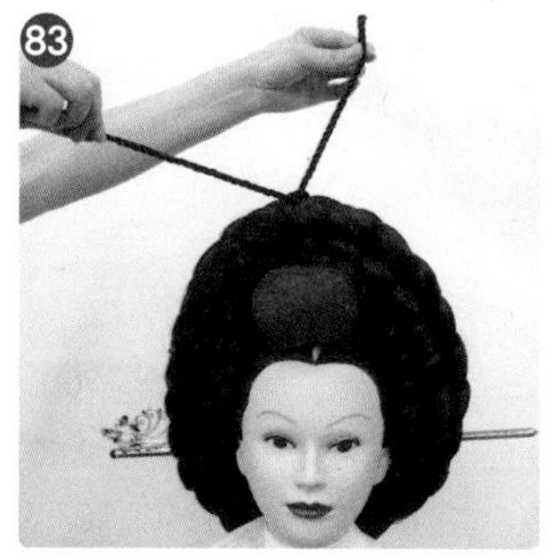

82 중간 중간 U핀으로 고정시킨다.
83 어염족두리에 달린 끈으로 속가체와 겉가체를 묶어 고정시킨다.
84 어염족두리 위에 고정된 어유미 가체의 모습

85 나비잠은 어염족두리 위에 고정시킨다.
86 눈동자 45° 위쪽 위치에 떨잠을 양쪽으로 단다.

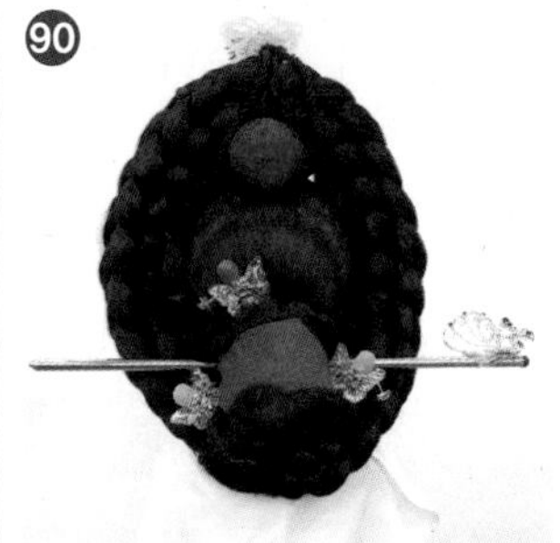

87 ~ 89 완성된 어유미의 모습
90 쪽머리에도 삼각구도로 액세서리를 착장한다.

어유미어여머리 실행하기 완성된 작품

앞(front)

뒤(back)

우측(right side)

좌측(left side)

실습과정 사진		
사진		설명

완성 사진	
앞(front)	뒤(back)
우측(right side)	좌측(left side)

단원 평가(Review)

어유미 재현에 대한 장점과 단점, 그리고 느낀 점을 쓰시오!

1. 장점

2. 단점

3. 느낀 점

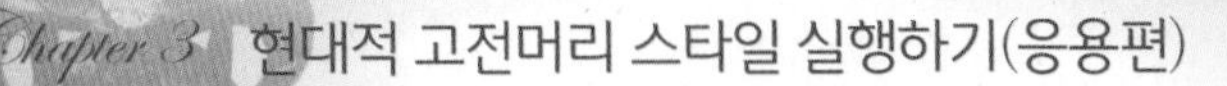

15. 거두미

학습 내용 단원명	학습 목표
거두미	• 조선 시대 헤어스타일인 거두미를 현대적 고전머리 스타일로 재현할 수 있다. • 일명 큰 머리라고도 불리우며 궁중 의식 때 하던 머리모양으로 어염족두리를 쓰고 말아 올린 가체 위에 목제가발 떠구지 을 얹은 머리형태를 재현할 수 있다.

명성왕후_1885년 개화기[296]

[거두미 재료]

① 고전머리 가발

② 어염족두리

③ 떠구지

④ 나비떨잠, 떨잠

⑤ 땋은 가체

⑥ 용잠

⑦ 나무 비녀

⑧ 고무줄

⑨ 망

⑩ 참빗

⑪ 돈모 브러시

⑫ 꼬리빗

거두미 재현하기

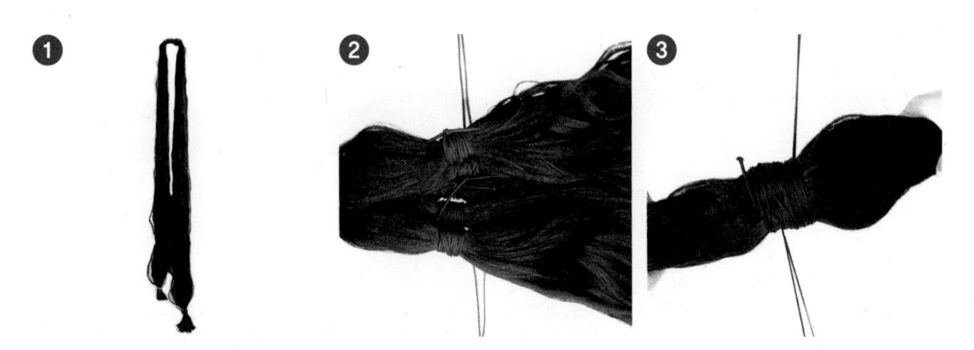

❶ 길이 230cm의 가체용 원사 1꼭지를 잘라서 왼쪽은 110cm, 오른쪽은 120cm 중심에 고무줄로 묶는다.

❷ ~ ❹ 총 6꼭지 다발을 묶어서 다시 하나로 잡고 풀리지 않도록 묶는다.

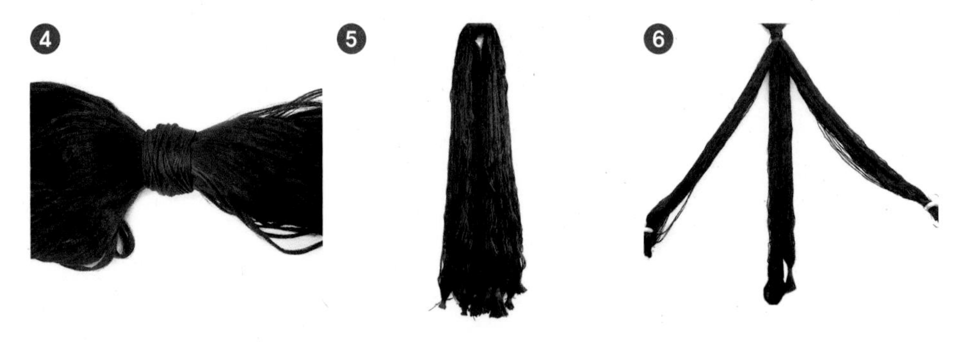

❺ 반으로 묶은 원사 다발을 고리에 건다.

❻ 한쪽 원사를 세 가닥으로 나눈다.

❼ ~ ❾ 가체에 물을 뿌리고 로션과 광택제를 발라 윤기를 낸다.

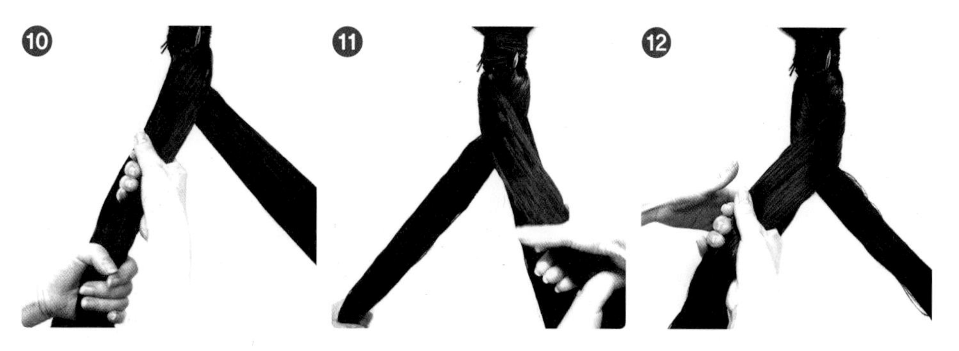

⑩ ~ ⑬ 오른쪽과 왼쪽을 가운데로 이동하면서 땋는다.

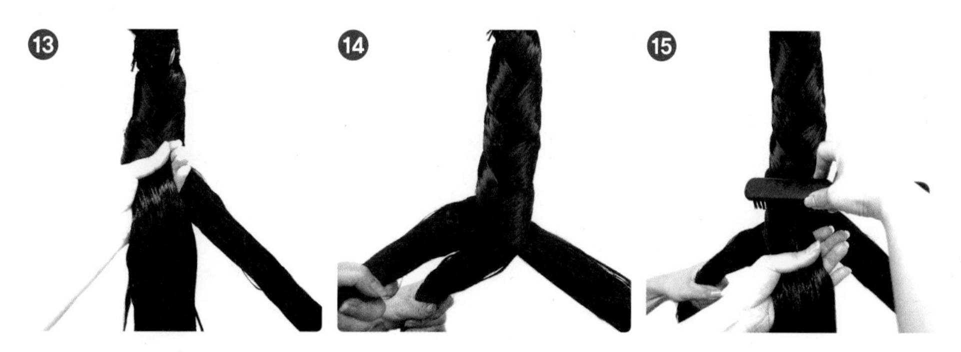

⑭ 계속 진행하며 땋아 내려간다.

⑮ ~ ⑰ 중간 중간 돈모 브러시로 원사가 엉키지 않도록 빗어 가며 땋아 내려간다.

⑱ 끝까지 땋고 잡은 뒤 땋은 다발이 풀리지 않도록 강하게 고무줄로 묶는다.

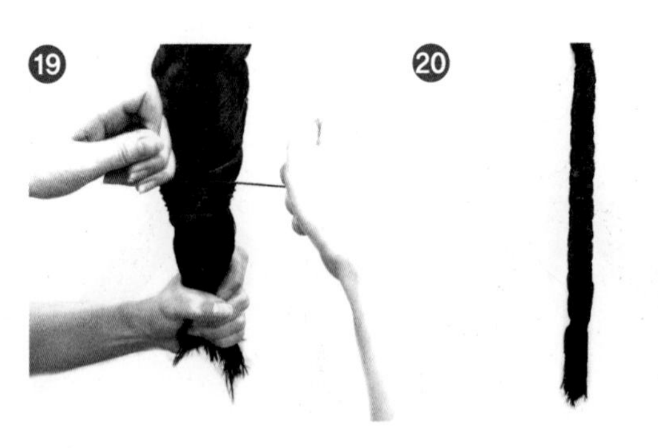

⑳ 한쪽 부분을 끝까지 땋은 모습
㉑ 끝부분이 v자 형태가 되도록 자른다.

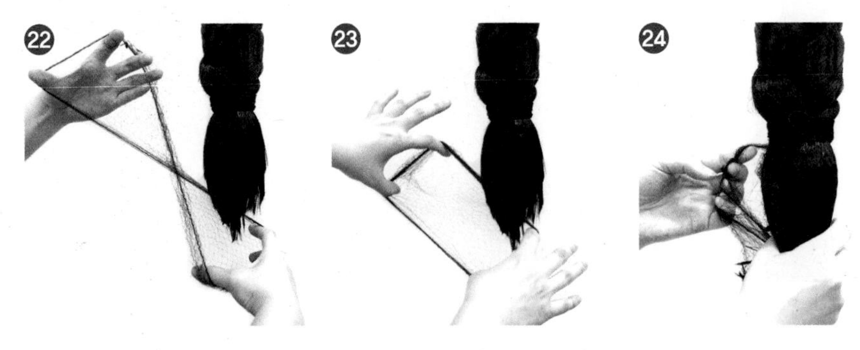

㉒ ~ ㉕ 망을 반으로 접어 끝부분에 감아 돌린다.

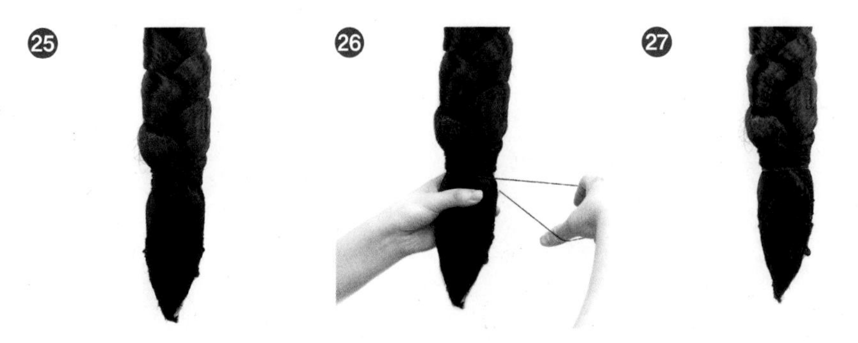

㉖ ~ ㉗ 망을 씌운 뒤 고무줄로 묶는다.

㉘ 한쪽 부분의 가체가 완성된 모습

㉙ 반대쪽 원사도 물을 뿌리고 로션과 광택스프레이를 뿌려 윤기를 낸 다음 엉키지 않도록 곱게 빗는다.

㉚ ~ ㉝ 오른쪽 왼쪽 다발을 가운데로 이동하면서 땋아 내려간다.

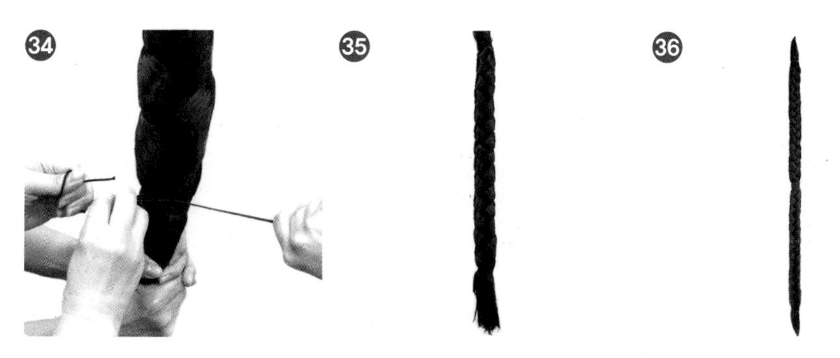

㉞ ~ ㉟ 끝부분을 풀리지 않도록 강하게 묶는다.

㊱ 거두미 가체가 완성된 모습

㊲ 원사 길이 95~100cm, 2꼭지 볼륨으로 하여 쪽가체를 땋아서 만든다.
얹은머리에 들어가는 쪽 가체와 얹은머리 가체의 완성된 모습

㊳ ~ ㊴ 정중선 가르마를 탄다.

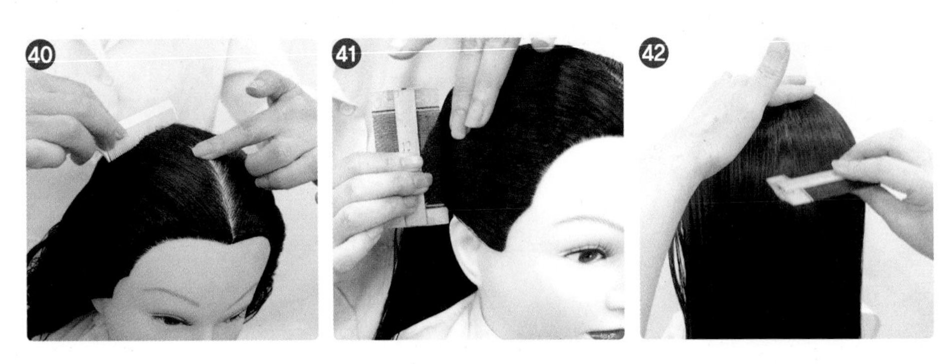

㊵ 정중선 가르마 7cm의 위치에서 방사선 빗질을 한다.

㊶ ~ ㊷ 참빗으로 다시 한 번 꼼꼼하게 빗질을 진행한다.

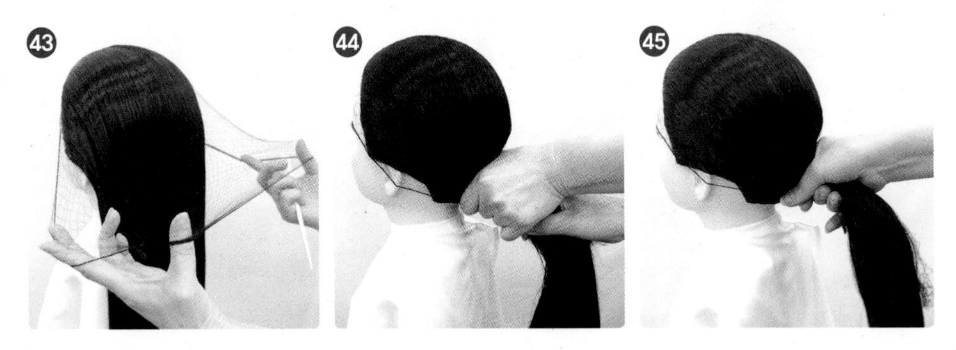

㊸ 빗질이 완성된 모발에 망을 씌운다.

㊹ ~ ㊺ 손가락 두 개 정도의 공간을 두고 모발을 모아 잡는다.

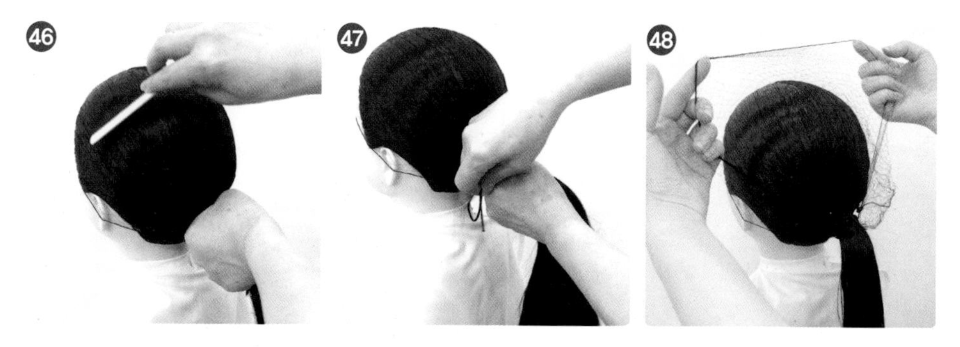

46 머리결을 매끄럽게 빗질한다.
47 ~ 48 잡은 모발을 고무줄로 묶은 후 망을 위쪽으로 살짝 올려놓는다.

49 ~ 50 모발을 두 갈래로 나눈 후 끝까지 땋는다.
51 양쪽 모발을 땋은 모습

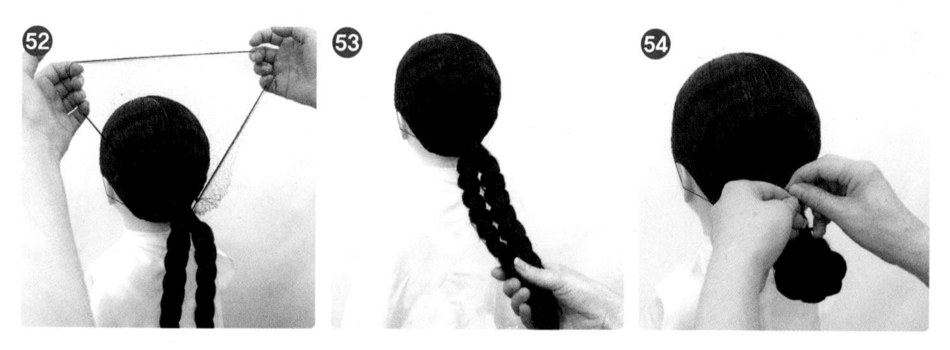

52 ~ 53 올려놓았던 망을 땋은 모발을 감싸 묶는다.
54 ~ 55 양쪽에 땋은 두 모발을 같이 잡고 둥글게 세 번 정도 접은 뒤 접은 모발을 묶는다.

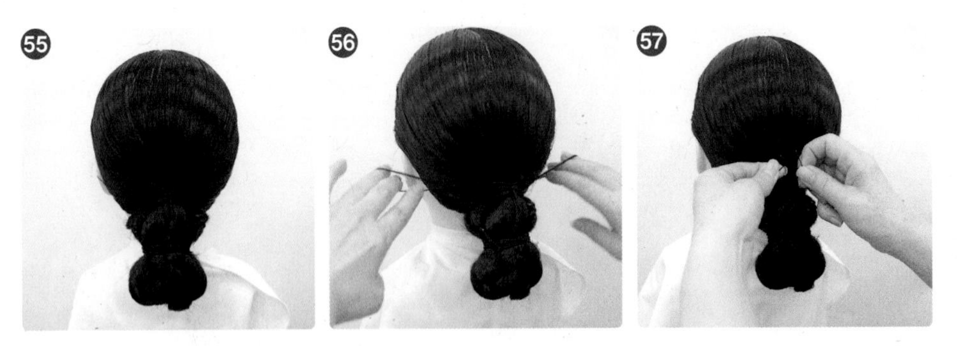

56 ~ 57 남은 망은 본 머리에 묶은 곳에 안 보이게 핀으로 고정시킨다.

58 ~ 59 본 머리 토대가 완성된 모습
60 ~ 61 쪽가체 한쪽 끝은 댕기를 단다.

61 62 63

62 ~ 63 쪽가체 한쪽 끝은 본 머리 토대에 덧대어서 고무줄로 묶는다.

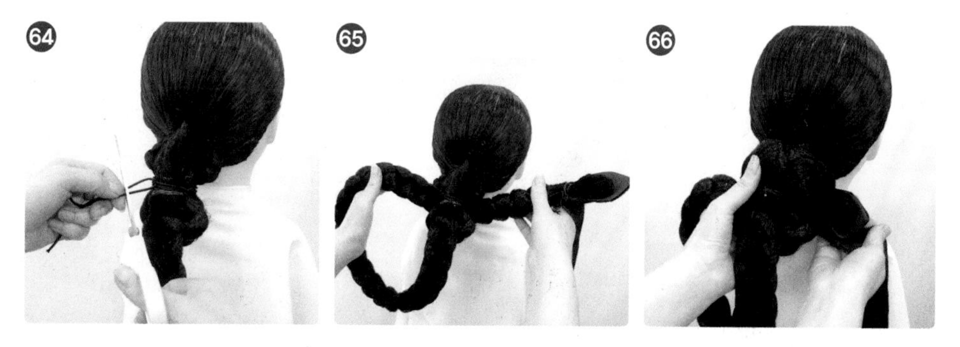

64 긴 고무줄은 자른다.

65 ~ 67 가체 끝부분을 돌려서 토대 아래로 위치한 후 댕기를 돌린다.

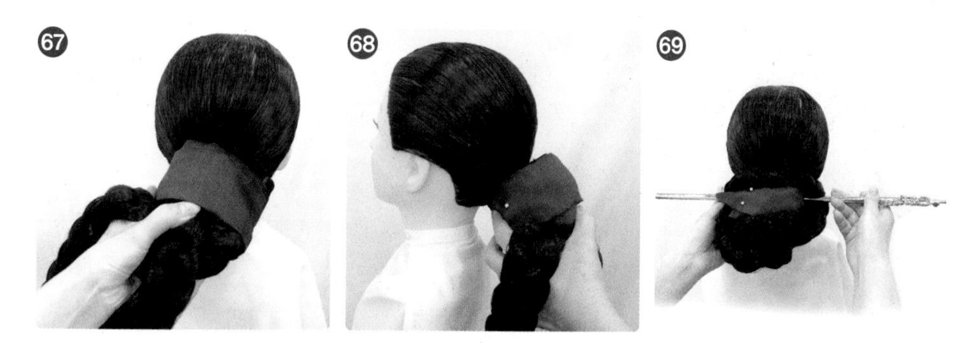

68 댕기를 시침핀으로 고정시킨다.

69 왼쪽에 있는 가체를 돌려서 오른쪽으로 가져온 후 양손으로 균형감 있게 쪽 모양을 만든 후 비녀를 수평으로 꽂는다.

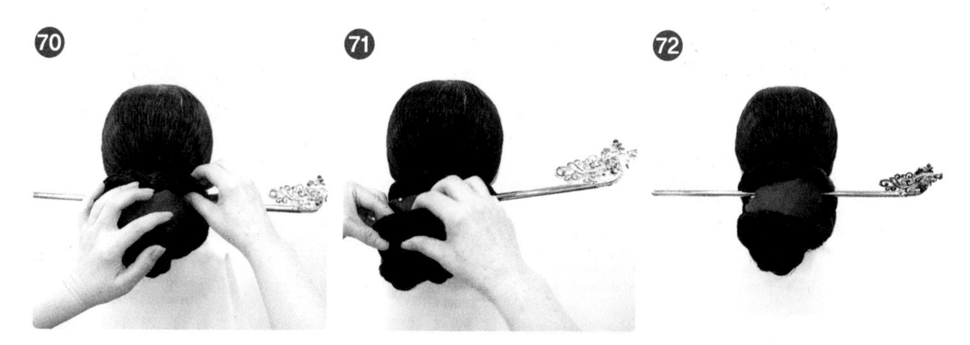

70 ~ 71 비녀를 꽂은 후 쪽의 모양을 균형감 있게 만든다.

72 쪽 모양이 완성된 모습

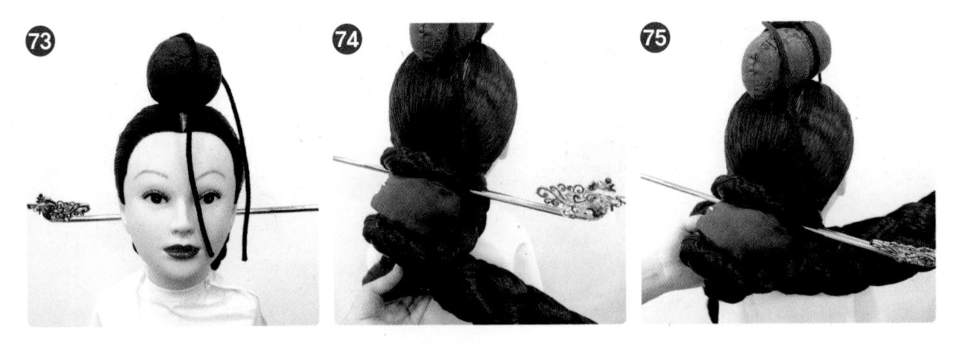

⑦③ 앞가르마 3cm 위치에 어염족두리를 얹어서 고정한다.
⑦④ ~ ⑦⑦ 가체를 반으로 묶은 위치가 아래쪽으로 향하게 하여 본 머리에 돌린다.

⑦⑧ 가체가 흔들리지 않도록 사이드 부분에 핀으로 고정한다.

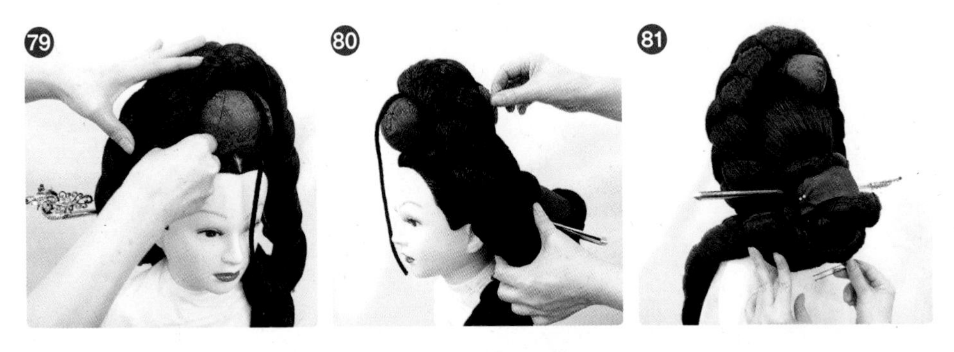

⑦⑨ ~ ⑧② 끝부분 가체도 핀으로 단단하게 고정시킨다.

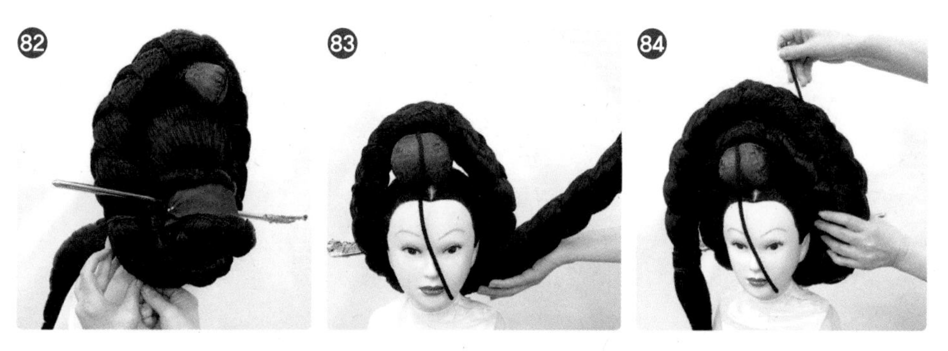

⑧③ 남은 반대쪽 가체도 어염족두리와 가체 위로 올려 돌린다.

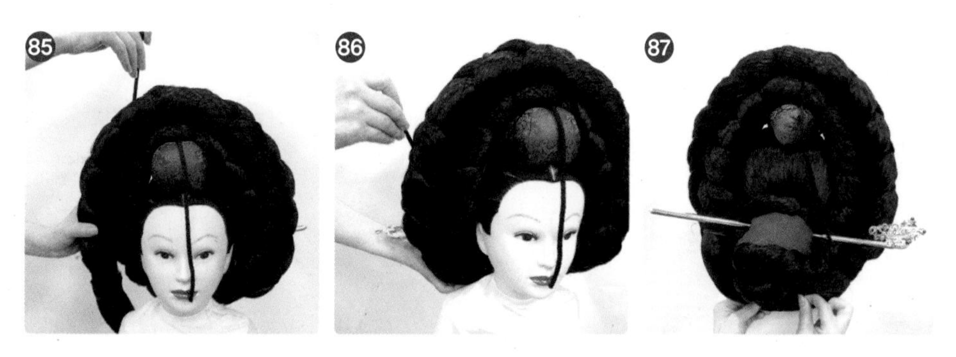

⑧④ ~ ⑧⑦ 나무 비녀와 핀으로 돌려가며 단단하게 고정시킨다.

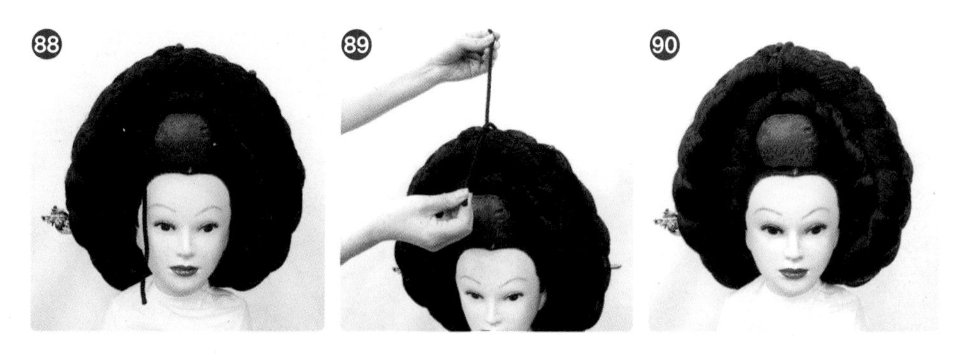

⑧⑧ 가체가 고정된 모습
⑧⑨ 어염족두리 위에 교체시키며 두른 가체를 어염족두리 몸체에 달린 끈으로 묶는다.
⑨⓪ ~ ⑨① 어염족두리 위에 고정된 거두미 가체의 모습

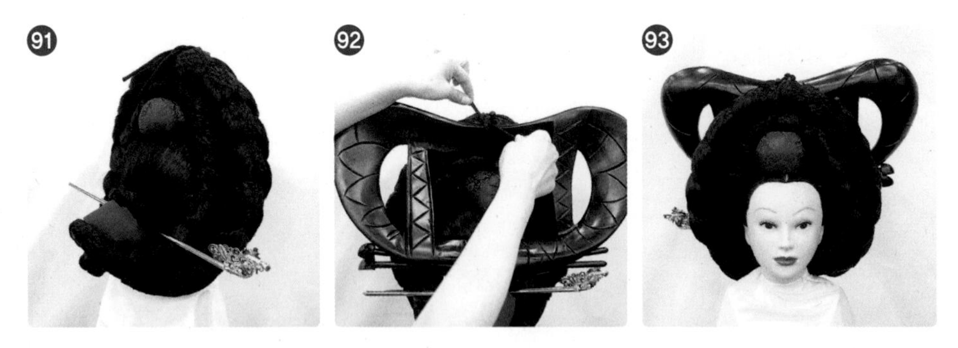

92 어염족두리의 몸체에 달린 끈으로 떠구지목재가발를 단다.
93 ~ 94 떠구지가 씌여진 거두미의 앞, 뒤 모습

95 나비잠은 어염족두리 위에 고정시킨다.

96 ~ 99 눈동자 45° 위쪽 위치에 떨잠을 단다.

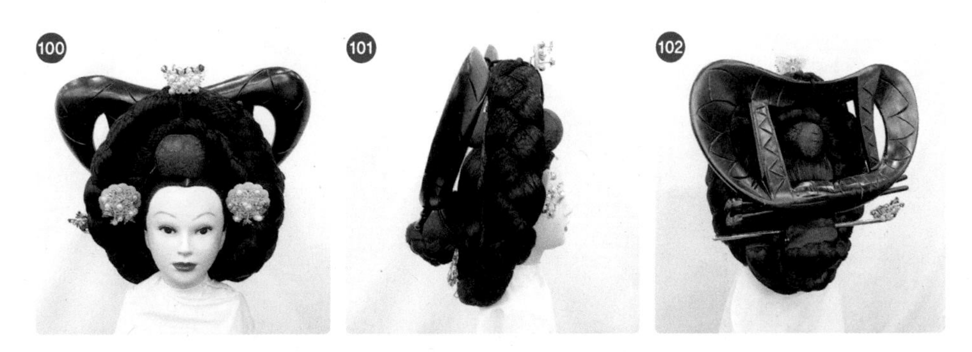

100 ~ 102 거두미가 완성된 모습

거두미 실행하기 완성된 작품

앞(front)

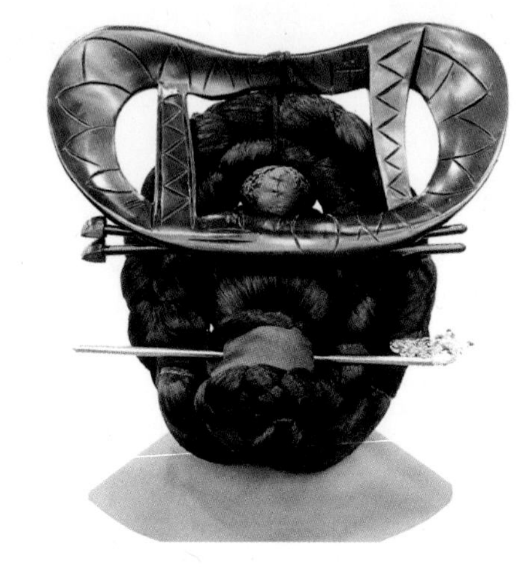

뒤(back)

우측(right side)

좌측(left side)

실습과정 사진		
사진		설명

완성 사진	
앞(front)	뒤(back)
우측(right side)	좌측(left side)

∽∽ 단원 평가(Review) ∽∽

거두미 재현에 대한 장점과 단점, 그리고 느낀 점을 쓰시오!

1. 장점

2. 단점

3. 느낀 점

Chapter 3 현대적 고전머리 스타일 실행하기(응용편)

16.

대수머리

학습 내용 단원명	학습 목표
대수머리	• 궁중에서 왕비의 의식용으로 대례복 차림에 사용되었던 머리 모양으로 머리 정상은 고계를 만들고 그 밑으로는 좌우 어깨까지 내려오는 A자형의 모양을 가체를 활용하여 재현할 수 있다.

영친왕비[297)]

영친왕비대수_국립고궁박물관

[대수머리 재료]

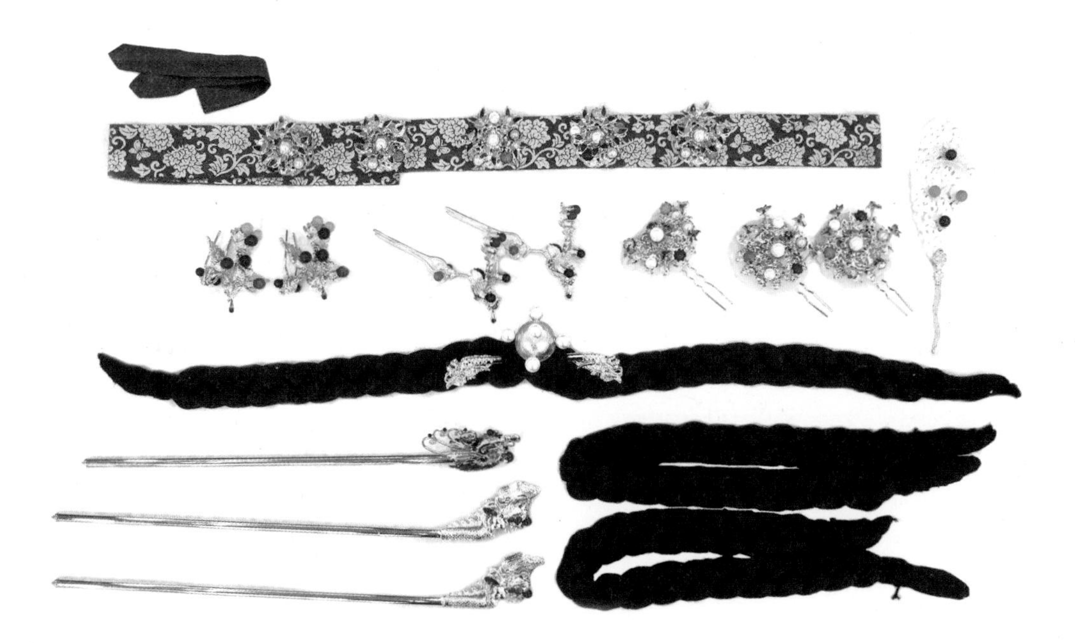

① 댕기

② 마리삭금댕기

③ 후봉잠

④ 선봉잠

⑤ 나비잠, 떨잠

⑥ 장잠

⑦ 용잠

⑧ 진주계

⑨ 가란잠

⑩ 가체

대수머리 재현하기

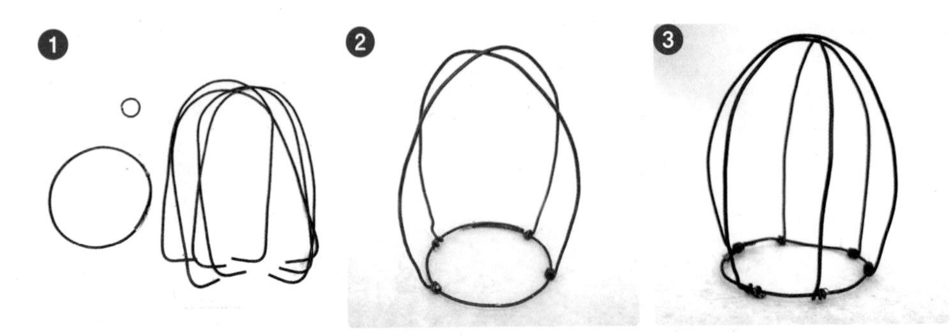

❶ 철사로 가체틀을 만든다. 두상 원형은 둘레 53cm 정도, 토대 세로 틀은 30cm 정도

❷ ~ ❸ 원형의 틀에 세로 틀을 감아 고정시킨다.

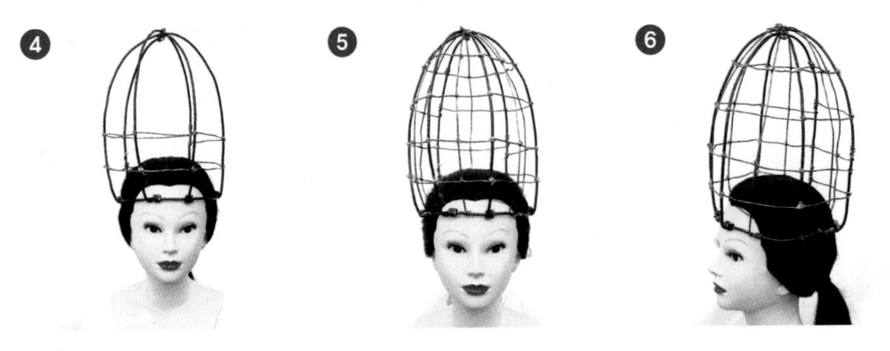

❹ 세로 틀을 고정시키고 얇은 철사로 가로의 틀을 돌려가며 감는다.

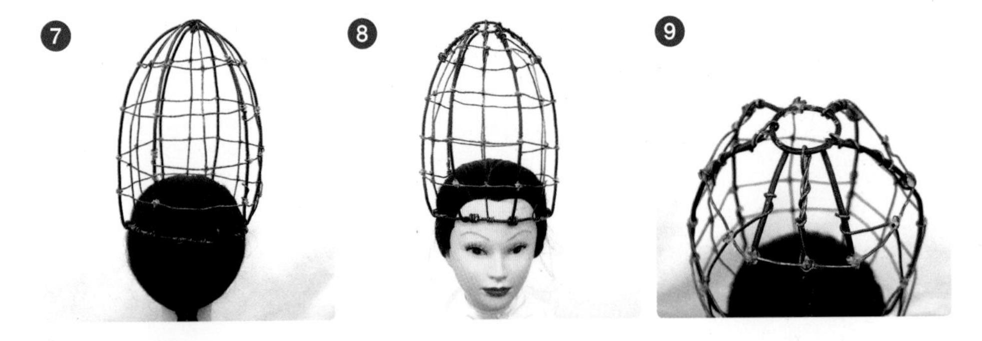

❺ ~ ❼ 세로와 가로의 틀이 완성된 모습

❽ ~ ❾ 가체 두께가 들어갈 정도의 원형의 틀을 만든다.

⑩ 대수머리 틀을 감쌀 정도의 원사 다발을 만든다.
⑪ 위쪽 부분에 가체를 넣는다.
⑫ ~ ⑬ 가체를 틀에 넣고 펼친 상태

⑭ ~ ⑯ 가체를 엉키지 않도록 빗어 원형 안으로 말아 넣고 글루건으로 고정시킨 모습

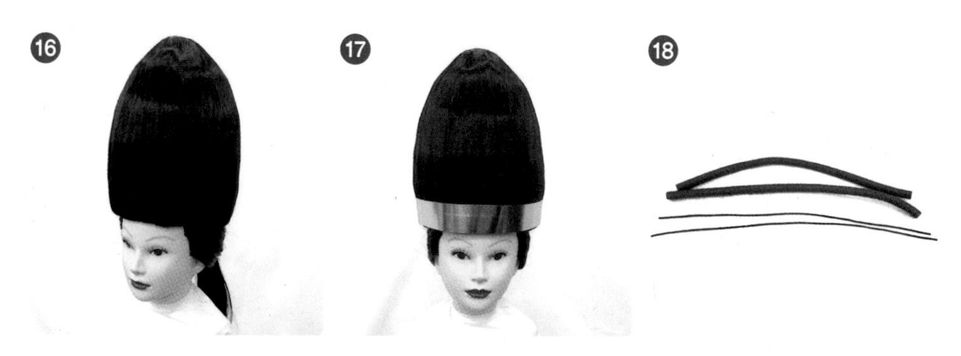

⑰ 이마 부분에 금테 종이를 두른다.
⑱ ~ ⑲ 아계 丫髤 형태를 만들기 위해 철사와 스티로폼을 준비한다. 길이 약 55cm

⑳ ~ ㉑ 스티로폼에 철사를 넣고 모발을 감싼다.

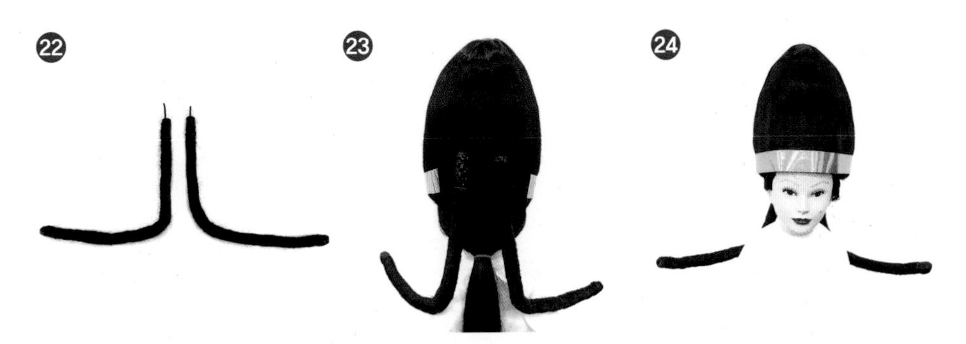

㉒ 아계 丫髺 형태의 모양으로 구부린다.

㉓ ~ ㉔ 제작해 놓은 가체관 위에 아계 丫髺 형의 봉을 안쪽으로 엮어서 안정감 있게 고정시킨다.

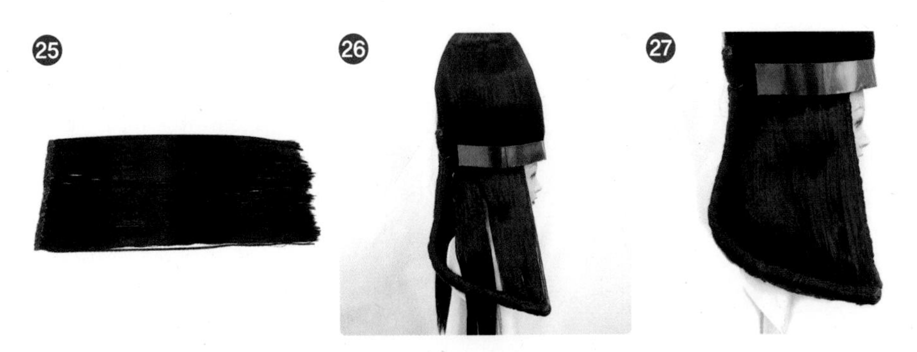

㉕ 대수 하단에 들어갈 모발을 펼쳐서 글루건으로 고정하여 만든다.

㉖ ~ ㉗ 대수 상단의 가체관을 누르면서 하단의 관에 곱게 빗질하여 견고하게 고정시킨다.

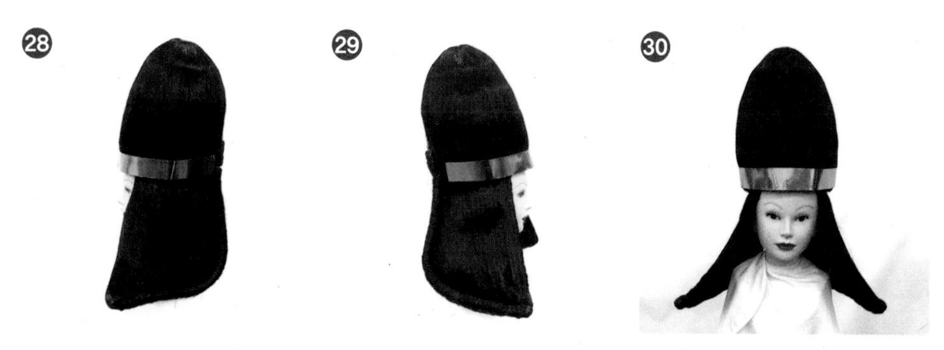

㉘ ~ ㉙ 좌측도 동일하게 진행한다.
㉚ 상단 가체관과 하단의 아계 丫髻 형태가 완성된 모습

㉛ 용잠과 진주계를 가체에 연결하여 제작한다. 가체길이 110cm/ 2꼭지 볼륨으로 제작
㉜ 가체관 후면에 들어갈 가체를 제작한다. 가체길이 80cm/ 2꼭지 볼륨으로 두 개로 제작
㉝ 가체를 금사테두리 위에 고정시킨다.

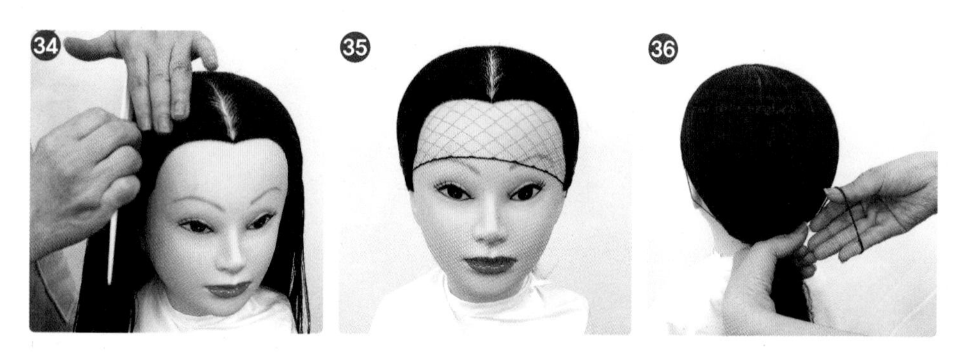

㉞ 정중선의 가르마를 타고 왼쪽 오른쪽 모발을 C자 형태로 빗질한다.
㉟ ~ ㊱ 망을 씌우고 고무줄로 묶는다

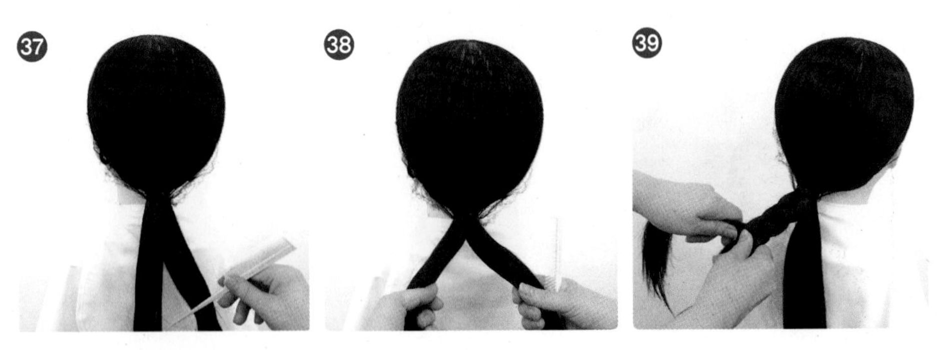

㊲ ~ ㊳ 아래 망은 위쪽에 살짝 올려 놓고 묶은 모발을 두 갈래로 나눈다.
㊴ ~ ㊵ 왼쪽 모발을 세 가닥 땋기를 진행한다.

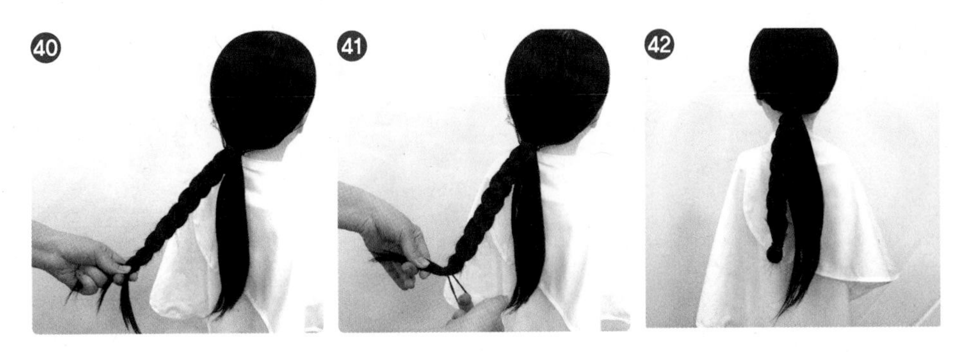

㊶ ~ ㊷ 땋은 후 모발 끝을 반으로 접어 고무줄로 묶는다.

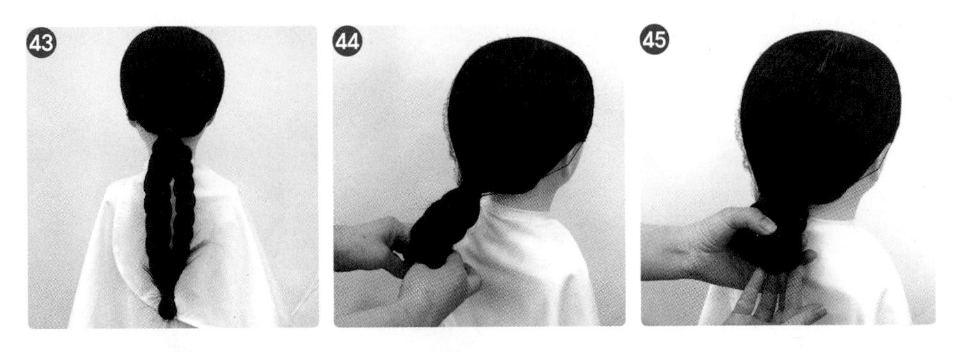

㊸ 양쪽 모발을 세 갈래 땋기로 진행한 모습
㊹ ~ ㊺ 양쪽에 땋은 두 모발을 같이 잡고 둥글게 세 번 정도 접는다.

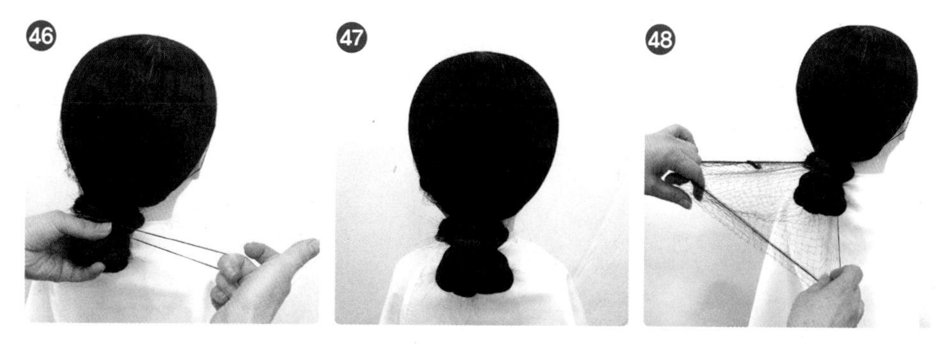

㊻ ~ ㊼ 접은 다발을 고무줄로 단단하게 묶는다.
㊽ ~ ㊾ 위쪽에 잠시 두었던 망을 묶은 다발 안으로 안 보이게 만다.

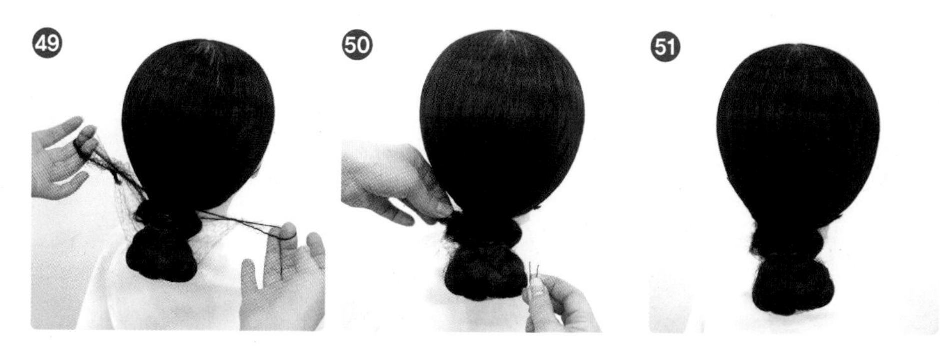

㊿ ~ 51 망을 실핀으로 고정하고 마무리한다.

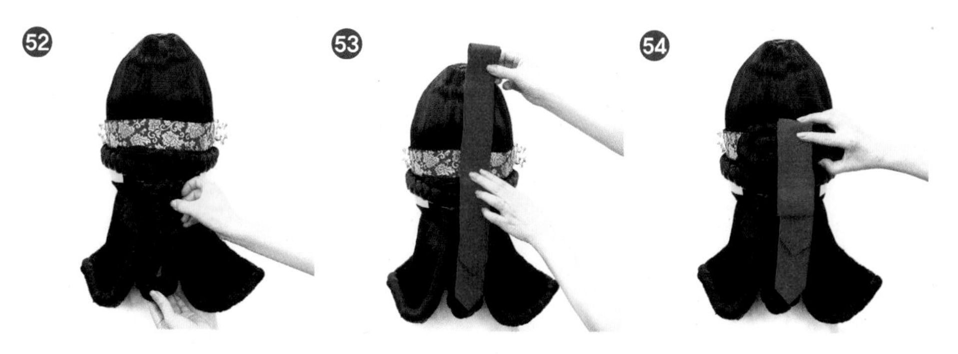

52 마리삭금댕기를 두른 후 가체관 후면에 땋은 머리 가체를 고정시켜 수식한다.
53 땋은 가체 위에 댕기를 접어 고정한다.
54 ~ 55 댕기 안에 땋은 가체를 넣고 그 위로 댕기를 덮어 고정한다.

⑯ 완성된 가체관 후면의 뒷모습

⑰ ~ ⑱ 가란잠 3점을 뇌후 중앙에서 정수리 방향으로 간격을 조정하며 수식한다.

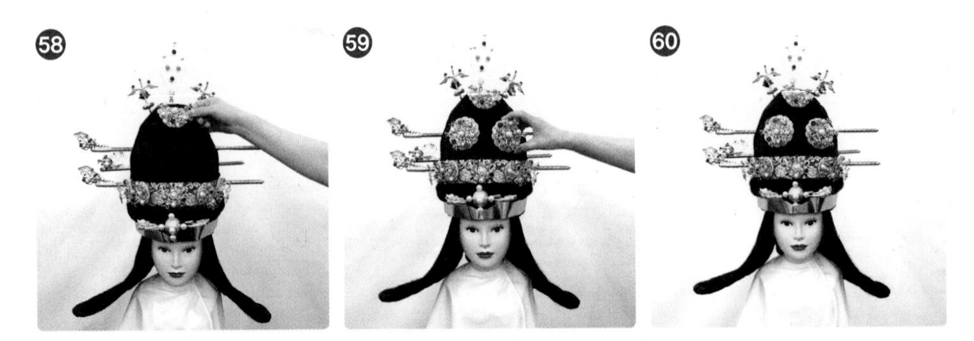

⑲ ~ ⑳ 선봉잠과 장잠을 가체관 상단에 착장하고 나비잠과 떨잠을 가체관 정면에 삼각구도로 수식한다.

㉑ 가체하단의 아계丫髻어깨 양쪽 날개끝 부분에 후봉잠을 수식한다.

㉒ 양쪽 후봉잠을 수식한 모습

㉓ ~ ㉔ 완성된 대수머리 측면의 모습

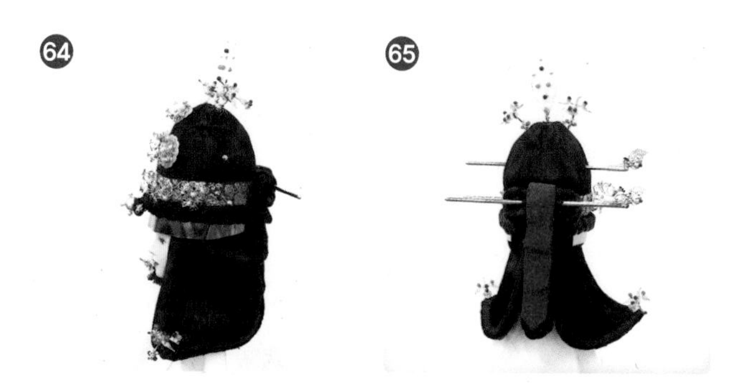

⑥⑤ 완성된 대수머리 뒷면의 모습

대수머리 실행하기 완성된 작품

앞(front)

뒤(back)

우측(right side)

좌측(left side)

실습과정 사진		
사진		설명

완성 사진	
앞(front)	뒤(back)
우측(right side)	좌측(left side)

단원 평가(Review)

대수머리 재현에 대한 장점과 단점, 그리고 느낀 점을 쓰시오!

1. 장점

2. 단점

3. 느낀 점

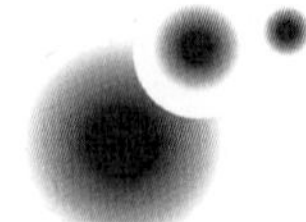

찾아 보기

ㄱ

가체머리 70
거두미 67
건 33
건괵 34
고계 53, 69
고깔 17
고전머리 10
금관 34
금동관 39

ㄴ

노리개 81

ㄷ

대수머리 66
댕기 79
댕기머리 74
둘레머리 71
뒤꽂이 20, 80
떠구지머리 67
떨잠 80

ㅁ

망건 78
멱리 62
몽수 62

ㅂ

바둑판머리 73
백립 18
벌생머리 12
변발 24
복두 59, 77
비녀 63, 79

ㅅ

삿갓 78
상투 31
새앙머리 72
선녀관 19
소골 34, 43
속발 23, 54
수발 23
쌍계 30
쌍수계 30, 51

ㅇ

아환계 50
어여머리 67
어유미 67
얹은머리 14, 71
잎 34

ㅈ

전립 18, 77
전모 78
절풍 34
정자관 78
조우관 34
조짐머리 72
조천계 52
족두리 19, 62, 78
종종머리 74
주립 77
중발머리 29
쪽머리 28, 69

ㅊ

채머리 30
책 34
첩지머리 68
추마계 49
칠휘관 61

ㅋ

큰머리 67

ㅌ

트레머리 14, 70

ㅍ

패랭이 78
편발 24
평정건 60
푼기명머리 27
피발 23

ㅎ

화관 61
환계 31
흑립 77

참고 문헌

1) "전통머리" – 나무위키 (namu.wiki)
2) 채선숙 외 4인(2017), "쉽게 따라할 수 있는 우리머리 이야기", 경춘사
3) 채선숙 외 4인(2017), "쉽게 따라할 수 있는 우리머리 이야기", 경춘사, p.12
4) 채선숙 외 4인(2017), "쉽게 따라할 수 있는 우리머리 이야기", 경춘사, p.13–19
5) 채선숙(2011), "한국무속신앙에 표현된 헤어디자인 연구", 서경대학교대학원 박사학위논문, p.17–18
6) 채선숙(2011), "한국무속신앙에 표현된 헤어디자인 연구", 서경대학교대학원 박사학위논문, p.17–18
7) https://m.miamanmul.co.kr/product/%ED%8C%94%EC%84%A0%EB%85%80–2–th–n262/3777/category/51/display/1/
8) https://blog.naver.com/choihee3380/221221265509
9) https://www.yna.co.kr/view/AKR20170809042500004
10) https://13thgwangjubiennale.org/ko/minds–rising/kendall/
11) https://band.us/page/78169841/post/210
12) 대신할머니 : 네이버 블로그 (naver.com)
13) https://m.blog.naver.com/PostView.naver?isHttpsRedirect=true&blogId=songkye&logNo=220656166273
14) https://www.heritage.go.kr/heri/cul/culSelectDetail.do?pageNo=1_1_2_0&ccbaCpno=1121119730000
15) 무신도1 (daum.net)
16) 호구별성(戶口別星) : 네이버 블로그 (naver.com)
17) [4X3자 용궁선녀(황금)–193] (jungtomall.com)
18) https://gongu.copyright.or.kr/gongu/wrt/wrt/view.do?wrtSn=13216677&menuNo=200018
19) 채선숙 외 4인(2017), "쉽게 따라할 수 있는 우리머리 이야기", 경춘사, p.20–22
20) 신복순(2010), "제석거리 무복의 유형과 특성에 관한 연구", 중앙대학교 대학원 석사학위논문, p.34–51
21) 전영자(2008), "한국 샤머니즘 의례에서의 전통색의 역할 : 청,적,황,백,흑색 중심으로", 가톨릭대학교 문화영성대학원 석사학위논문, p.46–54
22) 김은정 외2인(2016). "현행 굿거리에서 무복 겉옷의 착용실태와 명칭에 관한 연구". 전남대학교 의류학과. 한국의류산업학회지. p.589.
23) 신복순(2010), "제석거리 무복의 유형과 특성에 관한 연구", 중앙대학교 대학원 석사학위논문, p.52–58
24) 채선숙 외 4인(2017), "쉽게 따라할 수 있는 우리머리 이야기", 경춘사, p.23–28
25) 신복순(2009). "진도 씻김굿의 제석(帝釋)굿 무복(巫服)연구". 한국의류학회.
26) http://encykorea.aks.ac.kr/Contents/Index?contents_id=E0051301#self
27) https://www.museum.go.kr/site/main/relic/treasure/view?relicId=535
28) 한국전통모자 갓, : 네이버 블로그 (naver.com)
29) 한국전통모자 갓, : 네이버 블로그 (naver.com)

30) 흑립과 백립 | 경기도박물관 (ggcf.kr)
31) 행당동 아기씨당 (3) – 무신도 (koya–culture.com)
32) http://www.andongkimc.kr/php7/board.php?board=ankim78&page=5&command=body&no=1334, http://www.shinmoongo.net/67113
33) https://www.ns–times.com/news/view.php?bIdx=1898
34) 떨잠 세트 (핀형) [판매] : 지온 (jiondress.com)
35) 나스첸카 NASCHENKA – "전통 뒤꽂이, 나를 나로서 존재하게 만드는 자존감 쥬얼리:나스첸카"
36) 빗치개 | 이미지 | 추천공공저작물 | 공공누리 (kogl.or.kr)
37) 비녀 고전머리 한복머리장식 사극 봉황비녀 용잠비녀 – 옥션 (auction.co.kr)
38) G마켓 – 뒤꽂이/올림머리뒤꽂이 (gmarket.co.kr)
39) 동자오방기 (큐빅무지) – 미아만물 (miamanmul.co.kr)
40) 칠성불교만물 (chilsungbulkyo.co.kr)
41) 구슬장식 동자신발 (불교용품/무속용품/동자복) – 옥션 (auction.co.kr)
42) G마켓 – 동경/옛날거울/오래된거울/청동동경/완벽한보존 (gmarket.co.kr)
43) 삼지창 (namu.moe)
44) 화봉갤러리 – "무속과 점술의 세계" : 네이버 블로그 (naver.com)
45) 약작두 Drug–making tools 藥作頭 | 기타 | 두피디아 포토커뮤니티 (doopedia.co.kr)
46) 성수부채 – 한국민속신앙사전 – 한국민속대백과사전 (nfm.go.kr)
47) 삼지창 (namu.moe)
48) 채선숙 외 4인(2017), "쉽게 따라할 수 있는 우리머리 이야기", 경춘사, p44–45
49) 한미란(2006), "시대적 배경에 따른 가발의 변천과 현대의 사용되는 특징 연구", 남부대학교 산업정책대학원 석사학위논문, p.38–39
50) 조성옥 외 4인(2011), "고전으로 본 전통머리", 광문각, p.9
51) 고조선이 멸망한 뒤 세워진 한사군 : 네이버 블로그 (naver.com)
52) 채선숙 외 4인(2017), "쉽게 따라할 수 있는 우리머리 이야기', 경춘사, p.44–45
53) 조성옥 외 4인(2011), "고전으로 본 전통머리", 광문각, p.9–12
54) 홍경옥(2006), "우리나라 여성의 전통 머리 모양에 관한 연구", 남부대학교 산업정보대학원, p.3–5
55) 채선숙 외 4인(2017), "쉽게 따라할 수 있는 우리머리 이야기", 경춘사, p.48–49
56) 조성옥 외 4인(2011), "고전으로 본 전통머리", 광문각, p.12
57) [한복] 시대별 한복의 변화 – 인스티즈(instiz) 인티포털 카테고리
58) 채선숙 외 4인(2017), "쉽게 따라할 수 있는 우리머리 이야기", 경춘사, p.50–51
59) 조성옥 외 4인(2011), "고전으로 본 전통머리", 광문각, p.13
60) 채선숙 외 4인(2017), "쉽게 따라할 수 있는 우리머리 이야기", 경춘사, p.51–54
61) 장신구(裝身具) – 한국민족문화대백과사전 (aks.ac.kr)
62) "우리가 잘 몰랐던 가야, 앞으로 알아야 할 가야" | 연합뉴스 (yna.co.kr)
63) 기리여원 (daum.net)

64) https://emuseum.nich.go.jp/detail?langId=ko&webView=null&content_base_id=100895&content_part_id=001&content_pict_id=001&x=-218&y=-81&s=1
65) 중앙박물관 선사.고대관(가야실), 가야의 장신구, 대외교류 | Culture &History Traveling (dapsa.kr)
66) 장신구(裝身具) - 부산역사문화대전 (grandculture.net)
67) https://www.cha.go.kr/cop/bbs/selectBoardArticle.do;jsessionid=adno6fFq7UMD4d1GpUglm1uUXQs-cUn4ykmcnICldV3lIEbPpJX3a1j1lm1Fjx0oo.cha-was01_servlet_engine1?nttId=78670&bbsId=BBSM-STR_1008&mn=NS_01_09_01
68) "홍산문화 옥기 유물과 고조선 옥제품의 연속성" : 네이버 블로그 (naver.com)
69) "남과 북에 흩어져 있는 고대의 장신구, 허리띠 장식" - 한국역사문화신문 (ns-times.com)
70) 홍경옥(2006), "우리나라 여성의 전통 머리 모양에 관한 연구", 남부대학교 산업정보대학원 석사학위논문, p.6
71) 박효정(2016), "삼국시대 여인의 머리형태 연구" : 가야를 중심으로, 창원대학교 보건대학원 석사학위논문, p.4
72) 채선숙 외 4인(2017), "쉽게 따라할 수 있는 우리머리 이야기", 경춘사, p.58
73) 김윤선(2014), "한국 전통머리에 대한 인식 및 선호도와 활용방안", 서경대학교 미용예술대학원 석사학위논문, p.7
74) 박효정(2016), "삼국시대 여인의 머리형태 연구 : 가야를 중심으로", 창원대학교 보건대학원 석사학위논문, p.5-8
75) 이승미(2010), "고구려 머리 모양을 통한 문화콘텐츠 자료 연구", 건국대학교 디자인대학원 석사학위논문, p.54-67
76) 채선숙 외 4인(2017), "쉽게 따라할 수 있는 우리머리 이야기", 경춘사, p.58-67
77) 조성옥 외 4인(2011), "고전으로 본 전통머리", 광문각, p.15-18
78) 홍경옥(2006), "우리나라 여성의 전통 머리 모양에 관한 연구", 남부대학교 산업정보대학원 석사학위논문, p.9-16
79) 건귀 - 표제어 - 한국의식주생활사전 - 한국민속대백과사전 (nfm.go.kr)
80) 김민선 외 2인(2005), "안악3호분을 통해서 본 머리 모양 연구", 한국의상디자인 7권(12), p.404
81) https://m.blog.naver.com/goldsunriver/220933181647?view=img_18
82) https://www.ssg.com/item/itemView.ssg?itemId=0000005754155
83) https://twitter.com/hanbok_duckjil/status/1359842726628401155
84) 삼국시대 헤어스타일 jpg - 인스티즈(instiz) 인티포털 카테고리
85) https://twitter.com/hanbok_duckjil/status/1359822502147465216
86) http://contents.nahf.or.kr/bbs/imageread.do?levelId=cr.d_0001_0010_0030_0090&itemFileId=524035&-fileName=cr_0010750.jpg&title=%EB%AC%B4%EC%9A%A9%EC%B4%9D&types=vimg&sort=item-FileId&dir=Asc&start=0&limit=20&page=1
87) http://contents.history.go.kr/mobile/km/view.do?levelId=km_009_0080_0010_0030
88) https://theqoo.net/square/1903279075, https://blog.naver.com/soungjin1225/222785682430

89) 이민현(2019), "TV사극을 통해 본 고구려 복식 실태 연구", 성균관대학교 일반대학원 석사학위논문, p.15-17
90) 채선숙 외 4인(2017), "쉽게 따라할 수 있는 우리머리 이야기", 경춘사, p.67
91) https://m.blog.naver.com/jabin1425/220680607453
92) https://inmun360.culture.go.kr/content/357.do?mode=view&cid=2368118
93) https://rgm-79.tistory.com/m/47
94) http://www.pdjournal.com/news/articleView.html?idxno=26842, https://twitter.com/hanbok_duckjil/status/1359822502147465216
95) 이지연(2020), "전통 화장문화와 미의식 연구", 성균관대학교 일반대학원 박사학위논문, p.68-71
96) 채선숙 외 4인(2017), "쉽게 따라할 수 있는 우리머리 이야기", 경춘사, p.69
97) "고구려 회화", 효형출판사, p.58
98) 조성옥 외 4인(2011), "고전으로 본 전통머리", 광문각, p.29-30
99) 김민휘(2005), "삼국시대 왕실장신구의 현대적 디자인에 관한 연구", 국민대학교 디자인대학원 석사학위논문, p.4-5
100) http://contents.nahf.or.kr/goguryeo/mobile/html/02_mural.html?ver=1.1
101) http://contents.nahf.or.kr/goguryeo/mobile/html/03_mural.html?ver=1.1
102) http://encykorea.aks.ac.kr/Contents/Item/E0031313#modal
103) 소골(蘇骨)은 (닭)벼슬이란 뜻 (tistory.com)
104) 고구려 금관(?) 최초 발견기 : 네이버 블로그 (naver.com)
105) 48f709bcb00c6 (800×1137) (daum.net)
106) http://contents.nahf.or.kr/goguryeo/mobile/html/02_mural.html?ver=1.1
107) http://contents.nahf.or.kr/item/item.do?levelId=ku.d_0003_0010_0060_0040
108) 한국장신구의 역사 (2) : 네이버 블로그 (naver.com)
109) 박효정(2016), "삼국시대 여인의 머리형태 연구 : 가야를 중심으로", 창원대학교 보건대학원 석사학위논문, p.8-9
110) 채선숙 외 4인(2017), "쉽게 따라할 수 있는 우리머리 이야기", 경춘사, p.76
111) 조성옥 외 4인(2011), "고전으로 본 전통머리", 광문각, p.31
112) 국보 백제 금동대향로 (百濟 金銅大香爐) | 국가문화유산포털 | 문화재 검색 (heritage.go.kr)
113) 한국의 문양 - krpia
114) "백제·신라 모관문화는 고구려 금속제 관에서 비롯" 〈문화재 〈문화 〈기사본문 - 대전일보 (daejonilbo.com)
115) 김윤선(2014), "한국 전통머리에 대한 인식 및 선호도와 활용방안", 서경대학교 미용예술대학원 석사학위논문, p.13-14
116) 박효정(2016), "삼국시대 여인의 머리형태 연구 : 가야를 중심으로", 창원대학교 보건대학원 석사학위논문, p.9-12
117) 홍경옥(2006), "우리나라 여성의 전통 머리 모양에 관한 연구", 남부대학교 산업정보대학원 석사학위논문, p.17-18

118) http://kr.people.com.cn/n/2014/0717/c310031-8756826-6.html
119) https://post.naver.com/viewer/postView.nhn?volumeNo=18394767&memberNo=10979392
120) 이지연(2020), "전통 화장문화와 미의식 연구", 성균관대학교 일반대학원 박사학위논문, p.84
121) 채선숙 외 4인(2017), "쉽게 따라할 수 있는 우리머리 이야기", 경춘사, p.83-86
122) 한국 복식 : 삼국시대 (고구려, 백제, 신라) : 네이버 블로그 (naver.com)
123) 한국 복식 : 삼국시대 (고구려, 백제, 신라) : 네이버 블로그 (naver.com)
124) 이지연(2020), "전통 화장문화와 미의식 연구", 성균관대학교 일반대학원 박사학위논문, p.81-83
125) https://m.blog.naver.com/PostView.naver?isHttpsRedirect=true&blogId=eunayoon715&log-No=220706434220&view=img_9
126) 공주 수촌리고분군 (사적 460호), 초기 백제시대 웅진지방 유력자의 무덤 (tistory.com)
127) 무령왕 금제관식 - 위키백과, 우리 모두의 백과사전 (wikipedia.org)
128) 김민휘(2005), "삼국시대 왕실장신구의 현대적 디자인에 관한 연구", 국민대학교 디자인대학원 석사학위논문, p.7-9
129) 백제의 장신구 (tistory.com)
130) 국립부여박물관 백제 사람들의 화려한 장신구 알아보기! :: 방울이 (tistory.com)
131) 박효정(2016), "삼국시대 여인의 머리형태 연구 : 가야를 중심으로", 창원대학교 보건대학원 석사학위논문, p.12
132) 김윤선(2014), "한국 전통머리에 대한 인식 및 선호도와 활용방안", 서경대학교 미용예술대학원 석사학위논문, p.14-15
133) 채선숙 외 4인(2017), "쉽게 따라할 수 있는 우리머리 이야기", 경춘사, p.91-92
134) 김윤선(2014), "한국 전통머리에 대한 인식 및 선호도와 활용방안", 서경대학교 미용예술대학원 석사학위논문, p.14-15
135) 홍도화 (2007), "고려시대 머리 형태연구", 한국미용예술경영학회 제1권 2, p.21-22
136) 박효정(2016)," 삼국시대 여인의 머리형태 연구 : 가야를 중심으로", 창원대학교 보건대학원 석사학위논문, p.12-13
137) 가체 - Encyves Wiki (aks.ac.kr)
138) 채선숙 외 4인(2017), "쉽게 따라할 수 있는 우리머리 이야기", 경춘사, p.93-94
139) 김소희(2011), "신라 복식 이미지를 응용한 한국적 패션 컨셉 기획", 숙명여자대학교 대학원 석사학위논문, p.12-13
140) 한국 복식 : 삼국시대 (고구려, 백제, 신라) : 네이버 블로그 (naver.com)
141) 이지연(2020), "전통 화장문화와 미의식 연구", 성균관대학교 일반대학원 박사학위논문, p.84-86
142) 이지연(2020), "전통 화장문화와 미의식 연구", 성균관대학교 일반대학원 박사학위논문, p.86
) 채금석(2017), "세계패션의 흐름", 지구문화사
) 채금석(2012), "세계화를 위한 전통한복과 한스타일", 지구문화사
143) 김소희(2011), "신라 복식 이미지를 응용한 한국적 패션 컨셉 기획", 숙명여자대학교 대학원 석사학위논문, p.28-29

144) 김민휘(2005), "삼국시대 왕실장신구의 현대적 디자인에 관한 연구", 국민대학교 디자인대학원 석사학위논문, p.10－12
145) 채선숙 외 4인(2017), "쉽게 따라할 수 있는 우리머리 이야기", 경춘사, p.95－97
146) 오두막 위에 서린 무지개 (daum.net)
147) 국보 87호 금관총 금관(금제관모) :: Bravo Life! (tistory.com)
148) 금으로 된 신라의 장신구들(2006, 고3, 4월) (tistory.com)
149) 연원비 # 신라의 금귀걸이(신라시대 귀걸이, 삼국시대 귀걸이) : 네이버 블로그 (naver.com)
150) 중앙박물관 선사.고대관, 신라의 금관과 장신구 | Culture &History Traveling (dapsa.kr)
151) 채선숙 외 4인(2017), "쉽게 따라할 수 있는 우리머리 이야기", 경춘사, p104－105
152) 김미선(2010), "통일신라시대 유물의 이미지를 활용한 현대 패션 디자인 연구", 한성대학교 대학원 석사학위논문, p.6－14
153) 홍경옥(2006), "우리나라 여성의 전통 머리 모양에 관한 연구", 남부대학교 산업정보대학원 석사학위논문, p.19－20
154) 채선숙 외 4인(2017), "쉽게 따라할 수 있는 우리머리 이야기", 경춘사, p106
155) 임수빈(2015), "불화 속 여인들의 머리 형태를 응용한 퓨전 업스타일 개발", 서경대학교 미용예술대학원 박사학위논문, p.37－38
156) 통일신라시대 화계 머리 : 네이버 블로그 (naver.com)
157) 김미선(2010), "통일신라시대 유물의 이미지를 활용한 현대 패션 디자인 연구", 한성대학교 대학원 석사학위논문, p.15－19
158) 이지연(2020), "전통 화장문화와 미의식 연구", 성균관대학교 일반대학원 박사학위논문, p.90
159) 김미선(2010), "통일신라시대 유물의 이미지를 활용한 현대 패션 디자인 연구", 한성대학교 대학원 석사학위논문, p.15－17
160) 통일신라시대의 복식 (naver.com)
161) 전통 장신구 미리보기 [교보 eBook] (kyobobook.co.kr)
162) 통일신라시대의 복식 (naver.com)
163) 홍경옥(2006), "우리나라 여성의 전통 머리 모양에 관한 연구", 남부대학교 산업정보대학원 석사학위논문, p.21
164) 이숙경(2010), "여말선초 여성의 고전머리에 관한 연구", 건국대학교 디자인대학원 석사학위논문, p.6－8
165) 임수빈(2015), "불화 속 여인들의 머리 형태를 응용한 퓨전 업스타일 개발", 서경대학교 미용예술대학원 박사학위논문, p.46－47
166) 김윤선(2014), "한국 전통머리에 대한 인식 및 선호도 활용방안", 서경대학교 미용예술대학원 석사학위논문, p.16
167) 채선숙 외 4인(2017), "쉽게 따라할 수 있는 우리머리 이야기", 경춘사, p114－116
168) 조혜정(2009), "고려 시대의 머리 모양과 수식 및 화장에 관한 고찰", 원광대학교 대학원 석사학위논문, p.6－14
169) 김민정 외 13인(2017), "특수머리연출", 대한미용사회중앙회, p.7

170) 박유경(2014), “고려시대 머리모양 재현에 관한 비교 분석”, 건국대학교 디자인대학원 석사학위논문, p.4-5
171) 김문숙(2000), “고려시대 원간섭기 일반 복식의 변천”, 서울대학교대학원 박사학위논문, p.15
172) 안명숙(2007), “한국복식문화사〈우리 옷 이야기〉”, 예학사, p.68
173) 김송희(2016), “고려시대 머리모양 재현을 응용한 고전머리 현대화 연구”, 영산대학교 미용예술대학원 석사학위논문, p.27-31
174) 김진숙(2010), “통일신라시대 여성의 머리형태에 관한 연구 : 나 당 사신의 교류를 중심으로”, 국제문화대학원 석사학위논문, p.74
175) 홍도화(2006), “한국 헤어 스타일의 변천”, 서울:서경커뮤니케이션, p.13-36
176) 정매자 외 3인(2008). “우리나라 옛 여인의 머리치장”. 서울:청구문화사. p.67-70
177) 박유경(2014), “고려시대 머리모양 재현에 관한 비교 분석”, 건국대학교 디자인대학원 석사학위논문, p.20-31
178) 변옥자(2012), “고려시대의 전통머리 양식에 관한 재현 연구”, 성결대학교 석사학위논문, p.14
179) 김도연(2013), “불황 속 여인들의 머리모양 재현을 통한 현대 헤어스타일 응용”, 한성대학교 예술대학원 석사학위논문, p.27-32
180) 문재원, 이복자(2009), “고려시대 여인의 머리모양에 관한 연구-원 영향기를 중심으로”, 한국미용학회 15(4), p.1377
181) 손미경(2004), “한국여인의 발자취”, 미디어뷰 출판사, p.165-180
182) 김정현, 이상봉(2008), “고려시대 녀인의 머리 형태 연구-재현 작품을 중심으로-”, 한국미용예술경영학회 2(1), p.155-156
183) 조혜정(2009), “고려 시대의 머리 모양과 수식 및 화장에 관한 고찰”, 원광대학교 대학원 석사학위논문, p.30
184) 이숙경(2010), “여말선초 여성의 고전머리에 관한 연구”, 건국대학교 디자인대학원 석사학위논문, p.30
185) 서긍(2005), “고려도경-송나라 사신 고려를 그리다”, 민족문화추진회, 서해문집, p.45
186) 임린(2005), “한국 가계 양식의 변천에 관한 연구”, 전남대학교 박사학위논문, p.51
187) 조성옥 외 4인(2011). “고전으로 본 전통머리”. 광문각. p.54
188) http://www.heritage.go.kr/heri/cul/culSelectDetail.do?VdkVgwKey=13,04590000,38&pageNo__=1_2_1_0&pageNo=1_1_2_0
189) https://www.newsquest.co.kr/news/articleView.html?idxno=76782
190) https://www.joongang.co.kr/article/19992811#home
191) https://pann.nate.com/talk/2814204
192) 조성옥 외 4인(2011). “고전으로 본 전통머리”. 광문각. p.32
193) https://emuseum.go.kr/m/detail?relicId=PS0100100100500630000000
194) 김문숙(2000), “고려시대 원간섭기 일반복식의 변천”, 서울대학교 대학원 박사학위논문, p.9-14
195) 이주영(2016), “고려시대와 조선시대의 여성문화의 미적표현 분석에 관한 연구-기녀를 중심으로-”, 건국대학교 예술디자인대학교 석사학위논문, p.30-41

196) 고려시대 복식의 개요 (naver.com)
197) 고려시대 복식의 개요 (naver.com)
198) 고려시대 복식의 개요 (naver.com)
199) 박선례(2005), "고려와 조선의 분장과 두발장식 비교연구", 한남대학교 사회문화과학대학원 석사학위논문, p.19-24
200) 이주영(2016), "고려시대와 조선시대의 여성문화의 미적표현 분석에 관한 연구-기녀를 중심으로-", 건국대학교 예술디자인대학교 석사학위논문, p.41-43
201) 당인궁악도(唐人宮樂圖) (tistory.com)
202) 김송희(2016), "고려시대 머리모양 재현을 응용한 고전머리 현대화 연구", 영산대학교 미용예술대학원 석사학위논문, p.11-13
203) 정금희(2007), "한국 전통잔신구의 고찰을 통한 장신구 디자인 개발에 관한 연구 : 조선시대 여성 장신구 디자인 중심으로", 강릉대학교 산업대학원 석사학위논문, p.5-6
204) 조혜정(2009), "고려시대의 머리 모양과 수식 및 화장에 관한 고찰", 원광대학교 대학원 석사학위논문, p.49-58
205) 김영숙(1998), "한국복식사", 청주대학교 출판부, p.122
206) 김문숙(2000), "고려시대 원간섭기 일반복식의 변천", 서울대학교 대학원 박사학위논문, p.12-23
207) 고려사(1971), "동아대학교 고전연구실여", 동아대 출판사, p294-323
208) 김애숙(2004), "고려와 원 수식의 비교 연구", 한남대학교 사회문화과학대학원 석사학위논문, p.30-32
209) 박선례(2005), "고려와 조선의 분장과 두발장식 비교연구", 한남대학교 사회문화과학대학원 석사학위논문, p.40
210) 유희경, 김문자(1998), "한국복식문화사", 교문사, p.149
211) 손미경(2004), "한국여인의 발자취", 이환 출판사, p.155
212) 박영은(2002), "풍속화에 나타난 여성두식 (고려에서 조선까지)", 충청대학교 대학원 석사학위논문, p.156-159
213) 족두리 (naver.com)
214) [천년경기, 천년보물] 검은베일 '몽수' (kyeonggi.com)
215) 수식(首飾) - 한국민족문화대백과사전 (aks.ac.kr)
216) 수식(首飾) - 한국민족문화대백과사전 (aks.ac.kr)
217) 송찬섭, 홍순권(2000), "한국사 이해", 한국방송대학교출판부, p.136
218) 이영주(2000), "조선시대 가체 변화에 관한 연구", 동덕여자대학교 대학원 석사학위논문, p.7-10
219) 안종숙(2007), "조선후기 풍속화에 나타난 미용문화의 특성", 건국대학교 대학원 박사학위논문, p.31-35
220) 백영자, 최해율(2004), "한국복식의 역사". 경춘사, p.179
221) 김지연(2004), "조선후기 풍속화에 관한 연구 - 개성적 풍속화 중심으로-", 홍익대학교 대학원 석사학위논문, p.10-11
222) 구동연(2021), "조선시대 여성 머리모양과 장신구를 응용한 헤어아트 연구", 대구대학교 디자인·산업행정대학원 석사학위논문, p.15-22

223) https://ko.m.wikipedia.org/wiki/%ED%8C%8C%EC%9D%BC:%EB%B0%B1%EC%A0%9C_%EA%B8%88%EB%8F%99%EB%8C%80%ED%96%A5%EB%A1%9C.jpg
224) 김재순(2007), "조선시대 여성의 머리 모양에 관한 연구", 남주대학교 산업정책대학원 석사학위논문, p.6-13
225) 권기형(2012), "한국 전통문양을 응용한 창작 헤어 업스타일 작품연구", 서경대학교 대학원 박사학위논문, p.12-13
226) 한필남(2004), "영화 〈스캔들(조선남여상열지사)〉로 본 한국적 헤어의 미적 연구", 중앙대학교 대학원 석사학위논문, p.15
227) 떠구지머리 - 위키백과, 우리 모두의 백과사전 (wikipedia.org)
228) 김보람(2010), "조선시대 장신구를 모티브로 응용한 머리형태와 화장의 관한 작품 연구", 서경대학교 미용예술대학원 석사학위논문, p.7-13
229) 이영주(2000), "조선시대 가체 변화에 관한 연구", 동덕여자대학교 대학원 석사학위논문, p.18-21
230) 조선시대의 머리 형태 (naver.com)
231) http://blog.yes24.com/blog/blogMain.aspx?blogid=nyscan&artSeqNo=6830433
232) 동경(2000). "세계 미술 대전집". 동경:소학관. p.174
233) https://blog.naver.com/PostView.naver?blogId=minibi1659&logNo=222118366486&categoryNo=34&parentCategoryNo=0, http://contents.history.go.kr/front/km/print.do?levelId=km_009_0050_0020_0030_0010&whereStr=
234) 어여머리, 어유미 만들기 (naver.com)
235) https://blog.naver.com/ttottoya777/110090488760
236) https://m.blog.naver.com/nadakik/221060642371
237) 조선시대 - 첩지머리 (naver.com)
238) https://m.blog.naver.com/PostView.naver?isHttpsRedirect=true&blogId=seatruth5&logNo=80200341833
239) 조선시대 - 쪽머리 (naver.com)
240) https://www.fmkorea.com/3672099591
241) 기녀머리 (트레머리, 관기머리) (naver.com)
242) http://www.sookmyung.ac.kr/sites/lis/WomenImage/Chosun/image/yuuh1.jpg
243) 둘레머리 (naver.com)
244) 새앙머리 (naver.com)
245) 조선시대 - 조짐머리 (naver.com)
246) 조선시대 - 바둑판머리 (naver.com)
247) 종종머리 (naver.com)
248) 고려시대 - 땋은머리(남자) : 네이버 블로그 (naver.com)
249) 땋은머리 (귀밑머리) (naver.com)
250) 정금희(2007), "한국 전통장신구의 고찰을 통한 장신구 디자인 개발에 관한 연구 -조선시대 여성 장신구 디자인 중심으로-", 강릉대학교 산업대학원 석사학위논문, p.6-7

251) 조선시대의 복식 (naver.com)
252) 유송옥, 이은영, 황선진(1996), "복식 문화", 교문사, p.53-54
253) 강빛나(2014), "조선시대 복식미를 활용한 패션디자인 연구 -풍속화의 복식을 중심으로-", 홍익대학교 대학원 석사학위논문, p.10-15
254) https://mbdrive.gettyimageskorea.com/creative/?similar=MWKA16000299&lct=
255) 김보람(2010), "조선시대 장신구를 모티브로 응용한 머리형태와 화장의 관한 작품 연구", 서경대학교 미용예술대학원 석사학위논문, p.14
256) 이주영(2016), "고려시대와 조선시대의 여성문화의 미적표현 분석에 관한 연구 -기녀를 중심으로-", 건국대학교 예술디자인대학원 석사학위논문, p.59-61
257) 류은주(1995), "한국 고대 전통 피부 관리 및 화장 문화에 관한 연구", 한국미용학회지 1(1), p.69-86
258) 양진숙(2005), "조선시대 관모 사진(옛 조상들의 모자 이야기)", 화산문화, p.7
259) 이혜용(2022), "조선시대 두식을 응용한 도자합 연구", 목원대학교 대학원 석사학위논문, p.3-17
260) 이경자 외2인(2003), "우리옷과 장신구", 열화당, p.84
261) 장숙환(2002), "전통장신구", 대원사, p.41-71
262) 이은주(2012), "조선시대 고전머리모양의 기본형으로서 쪽의 활용에 관한 연구", 한성대학교 예술대학원 석사학위논문, p.29-38
263) 김보람(2010), "조선시대 장신구를 모티브로 응용한 머리형태와 화장의 관한 작품 연구", 서경대학교 미용예술대학원 석사학위논문, p.32-51
264) 정금희(2007), "한국 전통장신구의 고찰을 통한 장신구 디자인 개발에 관한 연구 -조선시대 여성 장신구 디자인 중심으로-", 강릉대학교 산업대학원 석사학위논문, p.15-21
265) 이혜용(2022), "조선시대 두식을 응용한 도자합 연구", 목원대학교 대학원 석사학위논문, p.5-11
266) 한국민족문화대백과사전 (aks.ac.kr)
267) https://www.gogung.go.kr
268) 양진숙(2005), "조선시대 관모 사진(옛 조상들의 모자 이야기)", 화산문화, p.94-97
269) 이혜용(2022), "조선시대 두식을 응용한 도자합 연구", 목원대학교 대학원 석사학위논문, p.5-11
270) 한국민족문화대백과사전 (aks.ac.kr)
271) 장숙환(2002), 전통장신구, 대원사, p.71
272) http://my.dreamwiz.com/liss/0.html
273) 뒤꽂이 (naver.com)
274) 떨잠 - 한국민족문화대백과사전 (aks.ac.kr)
275) 연원비 # 전통 떨잠과 떨잠핀 (떨잠 헤어핀, 떨잠 브로치) : 네이버 블로그 (naver.com)
276) 첩지(疊紙) - 한국민족문화대백과사전 (aks.ac.kr), https://m.blog.naver.com/PostView.naver?isHttpsRedirect=true&blogId=evestory5&logNo=221628891902
277) 이경자 외2인(2003), "우리옷과 장신구", 열화당, p.45
278) https://www.ggbn.co.kr/news/articleView.html?idxno=43419

279) https://twitter.com/hanbok_duckjil/status/1364538219124191235, https://m.blog.naver.com/PostView.naver?isHttpsRedirect=true&blogId=leejj0301&logNo=150019226781
280) https://terms.naver.com/entry.naver?docId=776032&cid=42939&categoryId=42939
281) https://blog.naver.com/chatelain?Redirect=Log&logNo=221615346549
282) https://m.blog.naver.com/obling/222868626962
283) http://contents.history.go.kr/front/km/view.do?levelId=km_028_0030_0020_0010
284) https://terms.naver.com/entry.naver?docId=528824&cid=46671&categoryId=46671
285) https://terms.naver.com/entry.naver?docId=1727625&cid=49283&categoryId=49283
286) https://search.naver.com/search.naver?where=nexearch&sm=top_sly.hst&fbm=1&acr=1&ie=utf8&query=%EC%A1%B0%EC%84%A0%EC%8B%9C%EB%8C%80+%EC%A1%B1%EB%91%90%EB%A6%AC
287) https://terms.naver.com/imageDetail.naver?docId=776047&imageUrl=https%3A%2F%2Fdb-scthumb-phinfpstatic.net%2F0757_000_1%2F20111025142603858_DPTFAY9E7.jpg%2Ffd5_39_i1.jpg%3F-type%3Dm4500_4500_fst%26wm%3DN&cid=42939&categoryId=42939
288) https://m.blog.naver.com/nadakik/221060642371
289) https://encykorea.aks.ac.kr/Article/E0033037
290) https://blog.naver.com/eccofriend/220925508902
291) https://terms.naver.com/entry.naver?docId=1213762&cid=40942&categoryId=33052
292) http://www.davincimap.co.kr/davBase/Source/davSource.jsp?Job=Body&SourID=SOUR003577
293) https://blog.naver.com/chagov/222862813285
294) https://m.blog.naver.com/PostView.naver?isHttpsRedirect=true&blogId=pp282&logNo=90122121548
295) https://namu.wiki/w/%EC%88%9C%EC%A0%95%ED%9A%A8%ED%99%A9%ED%9B%84
296) https://www.joongang.co.kr/article/23542900#home
297) https://29street.donga.com/article/all/67/2222804/1, https://blog.naver.com/PostView.nhn?isHttpsRedirect=true&blogId=ohyh45&logNo=20102323533&parentCategoryNo=&categoryNo=92&viewDate=&isShowPopularPosts=true&from=search

세계화를 위한 스타일 재현
고전 머리

2023년 4월 10일 초판 인쇄
2023년 4월 15일 초판 발행

지은이 • 박은준 · 권은실 · 나지하 · 전근옥 · 최수아
발행인 • 주병오 · 주민기

발행처 • 메디시인
주 소 • 경기도 파주시 회동길 209
파주출판문화정보산업단지
영업부 • 031-955-7566 · 7577
편집부 • 031-955-7731
F A X • 031-955-7730
홈페이지 • www.ji-gu.co.kr
전자우편 • jigupub@hanmail.net
등록번호 • 2005년 2월 16일
제 406-2005-000045호

ISBN 979-11-90839-89-1 가격 : 38,000원